固体废物处理与资源化

主　编　朱书景　李灿华

副主编　薛　强　李海波　朱书奎　万　勇

参　编　谭　林　周瑆玥　孙妍晗　朱茜茜　何　昀

　　　　李卓文　付奕舜　江　珊　张冰烨　方号源

WUHAN UNIVERSITY PRESS

武汉大学出版社

图书在版编目(CIP)数据

固体废物处理与资源化/朱书景,李灿华主编;薛强等副主编.—武汉:武汉大学出版社,2022.6

ISBN 978-7-307-22837-5

Ⅰ.固… Ⅱ.①朱… ②李… ③薛… Ⅲ.①固体废物处理—教材 ②固体废物利用—教材 Ⅳ.X705

中国版本图书馆CIP数据核字(2021)第270489号

责任编辑:谢文涛　　责任校对:汪欣怡　　版式设计:马　佳

出版发行:**武汉大学出版社**　(430072　武昌　珞珈山)

(电子邮箱:cbs22@whu.edu.cn 网址:www.wdp.com.cn)

印刷:武汉中科兴业印务有限公司

开本:787×1092　1/16　印张:14.25　字数:335千字　插页:1

版次:2022年6月第1版　　2022年6月第1次印刷

ISBN 978-7-307-22837-5　　定价:39.00元

前 言

截至“十三五”末，我国的固体废物年产生量达到了30亿吨，随着人类经济和社会活动的日渐活跃，固体废物的排放种类和排放总量不断增多。固体废物的危害具有长期性、隐蔽性、不可逆性等基本特征。由此，固体废物的处理与资源化利用也受到社会各界的高度重视。针对此本书简要概括了固体废物的分类，介绍了固体废物的处理技术与资源化利用措施，旨在为相关人员教学、学习以及环境问题的解决提供有价值的参考意见。本书包括固体废物处理与资源化原理、固体废物源头分类、转运及环境卫生风险防控、固体废物的物化处理技术与工艺装备、固体废物生物处理技术与工艺装备、固体废物热处理技术与工艺装备、固体废物填埋处理、危险废物管理及处理处置技术等，具有技术创新性、工程实用性和理论系统性的特点。本书可作为高等院校环境工程、环境生态工程、资源循环科学与工程等专业的研究生教学用书，还可供环境领域固体废物有关技术的研发、设计人员和教学人员参考，并可作资料数据库使用。

本书由朱书景负责统筹编写，薛强、朱书奎、李海波、万勇等在本书的框架结构、技术系统性和科学性等方面提供了有力的支持和指导，参与编写的有周星玥、谭林、孙妍晗、朱茜茜、李卓文、何昀、付亦舜等。感谢武汉大学出版社编辑为本书的出版付出的辛勤工作，本书在编著过程中参考了大量同行先驱的优秀成果和文献资料，而在参考文献的标注过程中难免有所遗漏，在此对已标注和未能标注的专家学者表示衷心的感谢！由于编著者水平能力限制，以及时间仓促，书中难免有些许疏漏之处，敬请读者朋友们在后续过程中给以指导和帮助，以便尽快修正和补充，为我国固体废物处理与资源化工作提供帮助。

朱书景

2021 夏于琴园

目　录

第1章　绪论…… 1
1.1　固体废物的定义与分类 …… 1
1.2　固体废物的特性与危害 …… 1
1.2.1　固体废物的特性 …… 1
1.2.2　固体废物的危害 …… 2
1.3　固体废物的管理与处理 …… 2
1.3.1　固体废物的管理原则 …… 3
1.3.2　固体废物的管理制度与管理标准 …… 4
1.3.3　固体废物的处理 …… 6
◎ 习题与思考题 …… 8

第2章　固体废物的预处理…… 9
2.1　固体废物的分选 …… 9
2.1.1　人工分选 …… 9
2.1.2　筛分 …… 9
2.1.3　重力分选…… 10
2.1.4　磁力分选…… 13
2.1.5　电力分选…… 14
2.1.6　浮选…… 15
2.1.7　其他分选方法…… 15
2.2　固体废物的破碎…… 17
2.2.1　影响破碎效果的因素…… 17
2.2.2　破碎比与破碎段…… 18
2.2.3　破碎的方法与选择…… 19
2.2.4　破碎机类型…… 20
2.2.5　其他破碎方法…… 22
2.3　干燥脱水…… 24
2.3.1　固体废物的脱水…… 24
2.3.2　固体废物的干燥…… 30
◎ 习题与思考题…… 31

第 3 章　固体废物固化/稳定化处理技术 …… 32
3.1　概述 …… 32
3.1.1　固化/稳定化的定义 …… 32
3.1.2　固化/稳定化技术的特点 …… 32
3.1.3　固化/稳定化技术的适用对象及优缺点 …… 33
3.1.4　固化/稳定化所涉及的基本原理 …… 34
3.2　水泥固化技术 …… 36
3.2.1　基本理论 …… 36
3.2.2　水泥固化的影响因素 …… 37
3.2.3　水泥固化工艺介绍 …… 38
3.2.4　水泥固化技术的应用 …… 38
3.3　石灰固化技术 …… 39
3.4　自胶结固化技术 …… 39
3.5　玻璃固化技术 …… 40
3.6　塑性材料固化技术 …… 40
3.6.1　热固性材料包容 …… 41
3.6.2　热塑性材料包容 …… 41
3.7　熔融固化技术 …… 42
3.7.1　定义及技术种类 …… 42
3.7.2　原位熔融固化技术 …… 42
3.7.3　异位熔融固化技术 …… 43
3.7.4　熔融固化技术的应用 …… 44
3.8　高温烧结技术 …… 45
3.8.1　烧结原理 …… 45
3.8.2　影响烧结的因素 …… 46
3.8.3　烧结技术 …… 46
3.8.4　烧结中的重金属行为 …… 47
3.9　化学稳定化处理技术 …… 48
3.9.1　重金属离子的稳定化 …… 48
3.9.2　有机污染物的氧化解毒处理 …… 50
3.10　固化/稳定化产物性能评价方法 …… 52
3.10.1　概述 …… 52
3.10.2　固化/稳定化处理效果的评价指标 …… 53
3.10.3　固体废物的浸出机理 …… 54
3.10.4　几种不同的浸出试验方法 …… 55
◎ 习题与思考题 …… 56

第4章　固体废物的生物处理 ······ 57
4.1　有机固体废物生物处理过程的基本生物原理 ······ 58
4.2　固体废物的好氧堆肥处理 ······ 59
4.2.1　堆肥化的基本原理与影响因素 ······ 60
4.2.2　好氧堆肥工艺 ······ 66
4.2.3　堆肥熟度评价 ······ 67
4.3　固体废物的厌氧消化处理 ······ 68
4.3.1　厌氧消化原理 ······ 68
4.3.2　厌氧消化的影响因素 ······ 72
4.3.3　厌氧消化工艺 ······ 73
4.3.4　厌氧消化装置 ······ 75
4.4　固体废物的微生物浸出 ······ 78
4.4.1　概述 ······ 78
4.4.2　细菌浸出机理 ······ 79
4.4.3　细菌浸出工艺 ······ 80
4.4.4　细菌浸出处理放射性废渣 ······ 82
4.5　固体废物的其他生物处理技术 ······ 83
4.5.1　有机固体废物的蚯蚓处理技术 ······ 84
4.5.2　利用蚯蚓处理固体废弃物的优势及局限性 ······ 86
◎ 习题与思考题 ······ 87

第5章　固体废物热处理 ······ 88
5.1　固体废物热解处理 ······ 88
5.1.1　概述 ······ 88
5.1.2　热解处理及其影响因素 ······ 89
5.1.3　热解工艺类型及其在固体废物处理中的应用 ······ 94
5.2　固体废物焚烧处理 ······ 105
5.2.1　概述 ······ 105
5.2.2　固体废物的焚烧特性 ······ 106
5.2.3　焚烧原理 ······ 109
5.2.4　典型焚烧系统及工作原理 ······ 111
5.2.5　焚烧的主要参数及热平衡计算 ······ 127
◎ 习题与思考题 ······ 136

第6章　固体废物最终处置 ······ 137
6.1　概述 ······ 137
6.1.1　固体废物处置的定义 ······ 137
6.1.2　固体废物最终处置原则 ······ 137

6.1.3　填埋处置技术的历史与发展 …… 138
6.1.4　填埋处置的意义 …… 140
6.1.5　生物反应器填埋场及其发展 …… 141
6.2　填埋处置技术分类 …… 143
6.2.1　惰性填埋法 …… 143
6.2.2　卫生填埋法 …… 144
6.2.3　安全填埋法 …… 147
6.2.4　一般工业固体废物贮存、处置场 …… 150
6.3　填埋场总体规划及场址选择 …… 152
6.3.1　填埋场总体规划 …… 152
6.3.2　填埋场选址的依据、原则和要求 …… 153
6.3.3　填埋场选址步骤 …… 155
6.4　填埋场防渗系统 …… 156
6.4.1　填埋场防渗技术类型 …… 156
6.4.2　国内外填埋场防渗层典型结构 …… 157
6.4.3　填埋场防渗层铺装及质量控制 …… 159
6.5　渗滤液的收集与处理 …… 162
6.5.1　渗滤液的产生及其特征 …… 162
6.5.2　渗滤液的收集系统 …… 163
6.5.3　渗滤液的处理 …… 165
6.6　垃圾填埋气体的收集与利用 …… 167
6.6.1　垃圾填埋气体的产生过程及其对环境的影响 …… 167
6.6.2　填埋气的收集 …… 170
6.6.3　填埋气净化技术 …… 173
6.6.4　填埋气的利用 …… 176
◎ 习题与思考题 …… 179

第7章　固体废物资源化利用 …… 181
7.1　固体废物农用 …… 182
7.1.1　秸秆 …… 183
7.1.2　禽畜粪便 …… 185
7.2　固体废物建材化利用 …… 185
7.2.1　矿业固体废物 …… 186
7.2.2　工业固体废物 …… 190
7.3　固体废物资源回用 …… 195
7.3.1　矿业固体废物 …… 195
7.3.2　工业固体废物 …… 196
◎ 习题与思考题 …… 197

第 8 章　危险废物科学管理 ………… 198
8.1　危险废物的定义与范围 ………… 198
8.1.1　危险废物的定义 ………… 198
8.1.2　危险废物的范围 ………… 198
8.2　危险废物管理 ………… 199
8.2.1　危险废物管理的法律法规体系 ………… 199
8.2.2　危险废物管理制度 ………… 200
8.2.3　危险废物管理系统 ………… 202
8.3　危险废物管理标准体系 ………… 204
8.3.1　危险废物分类标准 ………… 204
8.3.2　危险废物监测标准 ………… 207
8.3.3　危险废物污染控制标准 ………… 207
8.3.4　危险废物综合利用标准 ………… 208
8.4　危险废物鉴别方法和规范 ………… 208
8.4.1　危险废物腐蚀性鉴别方法 ………… 208
8.4.2　危险废物浸出毒性初筛鉴别方法 ………… 209
8.4.3　危险废物浸出毒性鉴别方法 ………… 209
8.4.4　危险废物易燃性鉴别方法 ………… 212
8.4.5　危险废物反应性鉴别方法 ………… 212
8.4.6　危险废物毒性物质含量鉴别方法 ………… 213
8.4.7　危险废物鉴别标准通则 ………… 214
◎ 习题与思考题 ………… 214

参考文献 ………… 215

第1章　绪　　论

1.1　固体废物的定义与分类

固体废物是指生产、生活和其他活动中产生的丧失原有价值或虽未丧失利用价值但被抛弃或者放弃的固态、半固态和置于容器中的气态物品，以及法律、行政法规规定纳入固体废物管理的物质、物品。

固体废物的种类繁多，性质各异。为便于处理、处置及管理，需要对固体废物加以分类。固体废物的分类方法很多，按其组成可分为有机废物和无机废物；按其危害状况可分为一般废物和危险废物。一般固体废物是指不具有危险特性的固体废物。危险废物是指列入国家危险废物名录或者国家规定的危险废物鉴别标准和鉴别方法认定的、具有危险特性的废物。危险废物的特性包括急性毒性、易燃性、反应性、腐蚀性、浸出毒性和疾病传播性。按其形态可分为固体废物(块状、粒状、粉状)、半固态废物(废机油等)和非常规固态废物(含有气态或固态物质的固态废物，如废油桶、含废气态物质、污泥等)。按其来源可分为工业固体废物、矿业固体废物、农业固体废物、城市生活垃圾、危险固体废物、放射性废物和非常规来源固体废物。

1.2　固体废物的特性与危害

1.2.1　固体废物的特性

(1)二重性。被丢弃的物质是多种多样的，它是否成为废物，具有鲜明的专属时间和空间特征。从时间方面讲，它仅仅相对于目前的科学技术和经济条件，随着科学技术的飞速发展，矿物资源的日渐枯竭，生物资源滞后于人类需求，昨天的废物势必又将成为明天的资源。从空间角度看，废物仅仅相对于某一过程或某一方面没有使用价值，而并非在一切过程或一切方面都没有使用价值。某一过程的废物，往往是另一过程的原料。例如，采矿废渣可以作为水泥生产的原料、电镀污泥可以回收高附加值的重金属产品、城市垃圾可以焚烧发电、废旧塑料可以热解制油……只有真正理解了固体废物的这种随时间、空间变化的二重性，才能制定出符合自然规律与社会法则的战略措施，实现对固体废物的科学管理。

(2)无主性。即被丢弃后，不再属于谁，因而找不到具体负责者，特别是城市固体废弃物。

(3)特殊性。固体废物不仅会占据大量土地和空间，还通过水、气和土壤对环境造成污染，并由此产生新的“污染源”，如不再进行彻底治疗，往复循环，形成固体废物污染的特殊性。

(4)危害性。不仅会造成各种环境污染，破坏生态环境，还会对人们的生产和生活产生不便，危害人体健康。

1.2.2 固体废物的危害

(1)对土壤环境的影响

固体废物任意露天堆放，必将占据大量的土地，这对于人口众多、耕地面积少的我国来说是一个极大的威胁。据估算，每堆积 1×10^4t 渣约占地 667m^2。固体废物会严重影响到土壤的卫生，废物中所含有的有害物质对土壤的土质会造成污染，会改变土壤的性质与结构。存在于土壤中的有害成分不仅有碍植物根系的发育和生长，而且还会在植物有机体内积蓄，可通过食物链危及人体健康。

(2)对水环境的影响

不少国家直接将固体废物倾倒于河流、湖泊或海洋，当固体废物流入到江河海洋中，会造成水质严重的污染，会危害到水生物的生存环境，水资源的利用也会受到影响。同时，河流中固体废物的增多，会占据河道，河流灌溉以及排洪的能力就会降低，对航运也会造成一定的影响。另外固体废物浸泡在雨水中会产生不同的化学物质，这些物质会对地下水造成污染。

生活垃圾未经无害化处理就任意堆放，也已造成许多城市地下水污染。哈尔滨市韩家洼子垃圾填埋场的地下水色度和锰、铁、酚、汞含量及细菌总数、大肠杆菌数等都严重超标，锰含量超标 3 倍多，汞含量超标 20 多倍，细菌总数超标 4.3 倍，大肠杆菌数超标 11 倍以上。

(3)对大气环境的影响

固体废物中会有一些颗粒比较小的废物，如果是大风天气，会飘散在空中，对大气的环境污染非常严重，而且堆积的废物中某些物质的化学反应，可以不同程度上产生毒气或恶臭，造成地区性空气污染，给居民的生活造成影响。

(4)影响环境卫生以及景观

我国目前在处理生活垃圾以及粪便方面的能力并不高，这就造成城市一些角落中堆放了很多垃圾，这些垃圾直接影响城市的容貌以及环境卫生，使得城市的整体形象受到了影响。

1.3 固体废物的管理与处理

城市固体废物种类多种多样，且固体废弃物的增加会对人们的日常生活产生不同程度的影响，也是制约社会经济进一步发展的主要因素。在对该问题的不断重视下，世界各国对固体废物处理方法和管理制度的探索开始不断深化。

我国全面开展环境立法的工作始于 20 世纪 70 年代末期。在 1978 年的宪法中，首次提出了“国家保护环境和自然资源，防止污染和其他公害”的规定，1979年颁布了《中华人民共和国环境保护法(试行)》，1989年通过了《中华人民共和国环境保护法》，这是我国环境保护的基本法，对我国环境保护工作起着重要的指导作用。中国自1995年就制定了《中华人民共和国固体废物污染环境防治法》(以下简称《固废法》)，建立了固体废物申报登记制度、危险废物经营许可证制度等核心制度，为防治固体废物污染环境、保障公众健康提供了法律依据。根据管理的需要，《固废法》2004年第一次修订，2013年、2015年、2016年分别对特定条款进行了修正，2020年再次进行修订，并经十三届全国人大常委会第十七次会议审议通过，自2020年9月1日起施行。修订的《中华人民共和国固体废物污染环境防治法》共分为九章，内容涉及总则、固体废物污染环境防治的监督管理、工业固体废物污染环境的防治、生活垃圾污染环境的防治、建筑垃圾和农业固体废物污染环境的防治、危险废物污染环境防治的特别规定、保障措施、法律责任及附则等。新修订的《固废法》坚持以习近平生态文明思想为指导，突出问题导向，强化政府及有关部门监督管理责任，进一步夯实企业主体责任，大幅提高处罚力度，将逐步实现固体废物零进口，实施生活垃圾分类、工业固体废物排污许可、危险废物分级分类监管、重大疫情医疗废物应急处置等重要制度写入法律，为新时代全面加强固体废物污染防治，推进中央改革措施落地和打赢打好污染防治攻坚战提供了坚强法律保障。在政府监督管理严、处罚力度大、环境要求越来越高的情况下，做好固体废物的管理与处理，将成为一项长期而又任重道远的工作。

1.3.1　固体废物的管理原则

新《固废法》确立了固体废物管理必须遵循的基本原则是废物污染防治的减量化、资源化、无害化(以下简称“三化”)原则和全过程管理原则，同时固体废物的管理需要结合企业发展的实际。

1. 三化管理

我国固体废物污染控制工作起步较晚，技术力量及经济力量有限。在20世纪80年代中期提出了“资源化”“无害化”和“减量化”作为控制固体废物污染的技术政策，并确定今后较长一段时间内以“无害化”为主。由于技术经济原因，我国固体废物处理利用的发展趋势必然是从“无害化”走向“资源化”，“资源化”是以“无害化”为前提的，“无害化”和“减量化”应以“资源化”为条件。

固体废物“减量化”是指通过实施适当的技术，一方面减少固体废物的排出量(例如在废物产生之前，采取改革生产工艺、产品设计和改变物资能源消费结构等措施)；另一方面减少固体废物容量(例如在废物排出之后，对废物进行分选、压缩、焚烧等加工工艺)。通过适当的手段减少和减小固体废物的数量和体积。

固体废物“无害化”是指通过采用适当的工程技术对废物进行处理(如热解技术、分离技术、焚烧技术、生化好氧或厌氧分解技术等)，使其对环境不产生污染，不致对人体健康产生影响。

固体废物“资源化”是指从固体废物中回收有用的物质和能源，加快物质循环，创造经济价值的广泛的技术和方法。它包括物质回收，物质转换和能量转换。目前，工业发达国家出于资源危机和环境治理的考虑，已把固体废物“资源化”纳入资源和能源开发利用之中，逐步形成了一个新兴的工业体系——资源再生工程。

新《固废法》明确提出，固体废物污染环境防治坚持减量化、资源化和无害化原则。企业应结合实际情况制定固体废物减量化计划，要从源头上控制，减少固体废物的产生。同时，积极寻找固体废物资源化利用的途径。比如一些有热能价值的危险废物，可通过焚烧方式，转化为热量加以回收利用。最后对确实无法利用的固体废物，采取安全填埋、固化、化学生物处理等等方式进行无害化处理。

2.“全过程”管理

经历了许多事故与教训之后，人们越来越意识到对固体废物实行“源头”控制的重要性。由于固体废物本身往往是污染的“源头”，故需对其“产生—收集—运输—综合利用—处理—贮存—处置”实行全过程管理，在每一环节都将其作为污染源进行严格的控制。因此，解决固体废物污染控制问题的基本对策是清洁(clean)、循环利用(cycle)、妥善处置(control)的所谓“3C原则”。另外随着循环经济、生态工业园及清洁生产理论和实践的发展，有人提出了“3R”原则，即通过对固体废物实施减量(reduce)、再利用(reuse)、再循环(recycle)策略实现节约资源、降低环境污染及资源永续利用的目的。

依据上述原则，可以将固体废物从产生到处置的全过程分为五个连续或不连续的环节进行控制。其中，各种产业活动中的清洁生产是第一阶段，在这一阶段，通过改变原材料、改进生产工艺和更换产品等来减少或避免固体废物的产生。在此基础上，对生产过程中产生的固体废物，尽量进行系统内的回收利用，这是管理体系的第二阶段。对于已产生的固体废物，则进行第三阶段——系统外的回收利用，第四阶段——无害化、稳定化处理以及第五阶段——固体废物的最终处置。

1.3.2 固体废物的管理制度与管理标准

1. 固体废物的管理制度

根据新《固废法》及固体废物的特点，固体废物的管理可以建立以下几种重要管理制度。

①分类管理制度。固体废物具有量多面广、成分复杂的特点，需对城市生活垃圾、工业固体废物和危险废物分别管理。我国《新固废法》第58条规定：“禁止混合收集、贮存、运输、处置性质不相容而未经安全性处置的危险废物，禁止将危险废物混入非危险废物中贮存。”

②工业固体废物申报登记制度。为了使环境保护部门掌握工业固体废物和危险废物的种类、产生量、流向以及对环境的影响等情况，进而进行有效的固体废物全过程管理，《中华人民共和国固体废物污染环境防治法》要求实施工业固体废物申报登记制度。

③固体废物污染环境影响评价和“三同时”制度。固体废物污染环境影响评价和“三同时”制度是我国环境保护的基本制度，新《固废法》进一步重申了这一制度。我国《环境保

护法》第26条规定："建设项目中防治污染的措施，必须与主体工程同时设计、同时施工、同时投产使用。防治污染的设施经原审批环境影响报告书的环保门验收合格后，该建设项方可投入生产或使用。"这一规定在我国环境立法中称为"三同时"制度。

④排污收费制度。排污收费制度也是我国环境保护的基本制度，但是，固体废物的排放与废水、废气有本质的不同，废水、废气排放进入环境后，可以在自然当中通过物理、化学、生物等多种途径进行稀释、降解，并有着明确的环境容量。而固体废物进入环境后，并没有被其形态相同的环境体接纳。固体废物对环境的污染是通过释放出水和大气污染物进行的，而这一过程是长期的和复杂的，并难以控制。因此，从严格意义上来讲，固体废物是严禁不经任何处理处置排入环境当中的。新《固废法》规定："企业事业单位对其产生的不能利用或者暂时不利用的工业固体废物，必须按照国务院环境保护主管部门的规定建设贮存或者处置的设施、场所。"这样，任何单位都被禁止向环境排放固体废物。因此，固体废物排污费的交纳，是对那些在按照规定和环境保护标准建成固体废物贮存或者处置的设施、场所，或者给改造这些设施、场所达到环境保护标准之前产生的固体废物而言的。

⑤限期治理制度。新《固废法》规定，没有建设工业固体废物贮存或者处置设施、场所，或者已建设但不符合环境保护规定的单位，必须限期建成或者改造。实行限期整理制度是为了解决重点污染源污染环境问题。对于固体废物排放或处置不当造成环境污染的企业和责任者，实行限期治理，是有效防治固体废物污染环境的措施。限期治理就是抓住重点污染源，集中有限的人力和物力，解决最突出的问题，如果限期内不能达到标准，就要采取经济手段甚至强制停产的手段进行制裁。

⑥危险废物行政代执行制度。由于危险废物的有害特性，其产生后如不进行适当的处理而任由产生者向环境排放，则可能造成严重危害，因此必须采取一切措施保证危险废物得到妥善的处理处置。新《固废法》规定："产生危险废物的单位，必须按照国家有相关规定，不处置的，由所在地县以上地方人民政府环境保护行政主管部门责令限期改正，逾期不处理或者处理不符合国家有关规定的，由所在地县级以上地方人民政府环境保护行政主管部门指定单位按照国家有关规定代为处置，处置费由产生危险废物单位承担。"行政代执行制度是一种行政强制执行措施，这一措施保证了危险废物能得到妥善、适当的处置，而处置费由危险废物产生者承担，也符合我国"谁污染谁治理"的原则。

⑦危险废物经营单位许可证制度。危险废物的危险特性决定了并非任何单位和个人都能从事危险废物的收集、贮存、处理、处置等经营活动，必须既具备达到一定要求的设施、设备，又要有相应的技术能力等条件，必须对从事这方面工作的企业、个人进行审批和培训，建立专门的管理制度和配套的管理程序，因此，对从事这一行的单位的资质进行审查是非常必要的。新《固废法》规定："从事收集、贮存、处置危险废物经营活动的单位，必须向县级以上人民政府环境保护行政主管部门申请领取经营许可证。"许可证制度将有助于我国危险废物管理和处理技术水平的提高，保证危险废物的严格控制，防止危险废物污染环境的事故发生。

⑧危险废物转移报告单制度。危险废物转移报告单制度的建立，是为了保证危险废物的运输安全，以及防止危险废物的非法转移和非法处置，保证危险废物的安全监控，防止

危险废物污染事故的发生。

⑨限期治理的制度。为了解决重点污染源污染环境问题，对没有建设工业固体废物贮存或处理处置设施、场所或已建设施、场所不符合环境保护规定的企业和责任者，实施限期治理、限期建成或改造。

2. 固体废物的管理标准

我国的固体废物管理国家标准基本由国家环境保护总局和住房和城乡建设部在各自的管理范围内制定。住房和城乡建设部主要制定有关垃圾清扫、运输、处理处置的标准。国家 环境保护总局制定有关污染控制、环境保护、分类、检测方面的标准。

①分类标准

主要包括《国家危险废物名录》《危险废物鉴别标准》，以及颁布的《城市 垃圾产生源分类及垃圾排放》《进口废物环境保护控制标准(试行)》等。

②方法标准

主要包括固体废物样品采样、处理及分析方法的标准。如《固体废物浸出 毒性测定方法》《固体废物浸出毒性浸出方法》《工业固体废物采样制样技术规范》《固体废物检测技术规范》《生活垃圾分拣技术规范》《城市生活垃圾采样和物理分析方法》《生活垃圾填埋场环境检测技术标准》等。

③污染控制标准

污染控制标准是固体废物管理标准中最重要的标准，是环境影响评价制度、“三同时”制度、限期治理和排污收费等一系列管理制度的基础。它可分为废物处置控制标准和设施控制标准两类。

①废物处置控制标准。它是对某种特定废物的处置标准、要求。如《含多氯联苯废物污染控制标准》即属此类标准。

②设施控制标准。目前已经颁布或正在制定的标准大多属于这类标准，如《一般工业固体废物 贮存、处置场污染控制标准》《生活垃圾填埋场污染控制标准》《城镇生活垃圾焚烧污染控制标准》《危险废物安全填埋污染控制标准》等。

(4)综合利用标准

为推进固体废物的“资源化”，并避免在废物“资源化”过程中产生二次污染，国家环境保护总局将制定一系列有关固体废物综合利用的规范和标准，如电镀污泥、磷石膏等废物综合利用的规范和技术规定。

1.3.3　固体废物的处理

随着我国社会经济的不断快速发展，我国出现越来越多的固体废弃物，为确保我国社会经济的可持续发展，社会对固体废弃物的处理提出了更多、更为严格的要求。在人们日常生活与工作过程中，不可避免出现各种固体废物，所以有效处理固体废物是极为重要的。

固体废物的种类复杂，大小、形状、状态、性质千差万别。固体废物在处理之前需要进行预处理，预处理是通过分选、破碎和干燥脱水等，这些过程都有利于固体废物的后续处理。分选是根据固体废物不同的物质性质，在进行最终处理之前，分离出有价的和有害的成分，实现“废物利用”破碎是用机械方法破坏固体废物内部的聚合力，减小颗粒尺寸，为后续处理提供合适的固相粒度的过程；干燥脱水是排除固体废物中的自由水和吸附水的过程。

将复杂的固体废物进行预处理，预处理后的固体废物被运送到相应的处理站进行处理，通常有以下处理方法：一般物化处理、生物处理、卫生填埋、安全填埋、焚烧处理及热解法等等。

①物化处理：工业生产产生的某些含油、含酸、含碱或含重金属的废液，均不宜直接焚烧或填埋，要通过简单的物理化学处理。经处理后水溶液可以再回收利用，有机溶剂可以做焚烧的辅助燃料，浓缩物或沉淀物则可送去填埋或炭烧。因此，物理化学方法也是综合利用或预处理过程。

②生物处理：生物处理是通过微生物的作用，使固体废物中可降解有机物转化为稳定生物的处理技术，生物处理分为好氧堆肥和厌氧消化。好氧堆肥是在充分供氧的条件下，用好氧微生物分解固体废物中有机物质的过程，产生的堆肥是优质的土壤改良剂和农肥，厌氧消化是在无氧或缺氧条件下，利用厌氧微生物的作用使废物中可生物降解的有机物转化为甲烷、二氧化碳和稳定物质的生物化学过程。

③卫生填埋：区别于传统的填埋法，卫生填埋法采用严格的污染控制措施，使整个填埋过程的污染和危害减少到最低限度，在填埋场的设计、施工、运行时最关键的问题是控制含大量有机酸、氨氮和重金属等污染物的渗滤液随意流出，做到统一收集后集中处理。

④安全填埋：是一种把危险废物放置或贮存在环境中，使其与环境隔绝的处置方法，是对其在经过各种方式的处理之后所采取的最终处置措施。目的是割断废物和环境的联系，使其不再对环境和人体健康造成危害。所以，是否能阻断废物和环境的联系，便是填埋处理成功与否的关键。一个完整的安全填埋场应包括废物接收与贮存系统、分析监测系统、预处理系统、防渗系统、渗滤液集排水系统、雨水及地下水集排水系统、渗滤液处理系统、渗滤液监测系统、管理系统和公用工程等。

⑤焚烧处理：焚烧处理是一种高温热技术，即以一定的过剩空气量与被处理的有机废物在焚烧炉内进行氧化分解反应，废物中的有毒有害物质在高温中氧化、热解而被破坏。焚烧处置的特点是可以实现无害化、减量化、资源化。焚烧的主要目的是尽可能焚毁废物，使被焚烧的物质变成无害物和最大限度地减容，并尽量减少新的污染物质的产生，避免造成二次污染。焚烧不但可以处置城市垃圾和一般工业废物，而且可以用于处置危险废物。

⑥热解法：区别于焚烧，热解法是在氧分压较低的条件下，利用热能将大分子量的有机物裂解为分子量相对较小的易于处理的化合物或燃料气体、油和炭黑等有机物质。热解处理适用于具有一定热值的有机固体废物。热解应考虑的主要影响因素有热解废物的组分、粒度及均匀性、含水率、反应温度及加热速率等。高温热解温度应在1000℃以上，主要热解产物应为燃气。中温热解温度应在600~700℃，主要热解产物应为类重油物质。低温热解温度应为600℃以下，主要热解产物应为炭黑。热解产物经净化后进行分馏可获得燃油、燃气等产品。

近二三十年来，环境问题日益尖锐，资源日益短缺，处置固体废物并把它转化为可供人类利用的资源也越来越引起人们的重视。我国对于固体废弃物的资源化处理近些年来已经取得了不小的进步，但是仍然有不足的地方，与日本、欧美等国家相比，在固体废弃物资源化提取的关键技术上还是落后的。我国的固体废物资源化处理通常有以下方式：①物质回收，即固体废弃物中的可回收物。如纸张、玻璃、金属等；②转化利用，即通过一定的技术，将固体废弃物或其中的某些成分转化为新的可利用的物质。例如有机物的堆肥、发酵，塑料、橡胶的裂解制取燃油等；③能源转化，通过化学技术或是生物技术来释放固体废弃物中蕴含的能量，例如垃圾焚烧发电，垃圾填埋场的填埋气体收集利用。

习题与思考题

1. 名词解释：固体废物、危险固体废物、减量化、资源化、无害化。
2. 固体废物主要包括哪些种类？请分别举例说明。
3. 请简述固体废物污染危害。
4. 请说明固体废物的“三化”管理原则的具体含义。
5. 固体废物的二重性是指什么？如何理解？
6. 固体废物的“三化”管理原则和全过程管理原则是否矛盾？为什么？

第 2 章　固体废物的预处理

2.1　固体废物的分选

固体废物的分选就是将固体废物中各种可回收利用的废物或不利于后续处理工艺要求的废物组分采用适当技术分离出来的过程。分选技术在废物回收利用和城市垃圾预处理中具有重要作用。

固体废物的分选技术方法可概括为人工分选和机械分选。人工分选是最早采用的分选方法，适用于废物产源地、收集站、处理中心、转运站或处置场。

根据废物组成中各种物质的粒度、密度、磁性、电性、光电性、摩擦性及弹性的差异，将机械分选方法分为筛选(分)、重力分选、磁力分选、电力分选、浮选、摩擦与弹跳分选光电分选。

2.1.1　人工分选

人工分选是在分类收集基础上进行的，主要回收纸张、玻璃、塑料、橡胶等物品。最基本的条件是：人工分选的废物不能有过大的质量，过大的含水量和对人体的危害性。人工分选的位置大多集中在转运站或处理中心的废物传送带两旁。经验表明：运送待分拣垃圾的皮带速度以小于 9m/min 为宜。一名分拣工人大约在 1h 内拣出 0.5t 的物料。

人工分选识别能力强，可以区分用机械方法无法分开的固体废物，可对一些无需进一步加工即能回用的物品进行直接回收，同时还可消除所有可能使得后续处理系统发生事故的废物。虽然人工分选的工作劳动强度大、卫生条件差，但在目前尚无法完全被机械代替。

2.1.2　筛分

筛分是根据固体废物尺寸大小进行分选的一种方法，是利用筛子将物料中小于筛孔的细粒物料透过筛面，而大于筛孔的粗粒物料留在筛面上，完成粗、细粒物料分离的过程。

筛分效率用来评定筛分设备的交离效率，是指实际得到的筛下产品重量与入筛废物中所小于筛孔尺寸的细粒物料质量之比，用百分数表示。

$$E = \frac{Q_1}{Q \cdot \frac{\alpha}{100}} \times 100\% \tag{2-1}$$

式中：E 为筛分效率，%；Q 为入筛固体废物重量；Q_1 为筛下产品重量；α 为入筛固体废物中小于筛孔的细粒含量，%。

筛分效率通常低于 85%~95%，影响筛分效率的因素涉及物料和设备两方面。物料的性质有颗粒尺寸分布、固体废物的含水率和含泥量及废物颗粒形状；筛分设备性能有网面的形式、筛子的运动方式、筛面宽度、筛分操作条件等。

筛分设备类型主要有固定筛、滚筒筛和振动筛。固定筛又分格筛和棒条筛两种，筛面由许多平行排列的筛条组成，可以水平安装或倾斜安装，由于构造简单、不耗用动力、设备费用低和维修方便，故在固体废物处理中被广泛应用。滚筒筛也称转筒筛，筛面为带孔的圆柱形筒体或截头圆锥筒体。在传动装置带动下，筛筒绕轴缓缓旋转。为使废物在筒内沿轴线方向前进，圆柱形筛筒的轴线应倾斜 3°~5°安装。振动筛由于筛面强烈振动，消除了堵塞筛孔的现象，有利于湿物料的筛分，可用于粗、中细粒的筛分，还可以用于脱水振动和脱泥筛分。

表 2-1　**不同类型筛子的筛分效率**

筛子类型	固定筛	转筒筛	振动筛
筛分效率/%	50~60	60	>90

选择筛分设备时应考虑如下因素：颗粒大小、形状，颗粒尺寸分布，整体密度，含水率，黏结或缠绕的可能；筛分器的构造材料，筛孔尺寸、形状，筛孔所占筛面比例，转筒筛的转速、长与直径，振动筛的振动频率、长与宽；筛分效率与总体效果要求；运行特征如能耗、日常维护，运行难易，可靠性，噪声，非正常振动与堵塞的可能性等。

2.1.3　重力分选

重力分选是根据固体废物中不同物质颗粒间的密度差异，在运动介质中利用重力、介质动力和机械力的作用，使颗粒群产生松散分层和迁移分离，从而得到不同密度产品的分选过程。

影响重力分选的因素主要是物料颗粒的尺寸、颗粒与介质的密度差以及介质的黏度。不同密度矿物分选的难易度可大致地按其等降比(e)判断。

$$e = \frac{\rho_2 - \rho}{\rho_1 - \rho} \tag{2-2}$$

式中：ρ_1 为轻矿物的密度，kg/m^3；ρ_2 为重矿物的密度，kg/m^3；ρ 为分选介质的密度，kg/m^3。

$e>5$，属极易重力分选的物料，除极细(5~10μm)细泥外，各粒度的物料都可用重力分选法选别；

$2.5<e<5$，属易选物料，按目前重力分选技术水平，有效选别粒度下限(采用一定的方法能够回收的固体废物的最小粒度)有可能达到 19μm，但 37~19μm 的选别效率也较低；

$1.75<e<2.5$，属较易选物料，目前有效选别粒度下限可达 37μm 左右，但 74~37μm

的选别效率也较低；

1.5<e<1.75，属较难选物料，重力分选的有效选别粒度下限一般为0.5mm左右；

1.25<e<1.5，属难选物料，重力分选法只能处理不小于数毫米的粗粒物料，分离效率一般不高；

e<1.25，属极难选的物料，不宜采用重力分选。

重力分选的介质有空气、水、重液(密度比水大的液体)、重悬浮液等。按介质不同，重力分选可分为重介质分选、跳汰分选、风力分选、摇床分选和惯性分选等。各种重力分选过程具有的共同工艺特点有：①固体废物中颗粒间必须存在密度差异；②分选过程都是在运动介质中进行；③在重力、介质动力及机械力综合作用下，使颗粒群松散并按密度分层；④分好层的物料在运动介质流推动下互相迁移，彼此分离，获得不同密度的最终产品。

1. 重介质分选

重介质分选又称浮沉法，在重介质中使固体废物中的颗粒群按密度分开的方法称为重介质分选。主要适用于几种固体的密度差别较小及难以用跳汰法等其他分离技术分选的场合。通常将密度大于水的介质称为重介质，其密度一般应介于大密度和小密度颗粒之间，包括重液和重悬浮液两种，重液价格昂贵，在固体废物分选中只能使用重悬浮液，高密度固体微粒起着加大介质密度的作用，故称为加重质。加重质的力度约200目，占60%~80%。

2. 跳汰分选

跳汰分选是在垂直脉冲介质中颗粒群反复交替地膨胀收缩，按密度分选固体废物的一种方法。通常用水作为介质，故称为水力跳汰分选。跳汰分选的一个脉冲循环中包括两个过程：床面先是浮起，然后被压紧。在浮起状态，轻颗粒加速较快，运动到床面物上面；在压紧状态，重颗粒比轻颗粒加速快，钻入床面物的下层中，脉冲作用使物料分层。物料分层后，密度大的重颗粒群集中于底层，小而重的颗粒会透筛成为筛下重产物，密度小的轻物料群进入上层，被水平方向水流带到机外成为轻产物。跳汰分选主要用于混合金属的分离与回收。

3. 风力分选

风力分选又称气流分选，是以空气为分选介质，将轻物料从较重物料中分离出来的一种方法。风力分选实质上包含两个分离过程：分离出具有低密度、空气阻力大的轻质部分和具有高密度、空气阻力小的重质部分；进一步将轻质颗粒从气流中分离出来。后一分离步骤常由旋流器完成，与除尘原理相似。风力分选在城市垃圾、纤维性固体废物、农业稻麦谷类等废物处理和利用中得到了广泛的应用。广义的风力分选还包括集尘。

按气流吹入分选设备内的方向不同，风选设备可分为水平气流风选机(又称为卧式风力分选机)和上升气流风选机(又称为立式风力分选机)。

图2-1所示是水平气流分选机的构造和工作原理图。该机从侧面送风，固体废物经破

碎机破碎和圆筒筛筛分使其粒度均匀后，定量给入机内，当废物在机内下落时，被鼓风机鼓入的水平气流吹散，固体废物中各种组分沿着不同运动轨迹分别落入重质组分、中重质组分和轻质组分收集槽中。水平气流分选机构造简单，维修方便，但分选精度不高，很少单独使用，常与破碎、筛分、立式风力分选机组成联合处理工艺。

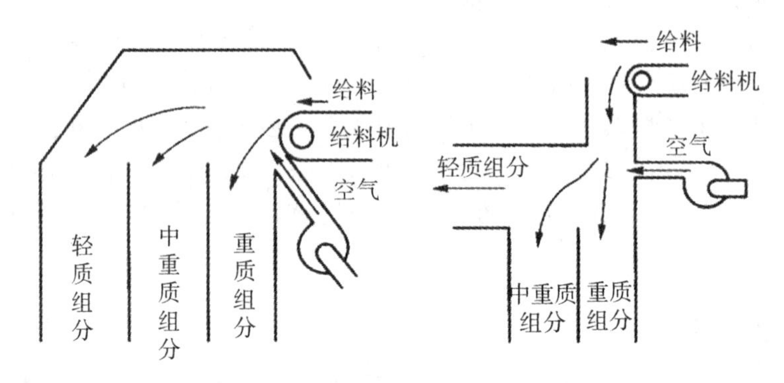

图 2-1　水平气流分选机的构造和工作原理图

图 2-2 所示是立式风力分选机的工作原理示意图。根据立式风力分选机与旋流器安装的位置不同，立式风力分选机可有三种不同的结构形式，分选精度较高。其工作原理是经破碎后的城市垃圾从中部给入风力分选机，物料在上升气流作用下，垃圾中各组分按密度进行分离，重质组分从底部排出，轻质组分从顶部排出，经旋风分离器进行气固分离。

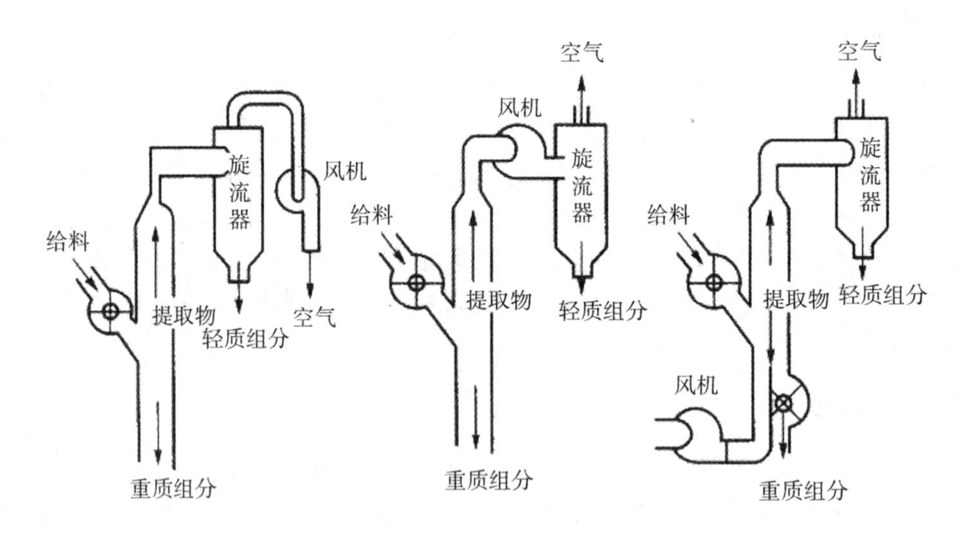

图 2-2　立式风力分选机的工作原理示意图

4. 摇床分选

摇床分选是细粒固体废物在一个倾斜的床面上，通过床面的不对称往复运动和层斜面水流的综合作用，按密度差异在床面上呈扇形分布而进行分选的一种方法。摇床分选设备常用平面摇床。平面摇床主要由床面、床头和传动机构组成。

摇床分选的特点：①床面的强烈摇动使松散分层和迁移分离得到加强，分选过程中析离分层占主导，按密度分选更加完善；②摇床分选属于斜面薄层水流分选，等降颗粒按移动速度不同而达到按密度分选；③不同性质颗粒的分选，主要取决于它们的合速度偏离摇动方向的角度。

5. 惯性分选

惯性分选是用高速传输带、旋流器或气流等在水平方向抛射粒子，利用由于密度、粒度不同而形成的惯性差异，以及粒子沿抛物线运动轨迹不同的性质，从而实现分离的方法。普通的惯性分选器有弹道分选器、旋风分离器、振动板以及 倾斜的传输带、反弹分选器等。

2.1.4 磁力分选

磁力分选有两种类型，一类是传统的磁选，主要应用于供料中磁性杂质的提纯、净化以及磁性物料的精选；另一类是磁流体分选法，可应用于城市垃圾焚烧厂焚烧灰以及堆肥厂产品中铝、铁、铜、锌等金属的提取与回收。

1. 磁选

磁选是利用固体废物中各种物质的磁性差异在不均匀磁场中进行分选的一种处理方法。它在固体废物的处理和利用中，通常用来分选或去除铁磁性物质，固体废物按其磁性大小可分为强磁性、弱磁性、非磁性等不同组分。

如图 2-3 所示，磁选过程是将固体废物输入磁选机，其中的磁性颗粒在不均匀磁场作用下被磁化，受到磁场吸引力的作用。除此之外，所有穿过分选装置的颗粒都受到重力、流动阻力、摩擦力、静电力和惯性力等机械力的作用。若磁性颗粒受力满足 $f_{磁}>f_{机}$($f_{磁}$ 为作用于磁性颗粒的吸引力，$f_{机}$ 为与磁性引力方向相反的各机械力的合力)，则该磁性颗粒就会沿磁场强度增加的方向移动直至被吸附在滚筒或带式收集器上，而后随着传输带运动而被排出。非磁性颗粒所受到机械力占优势，对于粗粒物质，重力、摩擦力起主要作用，而对于细粒物质，静电引力和流体阻力则较明显，在这些力作用下，他们仍会留在废物中排除。

磁选机中使用的磁铁有用通电方式磁化或极化铁磁材料形成的电磁和利用永磁材料形成磁区的永磁两类。磁铁的布置多种多样，常见的几种设备有磁力滚筒、永磁筒式磁选机、悬吊磁铁器等。

在选择磁选装置时，应考虑以下因素：供料传输带和产品传输带的位置关系；供料传输带的宽度、尺寸以及能否在整个传输带的宽度上有足够的磁场强度而有效地进行磁选；与磁性材料混杂在一起的非磁性材料的数量与形状，操作要求，如电耗、空间要求、结构支撑要求、磁场强度、设备维护等。

2. 磁流体分选法(MHS)

所谓磁流体，是指某种能够在磁场或磁场和电场联合作用下磁化，呈现似加重现象，

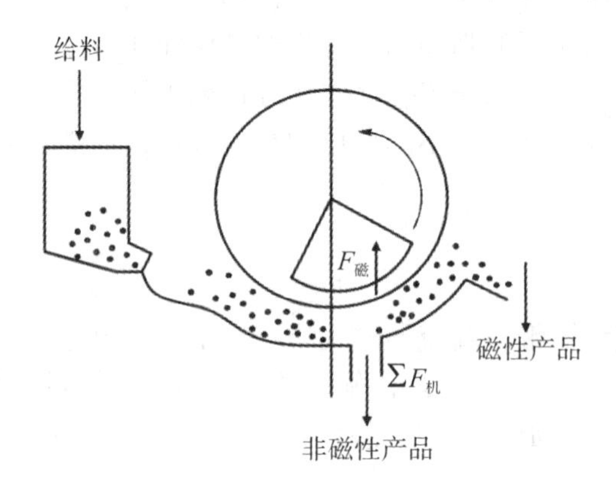

图 2-3　颗粒在磁选机中分离示意图

对颗粒产生磁浮力作用的稳定分散液。通常使用的磁流体有强电解质溶液、顺磁性溶液和铁磁性胶体悬浮液。磁流体分选是利用磁流体作为分选介质，在磁场或磁场和电场的联合作用下产生"加重"作用，按固体废物各组分的磁性和密度的差异或磁性、导电性和密度的差异，使不同组分分离。当固体废物中各组分间的磁性和差异小而密度或导电性差异较大时，采用磁流体可以有效地进行分离。根据分离原理与介质的不同，可分为磁流体动力分选和磁流体静力分选两种。

2.1.5　电力分选

电力分选(简称电选)是利用固体废物中各种组分在高压电场中电性的差异而实现分选的一种方法。根据导电性，物质分为导体、半导体和非导体三种。电选实际是分离半导体和非导体固体废物的过程。

按电场特征电选机分为静电分选机和复合电场分选机。

1. 静电分选机电选原理

静电分选机中废物的带电方式为直接传导带电。废物直接与传导电极接触，导电性好的废物将获得和电极极性相同的电荷而被排斥，导电性差的废物或非导体与带电滚筒接触被极化，在靠近滚筒一端产生相反的束缚电荷被滚筒吸引，从而实现不同电性的废物分离。

静电分选可用于各种塑料、橡胶、纤维纸、合成皮革和胶卷等物质的分选，使边料类回收率达到99%以上，纸类基本可达100%。随含水率升高回收率增大。

2. 复合电场分选机电选原理

复合电场分选机电场为电晕-静电复合电场，这种复合电场在目前被大多数电选机所应用。电晕电场是不均匀电场，在电场中有两个电极：电晕电极(带负电)和滚筒电极(带正电)。当两电极间的电位差达到某一数值时，负极发出大量电子，并在电场中以很高的速度运动。当它们与空气中的分子碰撞时，便使空气中的分子电离。空气中的负离子飞向正极，形成体电荷。导电性不同的物质进入电场后，都获得负电荷，它们在电场中的表现行为不同。导电性好的物质将负电荷迅速传给正极而不受正极作用。导电性差的物质传递电荷速度很慢，而受到正极的吸引作用，完成电选分离过程。图 2-4 显示了电晕电选机中不同废物颗粒分离过程。

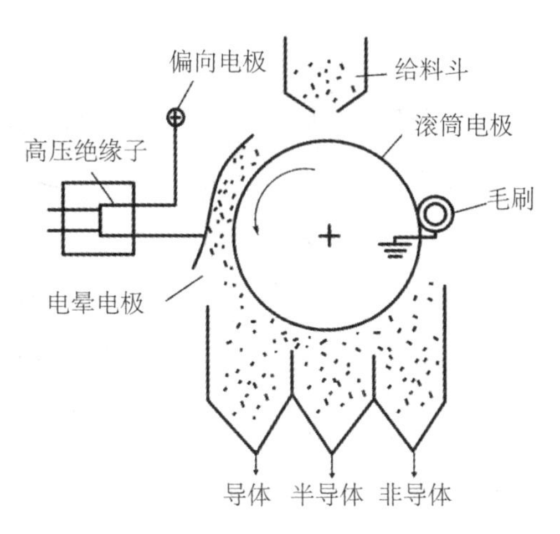

图 2-4　电晕电选机中不同废物颗粒分离过程示意图

2.1.6　浮选

浮选是在固体废物与水调制的料浆中，加入浮选药剂，并通入空气形成无数细小气泡，使欲选物质黏附在气泡上，随气泡上浮于料浆表面成为泡沫层，然后刮出回收；不上浮的颗粒仍留在料浆内，通过适当处理后废弃。

在浮选过程中，固体废物各组分对气泡黏附选择性的最主要影响因素是物质的表面疏水性。表面疏水性强，容易黏附在气泡上；表面亲水，不易黏附在气泡上。物质表面的亲水、疏水性能可以通过浮选药剂的作用而加强。使用最多的浮选设备是机械搅拌式浮选机。

2.1.7　其他分选方法

1. 摩擦与弹跳分选

摩擦与弹跳分选是根据固体废物中各组分的摩擦系数和碰撞系数的差异，在斜面上运动或与斜面碰撞弹跳时，产生不同的运动速度和弹跳轨迹而实现彼此分离的一种处理方法。

不同固体废物在斜面上的运动方式随颗粒的性质或密度不同而不同。纤维状废物或片状废物几乎全靠滑动，球形颗粒有滑动、滚动和弹跳三种运动方式。当颗粒单体(不受干扰)在斜面上向下运动时，纤维体或片状体的滑动速度较小，它脱离斜面抛出的初速度较小；球形颗粒由于做滑动、滚动和弹跳相结合的运动，加速度较大，运动速度较快，它脱离斜面抛出的初速度也较大。因此固体废物中的纤维状废物与颗粒废物、片状废物与颗粒废物，因形状不同，在斜面上运动或弹跳时，产生不同的运动速度和运动轨迹，实现了彼此分离。

摩擦与弹跳分选设备有带式筛、斜板运输分选机和反弹滚筒分选机三种。如图 2-5 所示。

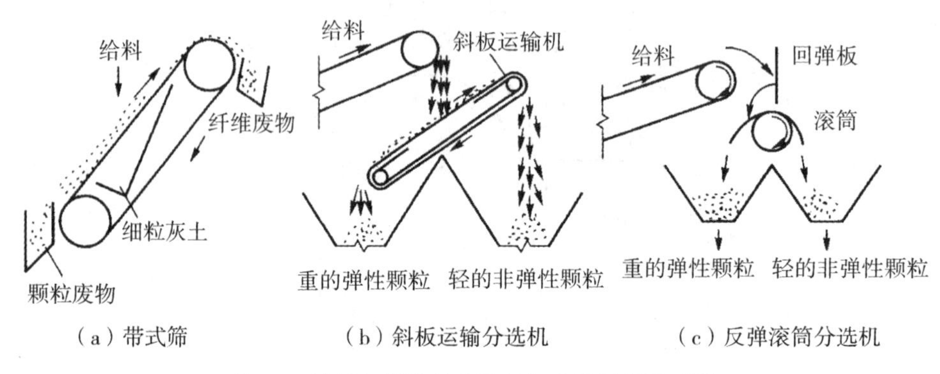

图 2-5　摩擦与弹跳分选设备与分选原理示意图

2. 光电分选

光电分选是利用物质表面光反射特性的不同而分离物料的方法，可用于从城市垃圾中回收橡胶、塑料、金属、玻璃等物质。

图 2-6 所示是光电分选过程示意图。固体废物经预先窄分级后进入料斗，由振动溜槽均匀地逐个落入高速沟槽进料皮带上，在皮带上拉开一定距离并排队前进，从皮带首端抛入光检箱受检。当颗粒通过光检测区时，受光源照射，背景板显示颗粒的颜色或色调，当欲选颗粒的颜色与背景颜色不同时，反射光经光电倍增管转换为电信号(此信号随反射光

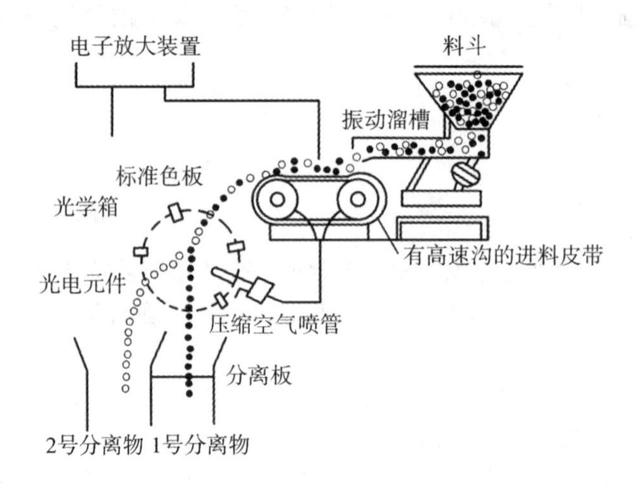

图 2-6　光电分选机分选原理图

的强度变化)，电子电路分析该信号后，产生控制信号驱动高频气阀，喷射出压缩空气，将电子电路分析出的异色颗粒(即欲选颗粒)吹离原来下落轨道，加以收集。而颜色符合要求的颗粒仍按原来的轨道自由下落加以收集，从而实现分离。

2.2 固体废物的破碎

破碎是通过人力或机械力等外力的作用，破坏物体内部的凝聚力和分子间作用力而使物体破裂变碎、颗粒尺寸减小的操作过程。若再进一步加工，将小块固体废物颗粒分裂成细粉状的过程称之为磨碎。经破碎处理后，固体废物的性质改变，消除其中的较大空隙，使物料整体密度增加，并达到废物混合体更为均一的颗粒尺寸分布，使其更适合于各类后处理工序所要求的形状、尺寸与容重等，是运输、焚烧、热分解、熔化、压缩等其他作业的预处理作业。

破碎的主要优点：对于填埋处理而言，破碎后废物置于填埋场并施行压缩，其有效密度要比未破碎物高25%~60%，减少了填埋场工作人员用土覆盖的频率，加快实现垃圾干燥覆土还原。与好氧条件相组合，还可有效去除蚊蝇，臭味问题，减少了昆虫、鼠类的疾病传播可能；破碎后，原来组成复杂且不均匀的废物变得混合均一，由于比表面积增加，易于实现稳定安全高效的燃烧，尽可能地回收其中的潜在热值，也有助于提高堆肥效率；废物容重的增加，使得贮存与远距离运输更加经济有效，易于进行；为分选提供要求的入选粒度，使原来的联生矿物或联结在一起的异种材料等单体分离，从而更有利于提取其中的有用物质与材料。

2.2.1 影响破碎效果的因素

影响破碎过程的因素是物料机械强度及所施加破碎力。物料的机械强度是物料一系列力学性质所决定的综合指标，力学性质主要有硬度、解理、韧性及物料的结构缺陷等。

1. 硬度

硬度是指物料抵抗外界机械力侵入的性质。硬度愈高、抵抗外界机械力侵入的能力愈大，破碎时愈困难。硬度反映了物料的坚固性。

对于坚固性指标的测定，一种是从能耗观点出发。如F.C·邦德功指数就是以能耗来测定物料坚固性；另一种是从力的强度出发，如岩矿硬度的测定。国外多用F.C，邦德功指数反映物料的坚固性，这种办法比较可靠，只要测出各种物料的功指数大小就能判明各种物料的坚固性。我国通常用莫氏硬度及普氏硬度系数/表示物料的坚固性。莫氏硬度是相对硬度，选取10种标准矿物以其硬度作硬度等级，这10种矿物及硬度等级分别是：

滑石(1)　石膏(2)　方解石(3)　萤石(4)　磷灰石(5)

长石(6)　石英(7)　黄玉(8)　刚玉(9)　金刚石(10)

这种办法比较粗略，而且各个硬度等级之间有的差距小，有的差距大。普氏硬度系数f与物料的抗压极限强度$\sigma_{压}$密切相关。

$$f=\frac{\sigma_{压}}{100} \tag{2-3}$$

当存在几种物料时，用上述方法测出的数值大小顺序也反映它们破碎的难易顺序。

2. 韧性

物料受压轧、切割、锤击、拉伸、弯曲等外力作用时所表现出的抵抗性能叫韧性，包括脆性、柔性、延展性、挠性、弹性等力学性质。一般说来，自然界的物料多数具有脆性，但有的较大，有的较小。脆性大的物料在破磨中容易被粉碎，易过磨、过粉碎。脆性小的不容易被粉碎，破磨中不容易过磨、过粉碎。延展性多为一些自然金属矿物所具有，它们在破磨中容易被打成薄片而不易磨成细粒。柔性、挠性及弹性多为一些纤维结晶矿物（如石棉）、片状结晶矿物（如云母、辉钼矿等）所具有，这些物料破碎及解理并不困难，但粉碎成细粒却十分困难。

3. 解理

物料在外力作用下沿一定方向破裂成光滑平面的性质叫解理，解理是结晶物料特有的性质。所形成的平滑面称作解理面（若不沿一定方向破裂而成凹凸不平的表面者称为断口）。按解理发育程度可分为下面五种类型：①极完全解理；②完全解理；③中等解理；④不完全解理；⑤极不完全解理。

解理发育的物料容易破碎，产品粒子往往呈片状、纤维状等特殊形状。

4. 结构缺陷

结构缺陷对粗块物料破碎的影响较为显著，随着矿块粒度的变小，裂缝及裂纹逐渐消失，强度逐渐增大，力学的均匀性增高，故细磨更为困难。

总体来说，固体废物的机械强度反映了固体废物抗破碎的阻力。常用静载下测定的抗压强度、抗拉强度、抗剪强度和抗弯强度来表示。其中抗压强度最大，抗剪强度次之，抗弯强度较小，抗拉强度最小。一般以固体废物的抗压强度为标准来衡量。抗压强度大于250MPa 者为坚硬固体废物，40～250MPa 者为中硬固体废物，小于 40MPa 者为软固体废物。

固体废物的机械强度与废物颗粒的粒度有关，粒度小的废物颗粒，机械强度较高。

按其破碎时的性状划分，物料分为最坚硬物料、坚硬物料、中硬物料和软质物料四种。

2.2.2　破碎比与破碎段

1. 破碎比

在破碎过程当中，原废物粒度与破碎产物粒度的比值称为破碎比。破碎比表示废物粒度在破碎过程中减少的倍数，也就是表征了废物破碎的程度。破碎机的能量消耗和处理能力都与破碎比有关。

用废物破碎前的最大粒度(D_{max})与破碎后的最大粒度(d_{max})之比值来确定破碎比(i)：

$$i = \frac{D_{max}}{d_{max}} \tag{2-4}$$

用废物破碎前的平均粒度(D_{cp})与破碎后的平均粒度(d_{cp})的比值来确定破碎比(i)：

$$i = \frac{D_{cp}}{d_{cp}} \tag{2-5}$$

用该法确定的破碎比称为真实破碎比，能较真实地反映破碎程度，在科研和理论研究中常被采用。一般破碎机的平均破碎比在3~30之间；磨碎机破碎比可达40~400及以上。

2. 破碎段

固体废物每经过一次破碎机或磨碎机称为一个破碎段。对固体废物进行多次(段)破碎，其总破碎比等于各段破碎比（i_1，i_2，…，i_n）的乘积，如下式所示：

$$i = i_1 \times i_2 \times i_3 \times \cdots \times i_n \tag{2-6}$$

破碎段数是决定破碎工艺流程的基本指标，它主要取决于破碎废物的原始粒度和最终粒度。破碎段数越多，破碎流程就越复杂，工程投资相应增加，因此，如果条件允许的话，应尽量减少破碎段数。如若要求的破碎比不大，则一段破碎即可。对有些固体废物的分选工艺，例如浮选、磁选等而言，由于要求入料的粒度很细，破碎比很大，所以往往根据实际需要将几台破碎机或磨碎机依次串联起来组成破碎流程。

2.2.3 破碎的方法与选择

1. 破碎的方法

破碎的方法可分为湿式、半湿式、干式三类。湿式破碎与半湿式破碎是在破碎的同时兼有分级分选的处理。干式破碎即通常所说的破碎，按所用的外力即消耗能量形式的不同，干式破碎(以下简称破碎)又可分为机械能破碎和非机械能破碎两种。机械能破碎是利用工具对固体废物施力而将其破碎的，非机械能破碎则是利用电能、热能等对固体废物进行破碎的新方法，如低温破碎、热力破碎，低压破碎或超声波破碎等。

图2-7所示为机械能破碎常用的方法，有压碎、劈碎、剪切、磨剥、冲击等 破碎作用方式。冲击作用有重力冲击和动冲击。重力冲击是物体落到一个硬表面上，在自重作用下被撞碎的过程；动冲击是指供料碰到一个比它硬的快速旋转的表面时发生的作用。磨剥作用是在两个坚硬的物体表面的中间来碾碎废物的。压碎作用是将材料在挤压设备两个坚硬表面之间的挤压，这两个表面或者都是移动的，或者是一个静止一个移动。剪切作用指切开或割裂废物，特别适合于二氧化硅含量低的松软物料。劈碎需要刃口，适合破碎机械强度较小的废物，如生活垃圾、秸秆、塑料等。

2. 破碎方法的选择

固体废物的机械强度特别是废物的硬度，直接影响破碎方法的选择。在有待破碎的废物(如各种废石和废渣等)中，大多数呈现脆硬性，宜采用劈碎、冲击、挤压等破碎方法；

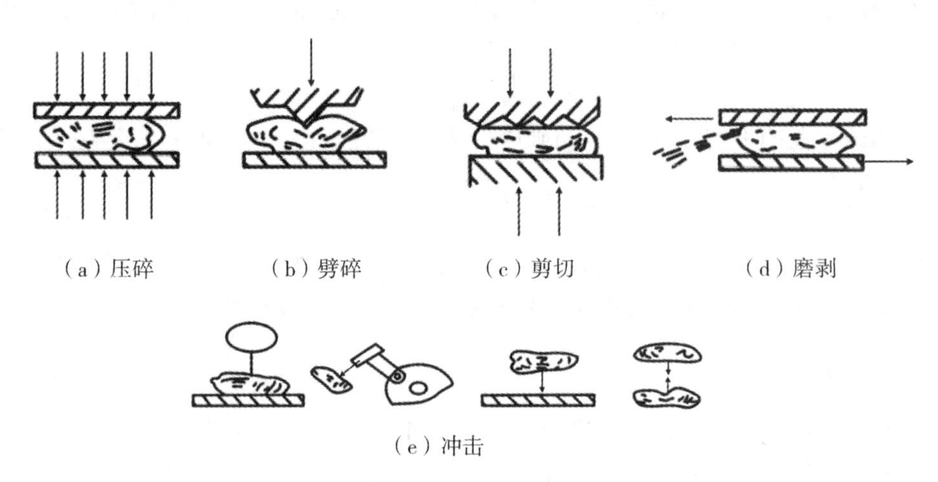

图 2-7　机械能破碎常用的方法

对于柔韧性废物（如废橡胶，废器材等）在常温下用传统的破碎机难以破碎，压力只能使其产生较大的塑性变形而不断裂，这时，宜利用其低温变脆的性能进行有效的破碎，或是用剪切、冲击的破碎方法；而当废物体积较大不能直接将其供入破碎机时，需先行将其切割到可以装入进料口的尺寸，再送入破碎机内；对于含有大量废纸的城市垃圾，近几年来，国外已采用半湿式破碎和湿式。

2.2.4　破碎机类型

垃圾破碎对城市垃圾大规模运输、物料回收、最终处置以及对提高城市垃圾管理水平，具有重要意义。用于城市垃圾的破碎机械大体有三种类型：冲击磨切型、剪切粉碎型与挤压破碎型。每种类型还包括多种不同的结构形式，各种形式破碎机械的应用范围亦不尽相同。下面介绍城市垃圾处理工程中常用的三种典型破碎机械。

1. 锤式破碎机

锤式破碎机属于冲击磨切型破碎机，其主体破碎部件是由电机驱动、铰接多排重锤的大转子与相对于转子转动方向设置的破碎板组成。通过快速旋转的重锤冲击与破碎板间的磨切作用，完成由进料口流入的垃圾破碎过程，通过下面的筛板排除破碎物料。这种破碎机适用于较大规模的城市垃圾破碎工程，安装时需采取防振、隔音措施。按转子数目不同可分为单转子和双转子锤式破碎机。单转子锤式破碎机根据转子的转动方向不同又可分为可逆式和不可逆式，如图 2-8 所示。

2. 剪切破碎机

剪切破碎机利用一组固定刀刃与一组（或两组）活动刀刃之间的剪切作用来完成垃圾的破碎过程。根据活动刀刃运动方式，可分为往复式与回转式两种。其主体破碎部件为活动连接的 V 式钢架，固定架由每隔 30cm 带有一个刀刃的平行钢部件构成，活动架由两组

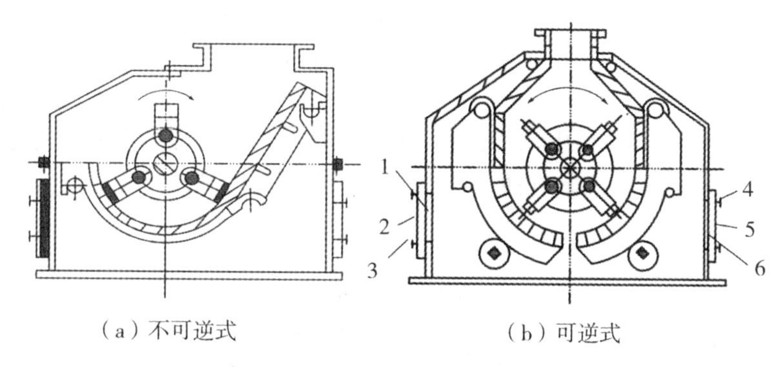

1、6—检修孔；2、5—盖板；3—螺栓；4—螺柱

图 2-8　单转子锤式破碎机

与固定架相应、带有刀刃的耙齿形构件组成。机件由两组液压缸前后驱动。垃圾在两支架间合拢时，通过挤压与剪切而被破碎，破碎物粒径约 30cm。这种机械适用于松散片状、条状废物的破碎。

回转式剪切破碎机依靠快速转动刀刃之间的挤压与剪切作用来完成破碎任务，这种机械适用于家庭生活垃圾的破碎。

3. 腭式破碎机

腭式破碎机属于挤压型破碎机械，分为简单摆动型与复杂摆动型两种。图 2-9 所示为简单摆动型腭式破碎机结构示意图。图 2-10 所示为复杂摆动型腭式破碎机结构示意图。

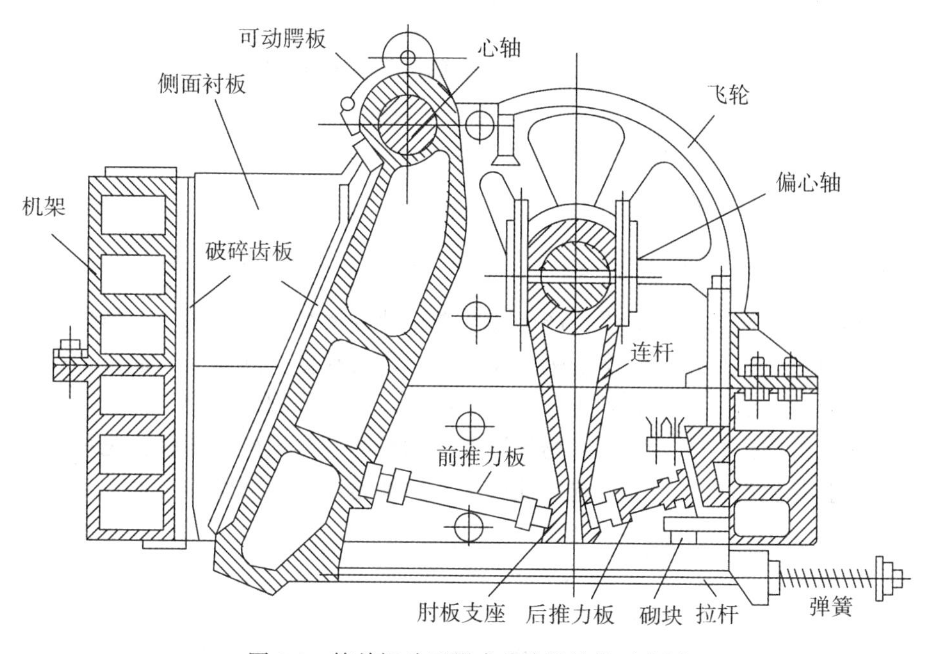

图 2-9　简单摆动型腭式破碎机结构示意图

其主要部件为固定腭板、可动腭板与连接于传动轴的偏心转动轮。简单摆动型破碎机的可动腭板不与偏心轮轴相连，在偏心轮的驱动下做简单往复运动，进入两板间的垃圾被挤压而破碎。复杂摆动型的可动腭板与偏心轮挂于同一传动轴上，因此既有往复摆动，又有上下摆动，垃圾因挤压与磨挫作用而被破碎。这种机械适用于破碎中等硬度脆性物料。其优点是结构简单，不易堵塞，维修方便；缺点是生产效率低，破碎粒度不均。

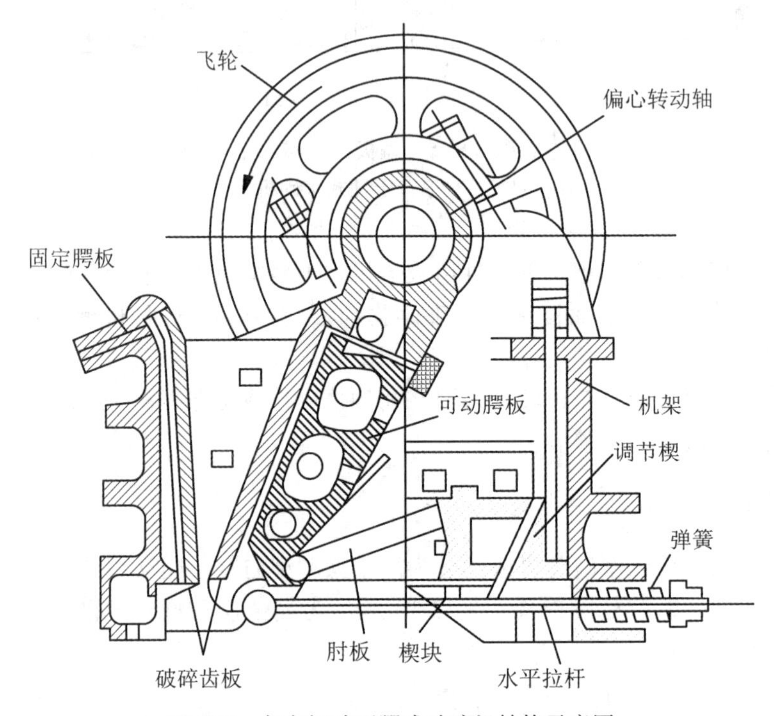

图 2-10　复杂摆动型腭式破碎机结构示意图

2.2.5　其他破碎方法

1. 低温破碎技术

常温破碎装置噪声大、振动强，产生粉尘多，此外还具有爆炸性、污染环境以及过量消耗动力等缺点。在选用不同类型的机械设备时，需要根据不同情况，通过多种方案的比较，尽量减少弊病，满足生产的需要。对于一些难以破碎的固体废物，如汽车轮胎、包覆电线等可选用低温破碎技术。利用废物低温变脆的性能有效地施行破碎，也可利用组成不同的物质，其脆化温度的差异进行选择性破碎，这即是低温冷冻破碎技术。

2. 半湿式选择性破碎分选

半湿式选择性破碎分选是利用城市垃圾中各种不同物质的强度和脆性的差异，在一定的湿度下将其破碎成不同粒度的碎块，然后通过网眼大小不同的筛网加以分离回收的过程。该过程通过兼有选择性破碎和筛分两种功能的装置实现，该装置称为半湿式选择性破碎分选机。其构造原理图如图 2-11 所示。

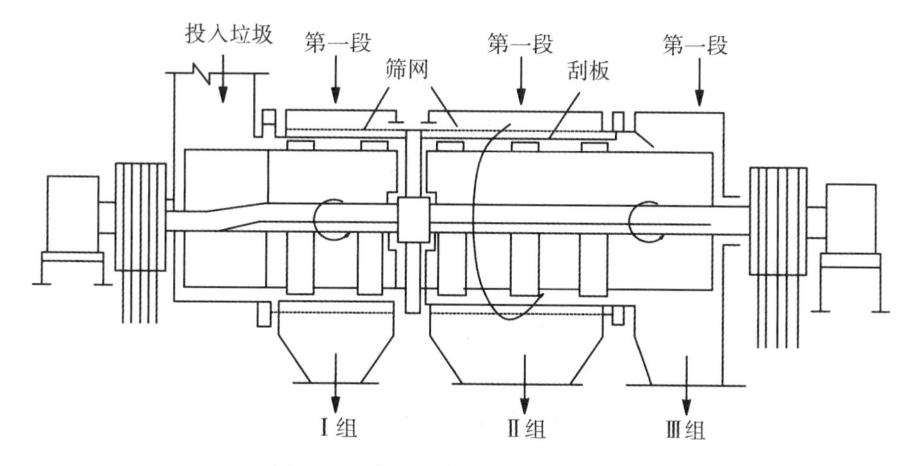

图 2-11　半湿式破碎机的构造原理图

3. 湿式破碎技术

湿式破碎是利用特制的破碎机将投入机内的含纸垃圾和大量水流一起剧烈 搅拌和破碎成为浆液的过程。图 2-12 所示为湿式破碎机的构造原理图。

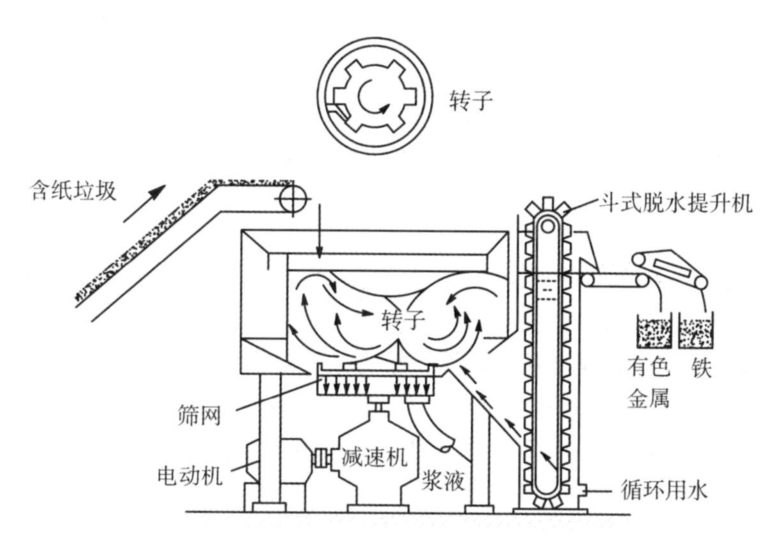

图 2-12　湿式破碎机的构造原理图

湿式破碎具有以下优点：①垃圾变成均质浆状物，可按流体处理法处理；②不会滋生蚊蝇和产生恶臭，符合卫生条件；③不会产生噪声，无发热和爆炸的危险性；④脱水有机残渣，质量、粒度、水分等变化都小；⑤在化学物质、纸和纸浆、矿物等处理中均可使用，可以回收纸纤维、玻璃、铁和有色金属，剩余泥土等可作堆肥。

2.3　干燥脱水

干燥脱水是排除固体废物中的自由水和吸附水的过程，主要用于城市垃圾经破碎、分选后的轻物料或经脱水处理后的污泥。当这些废物的后续资源化对废物干燥程度要求较高时，通常需要进行进行干燥脱水。如垃圾焚烧回收能量，常通过干燥脱水以提高焚烧效率。干燥脱水的关键是干燥方法和设备。

2.3.1　固体废物的脱水

含水率超过 90%的固体废物，必须脱水减容，以便于包装、运输与资源化利 用。固体废物的水分按存在形式分为：间隙水、毛细管结合水、表面吸附水和内部水。

间隙水：存在于颗粒间隙中的水，约占固体废物中水分的 70%左右，可用浓缩法分离。

毛细管结合水：颗粒间形成一些小的毛细管，在毛细管中充满的水分，约占水分的 20%，可采用高速离心机脱水、负压或正压过滤机脱水。

表面吸附水：吸附在颗粒表面的水，约占水分的 7%，可用加热法脱除。

内部水：在颗粒内部或微生物细胞内的水，约占水分的 3%，可采用生物法破坏细胞膜除去胞内水或用高温加热法、冷冻法去除。

固体废物脱水的方法有浓缩脱水和机械脱水两种。

1. 浓缩脱水

浓缩脱水的目的在于除去固体废物中的自由水和部分间隙水，缩小其体积，为输送、消化、脱水、利用与处置创造条件。浓缩脱水方法主要有重力浓缩法、气浮浓缩法和离心浓缩法。

(1)重力浓缩法

重力浓缩是利用固体废物与水之间相对密度差来实现固体废物脱水的方法。该方法不能进行彻底的固液分离，常与机械脱水配合使用，作为初步浓缩以提高过滤效率。重力浓缩本质上是一种沉淀工艺，属于压缩沉淀，重力浓缩的构筑物称为浓缩池。按运行方式分为间歇式浓缩池和连续式浓缩池。间歇式浓缩池仅在小型处理厂或工业企业的污水处理厂脱水使用，操作管理较麻烦，图 2-13 所示为间歇式浓缩池。连续式重力浓缩主要用于大、中型污水处理厂，图 2-14 为连续式浓缩池。

(2)气浮浓缩脱水

依靠大量微小气泡附着在颗粒上，形成颗粒-气泡结合体，进而产生浮力把 颗粒带到水表面达到浓缩的目的。气浮浓缩速度快，处理时间为重力浓缩的 1/3，占地少，刮泥较方便；但基建和操作费用较高，管理较复杂，运行费用为重力浓缩 的 2~3 倍。图 2-15 为气浮浓缩工艺流程图。

根据气泡形成的方式，气浮浓缩工艺可以分为：压力溶气气浮(DAF)、生物溶气气

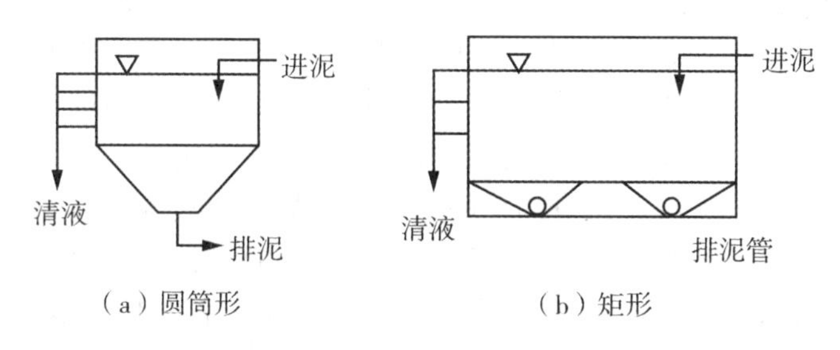

（a）圆筒形　　（b）矩形

图 2-13　间歇式浓缩池

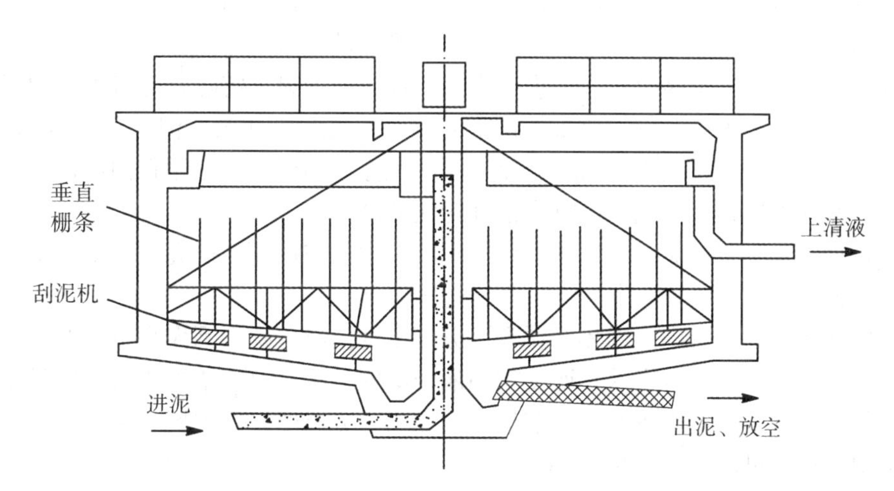

图 2-14　连续式浓缩池

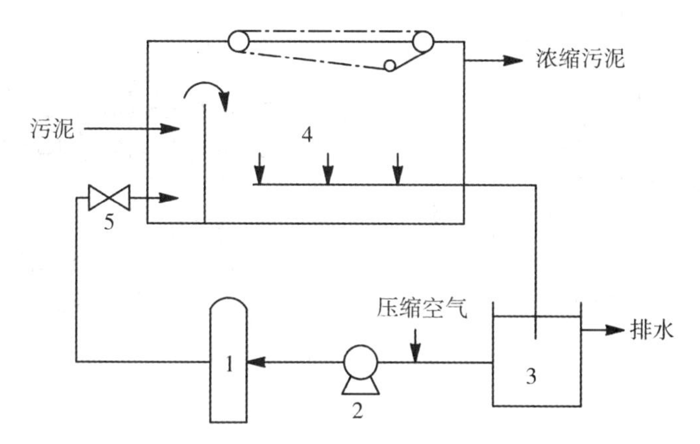

1—溶气罐；2—加压泵；3—澄清水；4—气浮池；5—减压阀

图 2-15　气浮浓缩工艺流程图

浮、涡凹气浮、真空气浮、化学气浮、电解气浮等。

压力溶气气浮(DAF)工艺已广泛应用于城市污水处理厂用于剩余活性污泥的浓缩。压力溶气气浮具有较好的固液分离效果，不投加调理剂的情况下，污泥的含固率可以达到

3%以上，投加调理剂时，污泥的含固率可以达到4%以上。为了提高浓缩脱水效果，通常在污泥中加入化学絮凝剂，药剂费用是污泥处理的主要费用。采用压力溶气气浮工艺浓缩剩余活性污泥具有占地面积小、卫生条件好、浓缩效率高、在浓缩过程中充氧可以避免富磷污泥磷的释放等优点；但设备多、维护管理复杂、运行费用高。

生物溶气气浮工艺利用污泥自身的反硝化能力，加入硝酸盐，污泥进行反硝化作用产生气体使污泥上浮而进行浓缩。硝酸盐浓度、温度、碳源、初始污泥浓度、泥龄、运行时间对污泥的浓缩效果有较大影响。气浮污泥浓度是重力浓缩的1.3~3倍，对膨胀污泥也有较好的浓缩效果，气浮污泥中所含气体少，对污泥后续处理有利。生物气浮浓缩工艺的日常运转费用比压力溶气气浮污泥浓缩工艺低，能耗小，设备简单，操作管理方便，但污泥停留时间比压力溶气气浮污泥浓缩工艺长，需投加硝酸盐。

涡凹气浮浓缩工艺浓缩活性污泥也有应用，该系统的显著特点是通过独特的涡凹曝气机将微气泡直接注入水中，不需要事先进行溶气，散气叶轮使微气泡均匀地分布于水中，通过涡凹曝气机抽真空作用实现污水回流。涡凹气浮浓缩污泥的应用在国内还不多，但研究表明，涡凹气浮适合用于低浓度剩余活性污泥的浓缩。

其他几种气浮工艺在城市污水处理厂污泥浓缩中的应用还在研究探索中。

(3)离心浓缩法

在高速旋转的离心机中，固体颗粒和水分因密度差异分别受到大小不同的离心力，该法是利用固体颗粒和水的密度差异而使其固液分离的过程。离心浓缩机占地面积小、造价低，但运行与机械维修费用较高。目前用于污泥离心分离的设备主要有倒锥分离板型离心机和螺旋卸料离心机两种，如图2-16所示。

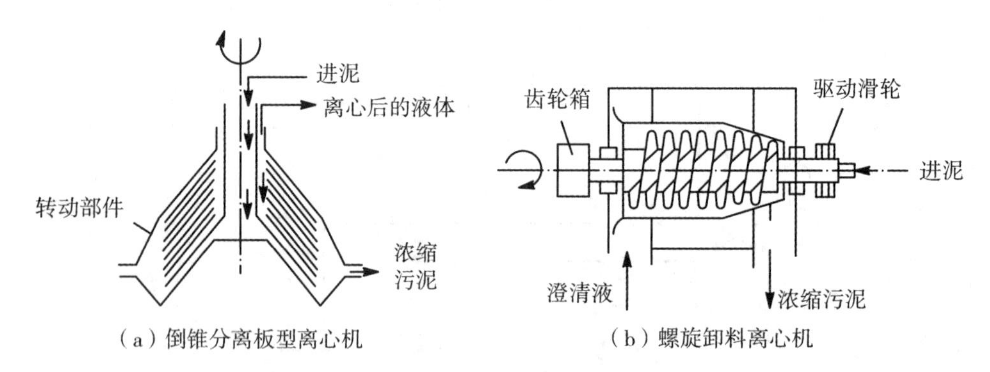

(a)倒锥分离板型离心机　　(b)螺旋卸料离心机

图2-16　离心浓缩机示意图

2. 机械脱水

利用具有许多毛细孔的物质作为过滤介质，以某种设备在过滤介质两侧产生压差作为过滤动力，固体废物中的溶液穿过介质成为滤液，固体颗粒被截流成为滤饼，这种固液分离操作过程就是机械过滤脱水，它是应用最广泛的固液分离过 程。

(1)过滤介质

具有足够的机械强度和尽可能小的流动阻力的滤饼的支撑物就是过滤介质，常用的有织物介质、粒状介质、多孔固体介质三类，其选用原则是既满足生产要求，又经济实用。

织物介质包括棉、毛、丝、麻等天然纤维和合成纤维制成的织物以及玻璃丝、金属丝等制成的网状物；粒状介质包括细砂、木炭、硅藻土及工业废物等颗粒状 物质；多孔固体介质则是具有很多微细孔道的固体材料。

(2)机械过滤设备

①真空抽滤机。真空抽滤是在负压条件下，强制水分通过过滤介质的脱水过程。常用的真空抽滤脱水机为转鼓式，其系统组成图与工作原理图如图 2-17 所示。这种过滤机主要部件是一个外表面包有滤布，部分浸入污泥槽的转鼓，鼓内分隔为若干小室，于旋转轴附近，分别连接真空与压缩空气系统。转鼓每旋转一周，浸入污泥槽的小室与真空系统相接时，污泥中水分被吸滤，通过滤布入小室，经抽空管，由气水分离器排出，固体泥渣均匀地吸附于滤布表面，形成滤饼。小室脱离污泥槽之后，仍有一段行程处于负压下，滤饼继续脱水。当旋转至某一部位后，小室脱离真空系统，开始与压缩空气系统相接，通过空气压力推动作用，滤饼被松动，由刮板刮下，落入料斗或传送带运走。转鼓即进入下一循环。

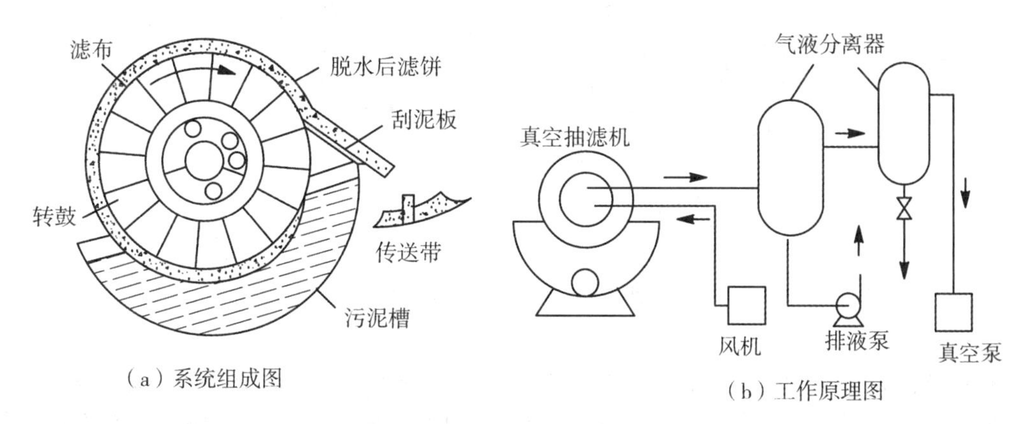

图 2-17 真空抽滤机图

真空抽滤机是连续性操作，效率高，操作稳定，易于维修，适于各类污泥脱水，所脱水的泥渣含水率为 75%~80%；缺点是运行费用高，需占用建筑面积较大，由于开放性操作，气味较大。

真空抽滤机主要工作参数：过滤段真空度为 40~80kPa，脱水段真空度为 67~93kPa；滚筒转速为 0.75~1.1mm/s。

②压滤机。压滤是在外加一定压力下，强制水分通过过滤介质，以达到固、液分离的目的。压滤机可分为间歇型与连续型两种。典型间歇压滤机为板框压滤机，连续型为带式压滤机。

a. 板框压滤机。这种压滤机结构如图 2-18 所示，由滤板与滤框相间排列组成，滤框两侧用滤布包夹，两端用夹板固定。板与框均开有沟槽与孔相连，形成导管。过滤时，用污泥泵将泥浆输入导管，压入机内，分别导入各滤框空腔内，借助输入的侧压力，滤液通过滤布，沿滤板沟槽，汇集于排液管排出，滤饼留在框内。当一次操作完成后，拆开过滤机，卸出滤饼。

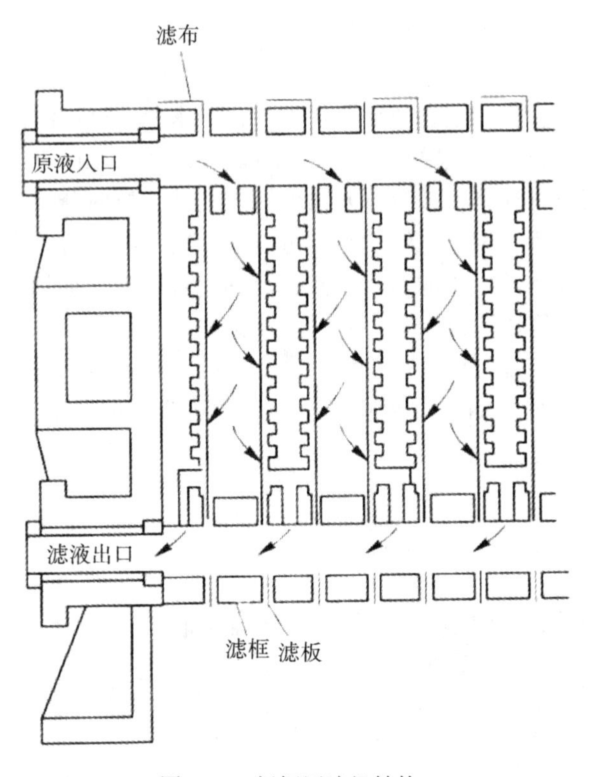

图 2-18　板框压滤机结构

板框压滤机结构简单，可在污泥含水率较大的范围内应用，适应性好；滤饼含水率与滤出液含悬浮物量均相对较低；滤布寿命较长，因而得到广泛应用；缺点是操作比较繁琐。压滤机操作压力一般要求 4～8kg/cm^2。滤饼含水率为 45%～80%。

b. 带式压滤机。这种压滤机结构如图 2-19 所示，由上下两组压轮与同向运动的带状传动滤布组成，泥浆由双带间通过，经上下压碾挤压，滤液透过滤布排出，滤饼随传动滤布卸入料斗。这种压滤机为连续性操作，适用于真空抽滤难于脱水的各种污泥，效率较高，生产能力大，占地面积较小，滤饼含水率可达到 70%～80%。

③离心脱水机。

离心脱水是利用高速旋转产生的离心力，将密度大于水的固体颗粒与水分离的过程。常用的离心分离机为转筒式，图 2-20 所示为卧式螺旋转筒离心机结构。这种离心机主体部件由螺旋输送器与转筒组成，转轴为变径空心轴，泥浆由空心轴腔输入，流经空心轴扩大段，由侧孔流入转筒，在高速旋转中，泥渣被甩至筒壁，压实成饼，水层则浮于泥饼内表面，由尾端排放口流出。泥饼由螺旋器推动，由锥体端部出口排出。

离心脱水机具有操作简便、设备紧凑、运行条件良好、脱水效率高等优点，适用于各种不同性质的泥浆脱水，脱水后泥渣含水率可降低至 70%左右；缺点是能耗较大。

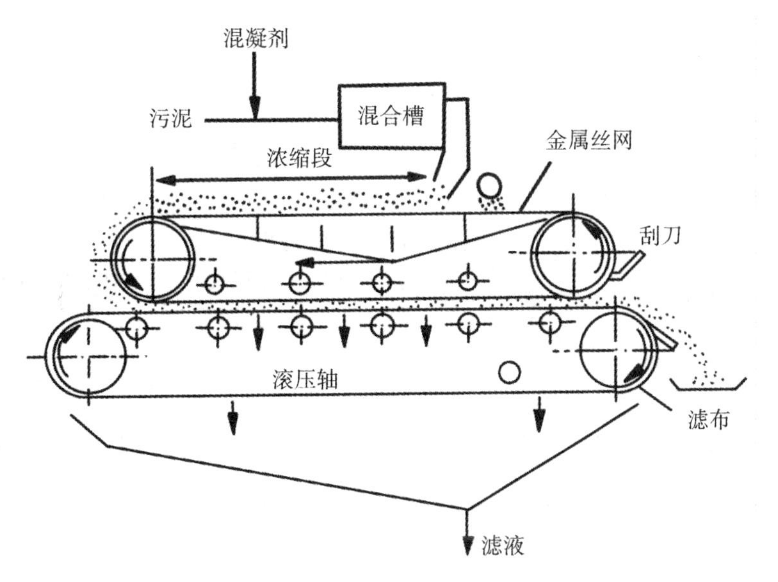

图 2-19　带式压滤结构

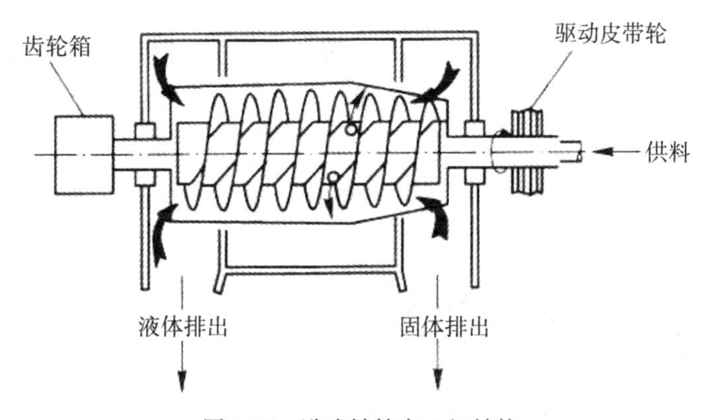

图 2-20　卧式转筒离心机结构

表 2-2 列出了各种脱水设备的优缺点及适用范围。

表 2-2　**各种脱水设备的优缺点及适用范围**

浓缩方法	优　点	缺　点	适用范围
离心脱水机	空间要求小；相对低的投资和电力消耗；自动化程度高	分离液不清，电耗大，机械磨损较大，对操作人员要求较高	不适于密度差很小或液相密度大于固相的污泥脱水；对粒径有要求，需大于 0.01 毫米

续表

浓缩方法	优　　点	缺　　点	适用范围
真空过滤机	能连续操作，运行平稳，可以自动控制，处理量较大，滤饼含水率较高	污泥脱水前需进行预处理，附属设备多，工序复杂，运行费用较高	适用于各种污泥的脱水
带式浓缩机	机器制造容易，附属设备少、能耗较低；连续操作，管理方便，脱水能力大	配合使用的聚丙烯酰胺含量高，价格贵，运行费用高；脱水效率不及板框压滤机	特别适用于无机性污泥的脱水；有机性污泥不适用
板框压滤机	制造较方便，适应性强，自动进料、卸料、滤饼含水率较低	间歇操作，处理量较低	适用于各种污泥的脱水

2.3.2　固体废物的干燥

当对城市垃圾中的轻物料实施能源回收或焚烧时，需预先进行干燥处理，以达到去水、减重之目的。

干燥设备有三种加热方式，对流、传导与辐射，其中对流加热方式应用较为广泛。倾斜转筒干燥器是对流加热的典型干燥设备，图 2-21 所示为这种干燥器结构图。

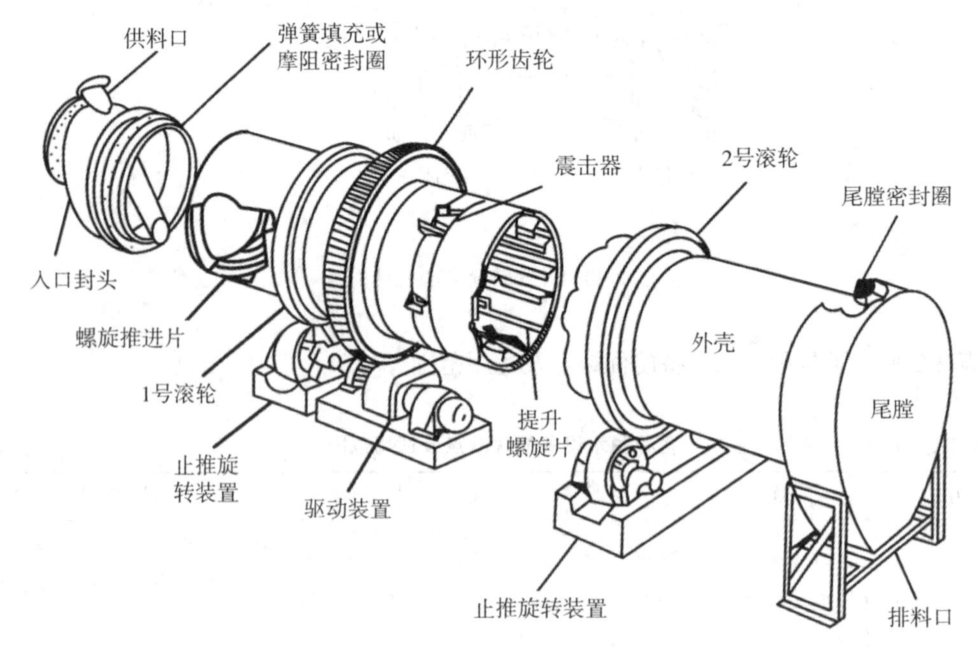

图 2-21　倾斜转筒干燥器结构图

其主要部件是与水平线稍有倾角安装的旋转圆筒，物料由上向下，高温气体由下向上，形成逆流。随圆筒的旋转，物料由筒内壁设置的螺旋板推动并分散，连续地由上端向下端传输，并由底部出口排出。尾气由尾端排气口进入除尘器，净化后排放。物料在干燥器内停留时间为30~40min，可通过调节物料排出量，控制物料与高温气的接触时间。

习题与思考题

1. 评价风选与磁选在处理城市垃圾中的作用。
2. 根据固体废物的性质，如何选择分选方法？
3. 影响破碎效果的因素有哪些？如何根据固体废物的性质选择破碎方法？
4. 选择破碎机时应考虑哪些因素？为什么？
5. 试分述各种破碎机械的作用原理与应用范围。
6. 固体废物中的水分主要包含几类？采用什么方法脱除水分？

第3章　固体废物固化/稳定化处理技术

3.1　概述

3.1.1　固化/稳定化的定义

危险废物固化/稳定化处理的目的是使危险废物中的所有污染组分呈现化学惰性或被包容起来，减少它在贮存或填埋处置过程中污染环境的潜在危险，并便于运输、利用和处置。通常危险废物化/稳定固化处理的途径包括将污染物通过化学转变，引入到某种稳定固体物质的晶格中去，以及通过物理过程把污染物直接掺入到惰性基材中去。此技术所涉及的主要过程和技术术语如下。

①固化技术。固化技术是指在危险废物中添加固化剂，使其转变为不可流动的固体或形成紧密固体的过程。固化的产物是结构完整的整块密实固体，这种固体可以方便地按尺寸大小进行运输，而无需任何辅助容器。

②稳定化技术。稳定化是指将有毒有害污染物转变为低溶解性、低迁移性及低毒性的物质的过程。稳定化一般可分为化学稳定化和物理稳定化。化学稳定化是通过化学反应使有毒物质变成不溶性化合物，使之在稳定的晶格内固定不动；物理稳定化是将污泥或半固体物质与一种疏松物料(如粉煤灰)混合生成一种粗颗粒、有土壤坚实度的固体，这种固体可以用运输机送至处置场。实际操作中，这两种过程是同时发生的。

③包容化技术。包容化是指用固化/稳定剂剂凝聚，将有毒物质或危险废物颗粒包容或覆盖的过程。

固化和稳定化在处理危险废物时通常无法截然分开，固化的过程会有稳定化的作用发生，稳定化的过程往往也具有固化的作用。而在固化和稳定化处理过程中，往往也发生包容化的作用。

3.1.2　固化/稳定化技术的特点

通常危险废物固化/稳定化处理的途径包括将污染物通过化学转变，引入到某种稳定固体物质的晶格中去，以及通过物理过程把污染物直接掺入到惰性基材中去。固化过程是一种利用添加剂改变废物的工程特性(例如渗透性、可压缩性和强度等)的过程。固化可以看作一种特定的稳定化过程，可以理解为稳定化的一个部分，但从概念上它们又有所区别。无论是固化还是稳定化，其目的都是减少废物的毒性和可迁移性，同时改善被处理对象的工程性质。

虽已研究和应用多种固化/稳定化方法处理不同种类的危险废物，但是迄今尚未研究出一种适合于任何类型危险废物的最佳固化/稳定化的方法。根据固化基材及固化过程，目前常用的固化/稳定化方法有以下几种：水泥固化、石灰固化、自胶结固化、玻璃固化、熔融固化。这些技术已应用于许多废物处理中，包括金属表面加工废物、电镀及铅冶炼酸性废物、尾矿、废水处理污泥、焚烧飞灰、食品生产污泥和烟道气处理污泥等。

当然，即使技术水平发展到很高程度，生产中采用清洁生产工艺，减少废物产生，以及在废物管理的过程中积极开展资源化，仍然会产生各种有毒危险废物。特别是废水废气治理过程中产生的终产物浓集了种类繁多污染物的半固体状的残渣、污泥和浓缩液，没有利用价值，但具有较高的危险性，必须加以无害化处理，在处置时才能做到无害化。目前所采用的这些方法，是将这些危险废物变成高度不溶性的稳定物质，这就是固化/稳定化。固化/稳定化已被广泛地应用于危险废物管理中。主要有以下几方面应用。

①对于具有毒性或强反应性等危险性质的废物进行处理，使之满足填埋处置的要求。例如，在处置液态或污泥态的危险废物时，由于液态物质的迁移特性，在填埋处置以前，必须首先经过稳定化的过程。使用液体吸收剂是不可以的，因为当填埋场处于足够大的外加负荷时，被吸收的液体很容易释放出来。所以这些液体废物必须使用物理或化学方法用稳定剂固定，使得即使在很大压力下，或者在降水的淋溶下不至于重新形成污染。

②其他处理过程所产生的残渣，例如焚烧产生的飞灰的无害化处理，目的是对其进行最终处置。焚烧过程可以有效地破坏有机毒性物质，而且具有很大的减容效果；但与此同时，也必然会浓集某些化学成分，甚至浓集放射性物质。又比如，在锌铅的冶炼过程中，会产生含有相当高浓度砷的废渣，这些废渣的大量堆积，必然造成地下水的严重污染。此时对废渣进行稳定化处理是非常必要的。

③在大量土壤被有害污染物污染的情况下对土壤进行去污。在大量土壤被有机的或无机的废物所污染时，需要借助稳定化技术进行去污或其他方式使土壤得以恢复。因为与其他方法(例如封闭与隔离)相比，稳定化具有相对的永久性的作用。对于大量土地遭受较低程度的污染时，稳定化尤其有效。因为在大多数情况下，使用填埋、焚烧等方法所必需的开挖、运输、装卸等操作会引起污染土壤的飞扬和增加污染物的挥发而导致二次污染。此时所利用的稳定化技术均是通过减小污染物传输表面积或降低其溶解度的方法防止污染物的扩散，或者利用化学方法将污染物改变为低毒或无毒的形式而达到目的。

3.1.3 固化/稳定化技术的适用对象及优缺点

危险废物种类繁多，并非所有的危险废物都适用于固化处理。固化技术最早是用来处理放射性污泥和蒸发浓缩液的。最近十几年来此技术得到迅速发展，被用来处理电镀污泥、铬渣等危险废物。表 3-1 为各种固化/稳定化技术的适用对象和优缺点。

表 3-1　　**各种固化/稳定化技术的适用对象和优缺点**

技术	适用对象	优　　点	缺　　点
水泥固化法	重金属、废酸、氧化物	水泥搅拌处理技术已相当成熟 对废物中化学性质的变动具有相当的承受力 可由水泥与废物的比例来控制固化体的结构强度与不透水性 无需特殊的设备处理，成本低 废物可直接处理，无需前处理	废物中若含有特殊的盐类，会造成固化体破裂 有机物的分解造成裂隙，增加渗透性，降低结构强度 大量水泥的使用增加固化体的体积和质量
石灰固化法	重金属、废酸、氧化物	所用物料价格便宜，容易购得 操作不需特殊的设备及技术 在适当的处置环境，可维持波索来反应的持续进行	固化体的强度较低，且需较长的养护时间 有较大的体积膨胀，增加清运和处置的困难
塑性固化法	部分非极性有机物、废酸、重金属	固化体的渗透性较其他固化法低 于对水溶液有良好的阻隔性	需要特殊的设备和专业的操作人员 废污水中若含有氧化剂或挥发性物质，加热时可能会着火或逸散 废物需先干燥、破碎后才能进行操作
熔融固化法	不挥发的高危害性废物、核能废料	玻璃体的高稳定性，可确保固化体的长期稳定 可利用废玻璃屑作为固化材料 对核能废料的处理已有相当成功的技术	对可燃或具挥发性的废物并不适用 高温需消耗大量的能源需要特殊的设备及专业人员 设施投入和处理成本高
自胶结固化法	含有大量硫酸钙和亚硫酸钙的废物	烧结体的性质稳定，结构强度高 烧结体不具生物反应性及可燃性	应用面较为狭窄 需要特殊的设备及专业人员
化学稳定化法	重金属、 氧化剂、 还原剂	技术已经很成熟 根据使用化学试剂的不同，已有多种化学稳定化技术的应用 对于不同的技术都能取得很好的重金属稳定化效果 基本不会有增容和增重，处理和处置成本都非常低廉 合适的配方下，稳定化产物的长期稳定性有保证	需要根据不同的废物研究合适的配方 当废物成分发生变化时，特别是 pH 值变化时会影响稳定化效果

3.1.4　固化/稳定化所涉及的基本原理

固体废物的固化/稳定化技术（简称“SS 技术”）包含了许多物理和化学机制，针对不同废物有多种处理方法，其主要目的都是将废物中的有害物质转化成物理、化学特性更稳定的惰性物质，降低其有害成分的浸出率，或使之具有足够的机械强度，从而满足再生利用或处置的要求，由于废物种类繁多、成分复杂，在理论上还没有完全系统化，以下总结介绍固化/稳定化技术过程所涉及的几种典型原理。

(1)化学反应原理

化学反应原理是固化/稳定化处理技术的最普遍的原理之一，涉及不同的化学反应过程。

(2)包容原理

包容是指将有害物质包裹在具有一定强度和抗渗透性的固化基材中，从而阻止水的进入和有害物质的浸出，达到固定的目的。主要方式包括：大型包容技术、微包容技术。

大型包容技术是用大型不透水的稳定材料，在废物外表面形成一层隔离层，将废物整体包封，使危险物质得到隔离。该技术的主要影响因素包括：干-湿度的循环变化；冻融的循环变化；外界流体的渗入；物理负荷导致的应力等。

在微包容技术中，危险废物是以微观的形式被固化材料的晶格点阵所包容。利用该技术处理危险废物，即使稳定材料已降解成为较小的颗粒状态，绝大部分有害物质仍然被包容在封闭空间中。由于大部分有害物质并没有进行化学转化或者与稳定物质形成络合物，所以在稳定结构破碎成小块，或暴露出更多的表面以后，污染物或多或少会增加向环境中迁移的速率。

(3)吸附原理

吸附是可溶性组分借助于与固体表面的接触而从液相中除去的过程。从吸附类型上看，主要有物理吸附和化学吸附，对于废物固化/稳定化处理，吸附主要指物理吸附。

吸附是一种表面过程，其主要介质是不同类型的吸附剂或吸附材料，在废物处理中，大部分具有大的活性表面的物质均可作为吸附剂使用，如：活性炭、膨润土、粉煤灰、黏土、沸石、硅藻土等。影响吸附的主要因素包括：吸附载体的表面积；环境条件(pH 值、环境温度、平衡时间等)；固化产物的强度。

活性炭属于很大内表面的多孔性结构，也是常用的、有效的一种吸附剂，活性炭对物质分子的吸附过程主要分为以下四个阶段：在液相本体内的传输；边界膜传输；孔扩散；物理吸附。边界膜传输和孔扩散速率较慢，控制着进程速度，扩散速率随溶质浓度与温度的上升、pH 值降低而上升，当孔扩散作为控制步骤时，溶质分子量的增加和孔径的减少会降低整个过程的速率。

(4)氧化还原解毒原理

氧化还原解毒(oxidation/reduction，O/R)是通过向废物中添加强氧化剂或强还原剂将有机组分转化为 CO_2 和 H_2O，也可以转化为毒性很小的中间有机物或其他无机物来达到解毒目的。O/R 法包括氧化法和还原法，适宜于处理不同类型的危险废物：有机物污染的废物，如含氯的挥发性有机物、硫醇、酚类；无机化合物污染的废物，如氰化物；重金属污染的废物，如砷渣和铬渣。固化/稳定化技术采用氧化法处理废物时常用氧化剂有：臭氧、过氧化氢、氯气、次氯酸盐等。采用还原法处理废物时常用的还原剂有：亚硫酸盐、铁、硫酸亚铁、硫代硫酸钠、二氧化硫等。在危险废物的氧化还原解毒处理中影响反应进程的主要参数：氧化还原电位、自由能。其他因素，如 pH 值、温度、催化剂等。

(5)超临界流体原理

超临界流体(supercritical fluids)也称超临界液相，是当温度和压力超过一定值后所形成的，其性质介于液体和气体之间的一种物质。当温度和压力超过临界值的时候，不论温度和压力如何变化，气体不再凝缩为液体，气体与液体之间没有明显的界限，相界面消失。超临界流体具有气体的很低的黏度和很强的扩散性，具有极强的溶解性。当气体如二氧化碳被施于高温高压时，它的物理特性发生变化，形成超临界状态下的液体，同时具有液体的溶解能力和气体的扩散能力，从而形成化工、生物及聚合物领域应用中非常好的处理介质。

3.2　水泥固化技术

3.2.1　基本理论

水泥是最常用的危险废物稳定剂，在一般有害废物处理中水泥固化已经是一种较为成熟的方法。由于水泥是一种无机胶结材料，经过水化反应后可以生成坚硬的水泥固化体，所以在废物处理时最常用的是水泥固化技术。水泥的品种很多，例如，普通硅酸盐水泥、矿渣硅酸盐水泥、矾土水泥、沸石水泥等都可以作为废物固化处理的基材。其中最常用的普通硅酸盐水泥是用石灰石、黏土以及其他硅酸盐物质混合在水泥窑中在高温下煅烧，然后研磨成粉末状而成的。它是钙、硅、铝及铁的氧化物的混合物。为了改善固化产品的性能，可根据废物的性质和对产品质量的要求，添加适量的添加剂。添加剂分为无机添加剂和有机添加剂两大类。

1. 水泥固化基材及添加剂

水泥是一种无机胶结材料，其主要成分为 SiO_2，CaO，Al_2O_3和 Fe_2O_3，水化反应后可形成坚硬的水泥石块，从而把分散的固体添料(如砂石)牢固地黏结为一个整体。水泥的品种很多，如普通硅酸盐水泥、石凡渣硅酸盐水泥、火山灰硅酸盐水泥、矾土水泥、沸石水泥等都可以作为废物固化处理的基材。

为了改善固化产品的性能，根据废物的性质和对产品质量的要求，需添加适量的添加剂。添加剂分为无机添加剂和有机添加剂两大类，前者有蛭石、沸石、多种黏土矿物、水玻璃、无机缓凝剂、无机速凝剂和骨料等；后者有硬脂酸丁酯、5-葡萄糖酸内酯、柠檬酸等。

2. 水泥固化的化学反应

水泥固化过程所发生的水合反应主要有以下几种。

硅酸三钙的水合反应：

$$3CaO \cdot SiO_2 + xH_2O \longrightarrow 2CaO \cdot SiO_2 \cdot yH_2O + Ca(OH)_2$$
$$\longrightarrow CaO \cdot SiO_2 \cdot mH_2O + 2Ca(OH)_2$$

$$2(3CaO \cdot SiO_2)+xH_2O \longrightarrow 3CaO \cdot 2SiO_2 \cdot yH_2O+3Ca(OH)_2$$
$$\longrightarrow 2(CaO \cdot SiO_2 \cdot mH_2O)+4Ca(OH)_2$$

硅酸二钙的水合反应：

$$2CaO \cdot SiO_2+xH_2O \longrightarrow 2CaO \cdot SiO_2 \cdot xH_2O$$
$$\longrightarrow CaO \cdot SiO_2 \cdot mH_2O+Ca(OH)_2$$
$$2(2CaO \cdot SiO_2)+xH_2O \longrightarrow 3CaO \cdot 2SiO_2 \cdot yH_2O+Ca(OH)_2$$
$$\longrightarrow 2(CaO \cdot SiO_2 \cdot mH_2O)+2Ca(OH)_2$$

铝酸三钙的水合反应：

$$3CaO \cdot Al_2O_3+xH_2O \longrightarrow 3CaO \cdot Al_2O_3 \cdot xH_2O$$
$$\longrightarrow CaO \cdot Al_2O_3 \cdot mH_2O+Ca(OH)_2$$

如有氢氧化钙存在，则变成：

$$3CaO \cdot Al_2O_3+H_2O+Ca(OH)_2 \longrightarrow CaO \cdot Al_2O_3 \cdot H_2O$$

铝酸四钙的水合反应：

$$4CaO \cdot Al_2O_3+Fe_2O_3+xH_2O \longrightarrow 3CaO \cdot Al_2O_3-mH_2O+CaO \cdot Fe_2O_3 \cdot nH_2O$$

3.2.2 水泥固化的影响因素

水泥固化工艺通常是把危险废物、水泥和其他添加剂一起与水混合，经过一定的养护时间而形成坚硬的固化体。固化工艺的配方是根据水泥的种类处理要求以及废物的处理要求制定的。影响水泥固化的因素主要有以下 4 个。

1. pH 值

pH 值对于金属离子的固定有显著的影响。因为大部分金属离子的溶解度与 pH 值有关，对于金属离子的固定，pH 值有显著影响。当 pH 值较高时，许多金属离子会形成氢氧化物沉淀，并且水中的碳酸盐浓度也会较高，有利于生成碳酸盐沉淀。另外，pH 值过高时，会形成带负电荷的羟基络合物，溶解度反而升高。例如：$pH<9$ 时，铜主要以 $Cu(OH)_2$ 沉淀的形式存在，当 $pH>9$ 时，则形成 $Cu(OH)_3^-$ 和 $Cu(OH)_4^{2-}$ 络合物，溶解度增加。

2. 水、水泥和废物量的比例

水分过少，不能保证水泥的充分水合作用；水分过多，则会出现泌水现象，影响固化块的强度。

3. 凝固时间

必须适当控制初凝时间和终凝时间，以确保水泥废物料浆能够在混合以后 有足够的时间进行输送、装桶或者浇注。一般，初凝时间大于 2h，终凝时间在 48h 以内。凝结时间的控制是通过加入促凝剂(偏铝酸钠、氯化钙、氢氧化铁等无机盐)、缓凝剂(有机物、硼砂、硼酸钠等)来完成的。

4. 其他添加剂

为了使固化体具有良好的性能，常常根据废物的性质掺入适量的添加剂，改善固化条件，提高固化体质量。常用的添加剂有吸附剂，如投加适量的沸石或蛭石于含有大量硫酸盐的废物中，可以防止硫酸盐与水泥成分发生化学反应，生成水化硫酸铝钙而导致固化体膨胀和破裂。采用蛭石作添加剂，还可以起到骨料和吸收的作用。为减少有害物质的浸出速率，也需要加入某些添加剂，例如加入一定量的硫化物，可有效固定重金属离子等。

3.2.3　水泥固化工艺介绍

水泥固化的核心是搅拌混合装置，而具体选择哪种方法还需考虑废物的特性。常见的水泥固化工艺有以下三种。

①外部混合注模成型工艺。混合搅拌采用间歇式混合搅拌，将废物、水泥、添加剂和水在单独的混合器中搅拌，搅拌均匀后注入可重复使用的模具中，成型后脱模。

②容器内部混合工艺。直接将废物、水泥、添加剂和水在一次性的混合器中混合搅拌，混合器既作混合装置又作处置装置，不适用于大量的有毒有害废物，通常适用于少量高毒性的废物，例如放射性废物。

③整体注入工艺。对于粒度较大或不均匀的废物，可以先把废物注入混合器内，然后再将制备好的水泥浆液注入。该工艺适用于大批量有害废物的固化处理。

预处理工艺设计时，根据固化实验的初步结果，对于少量毒性较强的废物，宜采用容器内部混合工艺，对于大量一般性有害废物则采用搅拌机混合。水泥固化体可用作填埋场的支撑体、隔离墙或建筑基材，这样不仅使有害废物得到有效利用，并且大大降低了填埋场的工程造价。

3.2.4　水泥固化技术的应用

水泥固化是一种处理一般有害废物的常见技术。在放射性废物处理方面，水泥固化技术开发最早，是一种最成熟的方法。所谓放射性废液水泥固化，就是将放射性废液与一定量的水泥按比例混合，经凝固养护后制成具有一定机械强度的水泥固化体的过程。目前，水泥固化应用较为广泛，主要应用于低放射性废液的浓缩液、化学沉淀泥浆和放射性离子交换树脂等的固化。

(1)城市生活垃圾焚烧飞灰固化处理

水泥固化是处理城市生活垃圾焚烧飞灰的一种主要方法。其中，以硅酸盐水泥作为固化基材对垃圾焚烧飞灰处理较为广泛。有研究表明，用普通硅酸盐水泥固化焚烧飞灰时，可大幅度降低飞灰中的重金属浸出浓度，且随着浸出剂的 pH 值增大，重金属浸出浓度也逐渐降低。水泥通过包裹、吸附、沉淀等机制固化重金属，实现飞灰的无害化处理。

(2)放射性废离子交换树脂固化处理

放射性废离子交换树脂是核电站排出的主要放射性废物之一，属于可燃性放射性废物，焚烧处理产生放射性气溶胶和放射性灰渣。在以硫铝酸钙和硅酸二钙为主要矿物组成的熟料中掺加适量混合材制成的水硬性胶凝材料，其水化产物是 Al 和 Si 含量较高的钙矾石、水化氧化铝胶体和硅铝酸钙，生成的硅酸钙凝胶含量比普通的硅酸盐水泥的低，水化最终产物中不含氢氧化钙(氢氧化钙对核素的滞留能力较弱，本身溶解性相对较大)，水泥固化体中呈不规则的柱状钙矾石起到骨架支撑的作用，具有较强的抗压强度和抗冲击性能，凝胶团填充于骨架之间增强了固化体的密实性，从而使固化体增强耐久性和抗浸出性。

3.3 石灰固化技术

石灰固化是指以石灰和具有火山灰活性的物质(如粉煤灰、垃圾焚烧灰渣、水泥窑灰等)为固化基材对危险废物进行稳定化与固化处理的方法。在有水存在的条件下，这些基材物质发生反应，将污泥中的重金属成分吸附于所产生的胶状微晶中。而石灰与凝硬性物料结合会产生能在化学及物理上将废物包裹起来的黏结性物质。石灰固化处理所能提供的强度不及水泥固化，但常常利用一些其他废物，使废物得到有效处理。

石灰固化技术常以加入氢氧化钙(熟石灰)的方法稳定污泥。石灰中的钙与废物中的硅铝酸根会产生硅酸钙、铝酸钙的水化物或者硅铝酸钙。石灰作为固化材料，常见的类型有水化白云石石灰、生石灰和白云石石灰，这类石灰加入后会发生一系列的物理化学反应。生石灰中的成分主要是氧化钙(CaO)，消石灰的主要成分是氢氧化钙[$Ca(OH)_2$]，具有碱的通性，是一种二元强碱。此外，在石灰固化过程中可以同时投加少量的添加剂，使得到的固化体更加稳定。石灰固化也可以用来处理重金属污泥等污染物。石灰与凝硬性物料结合会产生一定的具有黏结性的物质。

石灰固化技术适用于处理工业固体废弃物，包括石油冶炼污泥、重金属污泥、氧化物、废酸等无机污染物，该技术具有独特优势：其一，工业固体废弃物处理中难免会遇到一些含有重金属和有毒元素的废弃物，石灰固化技术能够对此类有毒废弃物中的有毒物质进行消毒，提高处理效果，减少二次污染；其二，石灰固化技术的成本低，石灰固化技术相比水泥固化技术操作更简单，成本更低，石灰固化技术是一种性价比很高的处理技术；其三，石灰处理技术对环境影响小，石灰本身是一种容易获取的天然材料，而且石灰具有一定的消毒功能，在实际操作过程中工序简单，不但能对工业固体废弃物进行处理，也能起到对环境消毒的作用，提高工业固体废弃物的处理效果。

总的来说，石灰固化方法简单，物料来源方便，操作不需特殊设备及技术，比水泥固化法便宜，并在适当的处置环境，可维持波索兰反应(Pozzolanic Reaction，也称“波索来反应”)的持续进行。但石灰固化处理得到固化体的强度较低，所需养护时间较长，并且体积膨胀较大，增加清运和处置的困难，因而较少单独使用。

3.4 自胶结固化技术

自胶结固化是利用废物自身的胶结特性来达到固化目的的方法。该技术主要用来处理含有大量硫酸钙和亚硫酸钙的废物。如磷石膏，烟道气脱硫废渣等。废物中二水合石膏的含量最好高于 80%。

废物中所含有的硫酸钙和亚硫酸钙均以其二水化物的形式存在。其形式为 $CaSO_4 \cdot 2H_2O$ 与 $CaSO_3 \cdot 2H_2O$，将它们加热到 107～170℃，即达到脱水温度，此时逐渐生成 $CaSO_4 \cdot 0.5H_2O$ 和 $CaSO_3 \cdot 0.5H_2O$，这两种物质在遇到水后，会重新恢复为二水化物，并迅速凝固和硬化，将含有大量硫酸钙和亚硫酸钙的废物在控制的温度下煅烧，然后与特制的添加剂和填料混合为料浆，经过凝结硬化过程即可形成自胶结固化体，这种固化体具有抗渗透性高、抗微生物降解和污染物浸出率低的特点。

自胶结固化法的优点是工艺简单，不需要加入大量添加剂；待处理废物不需完全脱水；添加剂价廉易得，可以是现场取得的石灰、水泥灰和粉煤灰等废料，且添加剂量少，只有总混合物的 10%左右；固化体性质稳定，具有高的抗渗透性和抗微生物降解的能力，污染物的浸出率低。并且结构强度高。缺点是这种方法只限于含有大量硫酸钙和亚硫酸钙的废物，应用面较为狭窄；此外还要求熟练的操作和比较复杂的设备，煅烧泥渣也需要消耗一定的热量。

利用自胶结固化技术处理烟道气脱硫的泥渣的工艺流程是：首先将泥渣送入沉降槽，进行沉淀后再将其送入真空过滤器脱水。得到的滤饼分为两路处理：一路送到混合器，另一路送到锻烧器进行锻烧，经过干燥脱水后转化为胶结剂，并被送到贮槽贮存。最后将锻烧产品、添加剂、粉煤灰一并送到混合器中混合，形成黏土状物质。固化产物可以送到填埋场处置。

3.5　玻璃固化技术

玻璃固化是以玻璃原料为固化剂，将其与危险废物以一定的配料比混合后，在 1000～1500℃的高温下熔融，经退火后形成稳定的玻璃固化体。

玻璃固化主要用于高放射性废物的固化处理。尽管可用于玻璃固化的玻璃种类繁多，但是，普通钠钾玻璃在水中的溶解度较高，不能用于高放射性废液的固化；硅酸盐玻璃熔点高，制造困难，也难以使用。通常，采用较多的是磷酸盐和硼酸盐玻璃。磷酸盐玻璃固化法最适于处理含盐量低、放射性极高的危险废物，如普雷克斯废液。

玻璃固化是为固化高放射性废液而开发的技术，于 20 世纪 50 年代开始研究，70 年代法国率先进入工业应用。用得较多的是液态加料的电加热陶瓷熔炉法和回转煅烧后感应加热罐熔法。玻璃固化的优点是固化体性能优良，能获得较多的减容，因而备受人们重视，使得玻璃固化技术有了很大发展，出现了如冷坩埚熔炉技术、流动玻璃固化装置、就地玻璃固化技术等。固化处理的对象已不仅是高放射性废液，而且可以是核电厂低中水平放射性废物、混合废物和放射性污染的场址等。

3.6　塑性材料固化技术

塑性材料固化技术即塑性材料包容法，分为两种，热固性材料包容法和热塑性材料包容法，通常根据所使用材料的性能不同进行选择，以下分别介绍。

3.6.1 热固性材料包容

热固性材料包容即热固性塑料固化法，是用热固性有机单体(如尿醛)和已经过粉碎处理的废物充分地混合，在助凝剂和催化剂的作用下产生聚合形成海绵状的聚合物质，从而在每个废物颗粒的周围形成一层不透水的保护膜。但是经常有一部分液体废物遗留下来，所以一般在最终处置以前还需干化。目前使用较多的材料是脲醛树脂、聚酯和聚丁二烯等，有时也可使用酚醛树脂或环氧树脂。由于在绝大多数过程中，废物与包封材料之间不进行化学反应，所以包封的效果仅分别取决于废物自身的性质(颗粒度、含水量等)以及进行聚合的条件。

塑性材料固化技术是一种新型的工业固体废弃物处理技术，工业固体废弃物的体积大，占地面积很大，而且，随着时间的积累，工业固体废弃物中的有毒物质会随着空气和雨水进入环境中造成污染，塑化技术可以对一些特殊的工业固体废弃物进行处理，其处理方式是改变工业固体废弃物的物理外形，压缩废弃物的体积，缩小废弃物的占地面积，达到处理的目的，此外，在减小工业固体废弃物的占地面积的同时，可以有效地避免工业固体废弃物中的有毒物质进入环境中，提高工业固体废弃物的处理效果。

3.6.2 热塑性材料包容

热塑性材料包容即热塑性固化，是用熔融的热塑性物质在高温下与危险废物混合，以达到废物稳定化的目的。可使用的热塑性物质有沥青、石蜡、聚乙烯、聚丙烯等。在操作时，通常是先将废物干燥脱水，然后将聚合物与废物在适当的高温下混合，并在升温的条件下将水分蒸发掉。

该法的主要缺点是在高温下进行操作不方便，并且需要消耗大量的能量，此外还会产生大量的挥发性物质，包括有害物质等。另外，有时在废物中含有影响稳定剂的热塑性物质，或者某些溶剂，都会影响最终的稳定效果。

热塑性材料固化与水泥等无机材料的固化工艺相比，除污染物的浸出速 率低得多外，由于需要的包容材料少，又在高温下蒸发了大量的水分，它的增容比也就较低。该法的主要缺点是在高温下进行操作，耗能较多；操作时会产生大量的挥发性物质，其中有些是有害的物质；有时在废物中含有热塑性物质或者某些溶剂，会影响稳定剂和最终的稳定效果。

沥青固化法是热塑性材料包容技术的一种代表性方法。沥青固化是以沥青类材料作为固化剂，与危险废物在一定的温度下均匀混合，产生皂化反应，使有害物质包容在沥青中形成固化体，从而变得稳定。

沥青固化一般被用来处理中、低放射性蒸发残液、废水化学处理产生的污泥、焚烧炉产生的灰分，以及毒性较大的电镀污泥和砷渣等危险废物。

沥青固化与水泥固化技术相比较，二者所处理的废物对象基本上相同，除可处理低、中放射性废物外，还可以处理浓缩废液或污泥、焚烧炉的残渣、废离子交换树脂等。但在固化技术方面，沥青固化具有如下特点。

①固化体的孔隙率和固化体中污染物的浸出速率均大大降低。另外，由于固化过程中

干废物与固化剂之间的质量比通常为1∶1~2∶1，因而固化体的增容比较小。

②固化剂具有一定的危险性，固化过程中容易造成二次污染，需采取措施加以避免。另外，对于含有大量水分的废物，由于沥青不具备水泥的水化作用和吸水性，所以需预先对废物进行浓缩脱水处理。因此，沥青固化工艺流程和装置往往较为复杂，一次性投资与运行费用均高于水泥固化法。

③固化操作需在高温下完成，不宜处理在高温下易分解的废物、有机溶剂以及强氧化性废物。

3.7　熔融固化技术

3.7.1　定义及技术种类

熔融固化技术，是通过加热在高温下把固态污染物(如污染土、城市垃圾、尾矿渣、放射性废料等)熔化为玻璃状或玻璃-陶瓷状物质，借助玻璃体的致密结晶结构，确保固化体的永久稳定。污染物经过玻璃化作用后，其中有机污染物将因热解而被摧毁，或转化成气体逸出，而其中的放射性元素和重金属元素将被牢固地束缚于已固化的玻璃体内。

熔融固化需要将大量物料加温到熔点以上，无论是采用电力或是燃料，需要的能源和费用都是相当高的。但是相对于其他处理技术，熔融固化的最大优点是可以得到高质量的建筑材料。因此，在进行废物的熔融固化处理时，除去必须达到环境指标以外，应充分注意熔融体的强度、耐腐蚀性甚至外观等对于建筑材料的全面要求。同时，对于含特殊污染物的危险废物(如石棉、含二恶英类等)或浸出毒性要求高的危险废物(如含特殊重金属类等)，在传统的固化/稳定化技术无法达到控制标准的前提下，熔融固化技术也是最有效破坏或固化这些物质的技术手段。鉴于上述原因，熔融固化技术在固体废物领域的应用越来越广泛。根据熔融固化技术处理场所的不同，可把它分为两类：原位熔融固化技术和异位熔融固化技术。根据使用热源的不同，异位熔融固化技术又可分为燃料热源熔融固化技术与点热源熔融固化技术，在点热源熔融固化技术中又以高温等离子体熔融固化技术更受广泛关注和被研究。

3.7.2　原位熔融固化技术

原位熔融固化技术(通常也称原位玻璃化处理技术)通常应用于被有机物污染的土地的原位修复，采用电能来产热以融化污染土，冷却后形成化学惰性的、非扩散的坚硬玻璃体。

通常情况下，原位熔融固化技术系统(ISV)包括电力系统、挥发气体收集系统、逸出气体冷却系统、逸出气体处理系统、控制站和石墨电极。把4个排列成方形的石墨电极(直径4~5cm)插入到污染土中，让电流(电源功率25kW，电压12.5~13.8kV)流经两极间的土体，在高温(通常1600~20000℃)的作用下，两极间的土被熔化。电极间距一般为10m(最大间距12m)，插入土中最大深度6.6m，电极下端30cm裸露，处理速度一般为4~6t/h，耗电量为每吨土800~1000kW·h。

操作时一般先把地表土熔化，然后把电极逐步向下移动，由浅到深直到把深部的污染土也熔化为止。在玻璃化过程中，有机污染物首先被蒸发，然后裂解成简单组分，所产生的气体逐渐通过黏稠的熔融体而转移到表面，在此过程中，一部分溶解在熔融体中，另一部分则散于大气中。而无机物的行为与此相似，一部分与熔融体发生反应，另一部分会被分解，例如硝酸根将被分解为氮气和氧气，重金属则滞留在熔融体中。当污染土完全熔化、关闭电源后，熔化土就将冷却形成玻璃态物质，外形酷似在自然界的玻璃化过程所产生的黑曜岩玻璃，而所使用的电极也成为了玻璃体的一部分留在其中。经过玻璃化后的污染土壤体积一般会缩小，导致处理场地的地面比原来稍微下陷，容积减少率为25%～50%。处理结束时可用干净土回填凹陷处。

污染土经过原位玻璃化处理后，其中的绝大部分有机污染物将因焚烧(热氧化)而消失，但也有些有机物被热解转化为低分子量有机气体逸出，由挥发气体收集系统收集并处理。

利用ISV技术处理受污染土地耗时大多为6个月至2年。时间的长短主要与需要处理的污染土的体积、污染物的含量和分布特征、土壤含水量和处理标准等因素有关。

3.7.3 异位熔融固化技术

异地玻璃化处理技术与原位玻璃化处理技术相似，其区别仅在于异地玻璃化处理时是把固体废弃物运送到别处，并放到一个密封的熔炉中进行加热的。根据热源的不同，可将其分为燃料源熔融技术和电热源熔融技术，根据其使用的炉型又可以分为不同的种类。

1. 燃料源熔融固化技术

以燃料作为热源，将固体废物投入燃烧器中，表面被加热至1300～1400℃，有机物热分解、燃烧、汽化，熔融的无机物转化为无害的玻璃质熔渣，其中低沸点重金属类物质转移到气体中，残余物质则被固定在玻璃质的基体中。熔融开始时，表面上部的熔渣以皮膜状流动，因此称表面熔融或薄膜熔融。由于炉内温度要求高，燃料消耗量大，故应考虑设置热能回收设施，以获得较高的经济效益。低沸点重金属类以及碱式盐类，由于在炉内可挥发成气体，所以要将其返送到焚烧炉设备的废气处理线或设置独立的收集系统。燃料式熔融系统工艺流程如图4-1所示。

2. 电热源熔融固化技术

在玻璃熔炉中利用电极加热熔融玻璃(1000～1300℃)作供热介质，将废物及空气导入到熔融玻璃表面或内部，使废物在高温下分解并反应，废气流到后处理体系，残渣被玻璃包裹并移出体系。玻璃熔炉是一个有耐火材料衬里的反应器，装有熔融玻璃池。首先通过辅助加热熔化玻璃，然后根据玻璃的化学性质用焦耳加热方式使其保持熔融状态(927～1538℃)。用焦耳加热方式，电流穿过浸入式电极间的熔融物料，由于存在电流和物料的阻力，可将能量传给这些物料。根据温度，电极可选用铬镍合金或钼铁合金。电热式熔融系统工艺流程如图4-2所示。

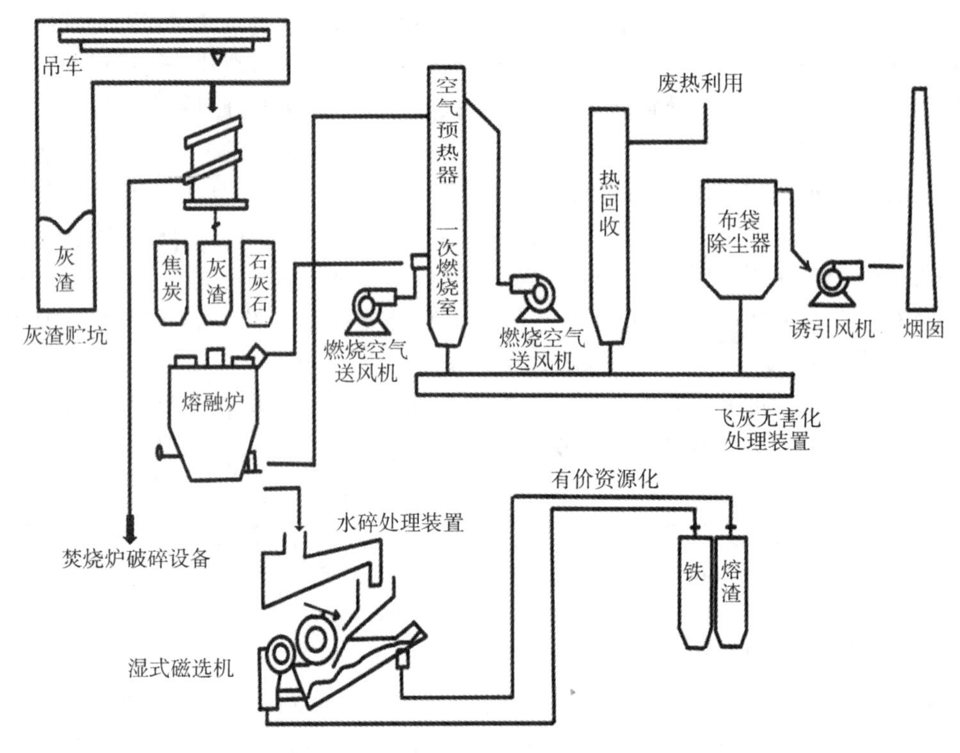

图4-1　燃料式熔融系统工艺流程

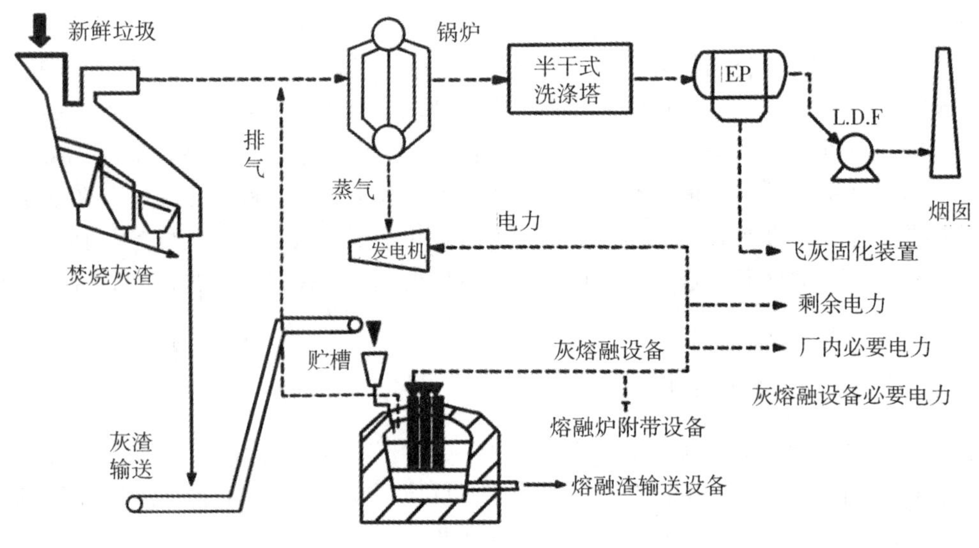

图4-2　电热式熔融系统工艺流程

3.7.4　熔融固化技术的应用

熔融固化技术可用于生产铸石材料和处理被有机物污染的土壤。铸石是以某些天然岩石或某些工业废渣为原料，经过配料、熔融、成型结晶和退火等工艺过程所制成的一种新型工业材料，具有很高的耐磨损和耐腐蚀性能。除去天然岩石以外，在国内外早已使用各种工业废渣作为生产铸石的原料。例如，每生产 1t 铁大约会产生 0.6t 高炉矿渣。经验表明，采用酸性高炉矿渣可以作为良好的铸石原料。对于制备单纯要求耐磨、而对于耐化学腐蚀无特殊要求的铸石，甚至可直接使用热熔酸性高炉矿渣直接浇注而无须重新配料。又如在冶炼硅锰合金时产生的硅锰渣，冶炼钼铁合金时产生的钼铁渣，目前已经成为污染防治重点的铬渣，以及火力发电厂燃煤所产生的粉煤灰等，均已经被成功地用于铸石的生产。很明显，在铸石生产方面的绝大部分经验，可以直接移植到工业废物和危险废物的稳定化处理当中，并形成可观的经济效益。

在国外已经进行过应用玻璃固化技术来稳定被有机物污染的土壤的研究与中等规模试验。其过程是用电力将土壤加热到熔融状态。当电流通过土壤时，温度会逐渐达到土壤的熔点，在熔融状态下，土壤的导电性和热传导性提高，从而使得熔融过程加速进行。可以在地表面设置一层玻璃和石墨的混合物以启动土壤的加热过程，两个电极之间的最大距离为 5~6m。当电流一旦通过土壤，则熔融区将逐渐向下扩展，其最大深度可达到约为 30m，熔融体的总量可以达到 1000t 左右。熔融体的颗粒外形酷似于在自然界的玻璃化过程所产生的黑曜岩玻璃。在玻璃化过程中，有机污染物首先被蒸发，然后裂解成为简单组分，所产生的气体逐渐通过黏稠的熔融体而移动到表面，在此过程中，一部分溶解在熔融体中，另一部分则散失于大气中。为防止大气受到污染。应收集所有释放的气体，并处理使其达到排放标准。1600℃~2000℃的高温将保证分解所有的有机污染物。对无机物而言其行为与此相似，它们一部分与熔融体发生反应，另一部分会被分解，例如硝酸根将被分解为氮气和氧气。土壤的空隙率可能在一个很大的范围内变化，通常处于 20%~40%之间。在熔融过程中，原有的固体物质转变为液相，而原有的全部液相和气相物质均挥发出去，所以在逐步冷却后总体积有一定的减小。这与大部分稳定化技术所导致的增容效果是相反的。

3.8 高温烧结技术

3.8.1 烧结原理

烧结是运用较熔融法低的能量，提供粉末颗粒的扩散能量，将大部分甚至全部气孔从晶体中排除，使被处理的垃圾等在低于熔点温度下变成致密坚硬的烧结体并符合各种材料特性的要求，烧结温度通常发生在主要成分绝对熔融温度的 1/2~2/3 之间。一般根据加热过程是否有液相产生及颗粒间的结合机制，可将烧结过程分为固态烧结与液相烧结两类。

粉末烧结的主要原理在于未烧结颗粒具有较高的表面自由能，从热力学的观点来看，一个系统最后会趋向最低能量。因此在高温下，当颗粒表面原子具有相当的动能时，将往能量较低的方向移动，即颗粒接触的颈部，以降低其表面能量，并形成烧结体的机械强度。

烧结过程必须具备两个基本条件：

①应该存在物质迁移的机理；

②必须有一种能量(热能)促进和维持物质迁移。

3.8.2　影响烧结的因素

影响烧结的因素主要分为两类：粉体特性，包括粉末颗粒的粒径大小及分布、组成成分；以及烧结操作条件，包括试体成形压力、烧结温度、烧结时间及烧结气氛、添加剂种类、升温及降温速率等。

化学组成：试体的化学组成能够决定烧结的起始温度，一般硅铝类物质需要较高的烧结温度，而碱金属化合物等一般熔融温度较低。

粒径分布：试体的粒径越小，比表面积越大，其烧结驱动力也越大；一般粒径分布越广，烧结体的收缩率就越稳定且孔隙越小，得到的晶相分布越均匀。

成形压力：成形压力越大，颗粒间的堆积越紧密，孔隙率就会越小，从而形成的烧结体的致密化程度越高，但若成形压力超过塑性变形限度，就会发生脆性断裂。

烧结温度：在一定的温度范围内，烧结温度愈高，原子扩散能量愈强，烧结颈的形成和长大速度愈快，颗粒之间的冶金结合面也愈多。同时孔隙也趋于减少和球化。烧结体的强度是由颗粒之间的结合面来保证的，如果烧结体中所有的颗粒互相之间都烧结在一起，无任何孔隙，那么烧结零件的强度可以达到致密材料的强度。因此，从烧结角度来说，提高烧结温度可以提高烧结零件的强度。但是过高的烧结温度，会使烧结体形状尺寸变化大，难以控制，过高的烧结温度还会影响到烧结炉的寿命。所以必须在允许的范围内适当地提高烧结温度。

烧结时间：在相同烧结温度下，延长时间可使试体内部原子有较长的移动距离，达到较好的烧结效果，但时间过长对烧结体强度影响不大。

烧结气氛：烧结气氛的选择和控制对烧结体的性能至关重要。由于气氛中氧及碳浓度(含量)影响烧结的质量，所以通过控制烧结气氛可得到较稳定的烧结体。

3.8.3　烧结技术

1. 常压烧结

常压烧结即对材料不进行加压而使其在大气压力下烧结，是应用最普遍的一种烧结方法。它包括在空气条件下的常压烧结和在某种特殊气体气氛条件下的常压烧结。

2. 热压烧结

热压烧结是指在烧结过程中施加一定的压力(10~40MPa)，促使材料加速流动、重排与致密化。热压法容易获得接近理论密度、气孔率接近于零的烧结体，容易得到细晶粒的组织，容易实现晶体的取向效应和控制含有高蒸气压成分纳系统的组成变化，因而容易得到具有良好机械性能、电学性能的产品。由于同时加温、加压，有助于粉末颗粒的接触和扩散、流动等传质过程，降低烧结温度和缩短烧结时间，因而抑制了晶粒的长大。

3. 反应烧结

通过气相或液相与基体材料相互反应而导致材料烧结的方法。反应烧结的温度低于其他烧结方法的烧结温度。制成的制品气孔率较高，机械性能较差。反应烧结得到的制品不需要昂贵的机械加工，可以制成形状复杂的制品，在工业上得到广泛应用。

4. 液相烧结

液相烧结是指烧结过程中有液相与固相颗粒共同存在的烧结。此时烧结温度高于烧结体中低熔成分或低熔共晶的熔点低于高熔点成分的熔点。由于物质液相迁移比固相扩散要快得多，烧结体的致密化速度和最终密度均大大提高。

5. 微波烧结法

这是一种材料烧结工艺的新方法，它具有升温速度快、能源利用率高、加热效率高和安全卫生无污染等特点，并能提高产品的均匀性和成品率，改善被烧结材料的微观结构和性能，已经成为材料烧结领域里新的研究热点。

6. 电弧等离子烧结法

其加热方法与热压不同，它在施加应力的同时，还施加一脉冲电源在制品上，材料被韧化的同时也致密化。

7. 自蔓延烧结法

通过材料自身快速化学放热反应而制成致密材料制品。此方法节能并可减少费用。

8. 气相沉积法

这种方法分为物理气相沉积法和化学气相沉积法两种。物理气相沉积技术表示在真空条件下，采用物理方法，将材料源——固体或液体表面气化成气态原子、分子或部分电离成离子，并通过低压气体(或等离子体)的过程，在基体表面沉积具有某种特殊功能的薄膜的技术。化学气相沉积是反应物质在气态条件下发生化学反应，生成固态物质沉积在加热的固态基体表面，进而制得固体材料的工艺技术。

3.8.4 烧结中的重金属行为

焚烧飞灰中含有大量的重金属化合物，因此重金属在热处理过程中的行为，会影响到烧结过程的各种操作条件与烧结体的后续利用特性。

在高温条件下，飞灰中的重金属一般会产生挥发作用与稳定化反应，通过高温使飞灰中的重金属产生挥发作用，再将其冷凝可实现部分重金属的回收；重金属稳定化则是将重金属包覆于反应产物中或生产稳定的化合物(矿物相)，使其不再释放到周围环境中。

烧结法也可应用于电镀污泥的处理。电镀污泥主要是由各种重金属氢氧化物的混合物组成，如 $Cr(OH)_3$、$Fe(OH)_2$、$Zn(OH)_2$、$Cu(OH)_2$、$Ni(OH)_3$和 $Al(OH)_3$的含水化合物，也有一些铬酸盐(Cr^{6+})、其他盐类配合物和废镀液渣等共沉物。通过在这些混合物中掺入固定剂和硅质组分，如硅砂、页岩和黏土，可加入含有 $Cr(OH)_3$ 等重金属氢氧化物，以烧结方式形成具有特定矿物结构的普通陶瓷，对可浸出重金属有良好的固定作用。

对于纯度较高、品质均一的电镀污泥，经过干燥、破碎、混匀并加入一定比例的组分调节材料后，在 1200℃ 高温隔焰焙烧可以制成纯度较高的陶瓷釉下颜料，制品中的重金属几乎不会再随环境条件变化而浸出。

3.9　化学稳定化处理技术

化学稳定化是利用化学药剂通过化学反应使有毒有害物质转变为低溶解性、低迁移性及低毒性物质的过程。稳定化技术与其他方法(例如封闭与隔离)相比，具有处理后潜在危害低的特点。利用稳定化技术可以有效地防止污染物的扩散。

固体废物中的主要有毒有害物质有 Cr、Cd、Hg、Pb、Cu、Zn 等重金属，As、S、F 等非金属，放射性元素和有机物(含氯的挥发性有机物、硫醇、酚类、氰化物等)。目前采用的稳定化技术主要是重金属的化学稳定化技术和有机污染物的氧化解毒技术。

3.9.1　重金属离子的稳定化

重金属离子的稳定化技术主要有化学方法(中和法、氧化还原法、溶出法、化学沉淀法等)和物理化学方法(吸附和离子交换法等)。

1. 中和法

在化工、冶金、电镀、表面处理等工业生产中经常产生含重金属的酸、碱性泥渣，它们对土壤、水体均会造成危害，必须进行中和处理，使其达到化学中性，以便于处理处置。固体废物的中和处理是根据废物的酸碱性质、含量及废物的量与性状等特性，选择适宜的中和剂，确定其投加量和投加方式，并设计处理工艺与设备。对于酸性泥渣，常用石灰石、石灰、氢氧化钠或碳酸钠等碱性物质作中和剂。对于碱性泥渣，常用硫酸或盐酸作中和剂。中和剂的选择除应考虑废物的酸、碱性外，还要特别考虑到药剂的来源与处理费用等因素。在多数情况下，在同一地区往往既有产生酸性泥渣的企业，又有产生碱性泥渣的企业，在设计处理工艺时，应尽量使酸、碱性泥渣互为中和剂，以达到经济有效的中和处理效果。中和法的设备有罐式机械搅拌和池式人工搅拌两种，前者用于大规模的中和处理，后者用于少量泥渣的处理。

2. 氧化还原法

与废水处理中氧化还原法相似，通过氧化还原处理，将固体废物中可以发生价态变化的某些有毒有害组分转化为无毒或低毒的化学性质稳定的组分，以便资源化利用或无害化处置。一些变价元素的高价态离子，如 Cr^{6+}、Hg^{2+}、As^{5+} 等具有毒性，而其低价态 Cr^{3+}、Hg^{0}、As^{3+} 等则无毒或低毒。当废物中含有这些高价态离子时，在处置前必须用还原剂将它们还原为最有利于沉淀的低价态，以转变为无毒或低毒性，实现其稳定化。常用的还原剂有硫酸亚铁、硫代硫酸钠、亚硫酸氢钠、二氧化硫、煤炭、纸浆废液、锯木屑、谷壳等。

3. 化学沉淀法

在含有重金属污染物的废物中投加某些化学药剂，与污染物发生化学反应，形成难溶沉淀物的方法称为化学沉淀法。根据所用沉淀剂的种类不同，化学沉淀法主要有氢氧化物沉淀法、硫化物沉淀法、硅酸盐沉淀法、碳酸盐沉淀法、共沉淀法、无机及有机螯合物沉淀法等。

(1)氢氧化物沉淀法

氢氧化物沉淀法是在废物中投加碱性物质，如石灰、氢氧化钠、碳酸钠等强碱性物质，与废物中的重金属离子发生化学反应，使其生成氢氧化物沉淀，从而实现稳定化。金属氢氧化物的生成和存在状态与 pH 值直接相关。因此，采用氢氧化物沉淀法稳定化处理废物中的重金属离子时，调节好 pH 值是操作的重要条件，pH 值过低过高都会使稳定化过程失败。只有将废物的 pH 值调至重金属离子具有最小溶解度的范围时才能实现其稳定化。此外，大部分固化基材，如硅酸盐水泥、石灰窑灰渣、硅酸钠等碱性物质在固化过程中也有调节 pH 值的作用，在固化废物的过程中可用石灰和一些黏土作为 pH 值缓冲剂。

(2)硫化物沉淀法

大多数金属硫化物的溶解度一般比其氢氧化物的溶解度要小得多，因此，采用硫化物沉淀法可使重金属的稳定化效果更好。在固体废物重金属稳定化技术中常用的硫化物沉淀剂有可溶性无机硫沉淀剂、不可溶性无机硫沉淀剂和有机硫沉淀剂等三类。

①无机硫化物沉淀：除了氢氧化物沉淀法，无机硫化物沉淀可能是目前应用最广泛的一种重金属药剂稳定化方法。与前者相比，其优势在于大多数重金属硫化物在所有 pH 值下的溶解度都大大低于其氢氧化物。但是，为了防止 H_2S 的逸出和沉淀物的再溶解，仍需要将 pH 值保持在 8 以上。另外，由于易与硫离子反应的金属种类很多，硫化剂的添加量应根据所需达到的要求由实验确定，而且硫化剂应在固化基材的添加之前加入，这是因为基材中的钙、铁、镁等会与重金属争夺硫离子。

②有机硫化物沉淀：由于有机含硫化合物普遍具有较高的相对分子质量，因而与重金属形成的不可溶性沉淀具有相当好的工艺性能，易于沉降、脱水和过滤等操作，而且可以将废水或固体废物中的重金属浓度降至很低，并且适应的 pH 值范围也较大。这种稳定剂主要用于处理含汞废物和含重金属的粉尘(焚烧灰及飞灰等)。

(3)硅酸盐沉淀法

溶液中的重金属离子与硅酸根之间的反应并不是按单一的比例形成晶态的硅酸盐，而是生成一种可以看作由水合金属离子与二氧化硅或硅胶不同比例结合而成的混合物。这种硅酸盐沉淀在较宽的 pH 值范围内(2~11)，有较低的溶解度。这种方法在实际处理中尚未得到广泛应用。

(4)碳酸盐沉淀法

一些重金属，如钼、镉、铅的碳酸盐的溶解度低于其氢氧化物，但碳酸盐沉淀法并没有得到广泛应用。因为当 pH 值低时，二氧化碳会逸出，即使最终的 pH 值很高，最终产物也只能是氢氧化物而不是碳酸盐沉淀。

(5)共沉淀法

共沉淀法是指在溶液中含有两种或多种阳离子，它们以均相存在于溶液中，加入沉淀剂，经沉淀反应后，可得到各种成分的均一的沉淀。

(6)无机及有机螯合物沉淀法

螯合物是指多齿配体以两个或两个以上配位原子同时和一个中心原子配位所形成的具有环状结构的配合物。如乙二胺与 Cu^{2+} 反应得到的产物即为螯合物。若废物中含有配合剂，如磷酸酯、柠檬酸盐、葡萄糖酸、氨基乙酸、EDTA 及许多天然有机酸，它们将与重金属离子配位形成非常稳定的可溶性螯合物。由于这些螯合物不易发生化学反应，很难通过一般的方法去除。这个问题的解决办法有几种：①加入强氧化剂，在较高温度下破坏螯合物，使金属离子释放出来；②由于一些螯合物在高 pH 值条件下易被破坏，还可以用碱性的 Na_2S 去除重金属；③使用含有高分子有机硫稳定剂，由于它们与重金属形成更稳定的螯合物，因而可以从配合物中夺取重金属并进行沉淀。

螯环的形成使螯合物比相应的非螯合配合物具有更高的稳定性，这种效应称为螯合效应，对 Pb^{2+}、Cd^{2+}、Ag^{+}、Ni^{2+} 这几种重金属离子都有非常好的捕集效果，去除率均达到 98%以上。对 Co^{2+} 和 Cr^{3+} 的捕集效果较差，但去除率也在 85%以上。稳定化处理效果优于无机硫沉淀剂 Na_2S 的处理效果，得到的产物比用 Na_2S 所得到的能在更宽的 pH 值范围内保持稳定，且从有效溶出量实验的结果来看，具有更高的长期稳定性。

4. 吸附技术

处理重金属废物的常用吸附剂有：天然材料(黏土、沙、氧化铁、氧化镁、氧化铝、沸石、软锰矿、磁铁矿、硫铁矿、磁黄铁矿等)和人工材料(活性炭、锯末、飞灰、泥炭、粉煤灰、高炉渣、活性氧化铝、有机聚合物等)。研究发现，一种吸附剂往往只对某一种或某几种污染物具有优良的吸附性能，而对其他污染成分则效果不佳。例如，活性炭吸附有机物最有效，活性氧化铝对镍离子的吸附能力较强，而其他吸附剂对这种金属离子却没有吸附作用。

5. 离子交换技术

最常见的离子交换剂是有机离子交换树脂、天然或人工合成的沸石、硅胶等。用有机树脂和其他的人工合成材料去除水中的重金属离子通常是非常昂贵的，而且和吸附一样，这种方法一般只适用于给水和废水处理。另外，还需注意的是，离子交换与吸附都是可逆的过程，如果逆反应发生的条件得到满足，污染物将会重新析出。

可以大规模应用的重金属稳定化的方法是比较有限的，但由于重金属在危险废物中存在形态的千差万别，具体到某一种废物，需根据所要达到的处理效果对处理方法和实施工艺进行有根据的选择并加强研究。

3.9.2　有机污染物的氧化解毒处理

向废物中投加某种强氧化剂，可以将有机污染物转化为 CO_2 和 H_2O，或转化为毒性很小的中间有机物，以达到稳定化目的。所产生的中间有机物可以用生物方法作进一步处理。用化学氧化法处理危险废物，可以破坏多种有机分子，包括含氯的挥发性有机物、硫醇、酚类以及某些无机化合物，如氧化物等。常用的氧化剂有臭氧、过氧化氢、氯气、漂白粉等。使用臭氧和过氧化氢处理含氯挥发性有机物时，经常用紫外线来加速氧化过程。氧化反应仅取决于氧化-还原电位，与参与反应的物质的性质无关，因而当废物中同时存在多种有机污染物且各自的浓度较低时，采用氧化解毒稳定法比较经济。

对于液态废物，如高浓度废水或危险废物填埋场浸出液的氧化过程，可利用槽式反应器或柱塞流反应器进行，氧化剂可以在含污染物的废水流入反应器之前加入废水中，也可以按剂量直接加入槽中。在这两种情况下，废水与氧化剂都必须充分混合以保证二者有足够充分的接触，使废水充分利用药剂。

1. 臭氧氧化解毒

利用电能将大气中的氧分子分裂为两个自由基，每个自由基再和一个氧分子结合成一个臭氧分子。臭氧具有很高的自由能，是一种强氧化剂，与有机物的反应可以进行得相当完全，它甚至可以嵌入到苯环中破坏其双键并氧化醇类，产生醛或酮。臭氧可以和很多种有机物发生反应，如臭氧与醇反应时生成有机酸：

$$3RCH_2OH+2O_3 \longrightarrow 3RCOOH+3H_2O$$

用臭氧处理氰化物时发生下列反应(以氰化钠为例)：

$$NaCN+O_3 \longrightarrow NaCNO+O_2$$

在反应的同时，用紫外线照射时，可以大大缩短反应时间。臭氧与紫外线结合处理有机物时发生下列反应：

$$CH_3CHO+O_3 \longrightarrow CH_3COOH+O_2$$

用臭氧处理有机污染物的主要缺点是费用高。另外，臭氧在大气中极易自行解离为氧气，由于这种解离作用可以与废物处理过程中发生的任何氧化反应相竞争，所以臭氧必须在处理现场生产并立即使用。

2. 过氧化氢氧化解毒

过氧化氢处理固体废物中的有机污染物时，其作用机理与臭氧相似，当存在铁作为催化剂时，反应也产生自由基 OH·。此自由基与有机物反应后产生一个活性有机基团 R·：

$$OH\cdot+RH \longrightarrow R\cdot+H_2O$$

此有机基团可以再次与过氧化氢反应生成另一个羟基自由基：

$$R\cdot+H_2O_2 \longrightarrow OH\cdot+ROH$$

用过氧化氢处理氰化物时发生下列反应：

$$NaCN+H_2O_2 \longrightarrow NaCNO+H_2O$$

当过氧化氢结合紫外线处理有机物时发生下列反应：

$$CH_2Cl_2+2H_2O_2 \longrightarrow CO_2+2H_2O+2HCl$$

过氧化氢通常以 35%~50%浓度的水溶液形式保存，当和紫外线结合使用时，可以极大地减小反应设备的容量，所需紫外线的功率约为 500W/L。

用过氧化氢在现场处理被五氯酚污染的土壤是很有效的，可以使 99.9%的五氯酚得到降解，并可有效地去除总有机碳。

3. 氯氧化解毒

在废物处理中经常使用氯和氯的化合物，如漂白粉[有效成分 $Ca(ClO)_2$]作为氧化剂。如果废物是液态的，则可以将氯气直接通入其中发生水解反应生成次氯酸：

$$Cl_2+H_2O \longrightarrow HClO+H^++Cl^-$$

次氯酸 HClO 是一种弱酸，又进而在瞬间离解：

$$HClO \longrightarrow H^++ClO^-$$

很明显，这个离解过程的进行与 pH 值密切相关，当 pH 值增高时，氧化能力也提高。

用氯的氧化作用来破坏剧毒的氰化物是一种经典方法，在处理过程中发生一系列化学反应。首先，在碱性条件下，氯与氰化物反应生成毒性较小的氰酸盐：

$$CN^-+ClO^- \longrightarrow CNO^-+Cl^-$$

此反应必须在 pH 值大于 10 的条件下进行，以防止生成有毒气体氯化氰：

$$NaCN+Cl_2 \longrightarrow CNCl+NaCl$$

在碱性条件下，氯化氰会进一步反应转化成氰酸钠：

$$CNCl+2NaOH \longrightarrow NaCNO+H_2O+NaCl$$

然后氰酸钠进一步和氯和碱发生反应而最终被破坏：

$$2NaCNO+3Cl_2+4NaOH \longrightarrow N_2+2CO_2+6NaCl+2H_2O$$

在实际应用过程中必须加入过量的氯，以防止产生有毒的氯化氰。

3.10　固化/稳定化产物性能评价方法

3.10.1　概述

废物在经过固化/稳定化处理以后是否真正达到了一定的标准，需要对其进行评价，以检验被处理后的废物是否再次污染环境，或者固化以后的材料是否能够被用作建筑材料等。对固化的效果进行全面的评价是一个相当复杂的问题。它需要通过对固化/稳定化处理后的废物进行物理、化学和工程方面的测试。

为评价废物稳定化的效果，各国的环保部门都制定了一系列的测试方法。每种测试得到的结果只能说明某种技术对于特定废物的某些污染特性的稳定效果。所选择的测试技术以及对测试结果的解释，取决于对危险废物进行稳定化处理的具体目的。预测固化/稳定化处理产物的长期性能，是更加困难的任务。我国目前尚未制定针对稳定化废物质量进行全面控制的测试标准和测试方法。

危险废物固化/稳定化处理产物为了达到无害化，必须具备一定的性能，即：①抗浸出性；②抗干湿性、抗冻融性；③耐腐蚀性、不燃性；④抗渗透性(固化产物)；⑤足够的机械强度(固化产物)。而危险废物固化/稳定化处理产物是否真正达到了标准，需要对其进行物理、化学和工程方面有效的测试，以检验经过稳定化的废物是否会再次污染环境，或者固化以后的材料是否能够用作建筑材料等。

对于上述各项要求，需要有相应的手段检测。我国对于固化/稳定化技术早已开展了科学研究工作，并且已在工程中实施，目前已制定了对稳定化废物质量进行控制的标准和测试方法。

3.10.2　固化/稳定化处理效果的评价指标

固化/稳定化处理的基本要求是：①所得到的产品应该是一种密实的、具有一定形状和良好的物理、化学稳定性质的物质；②处理操作必须简单，应有有效措施减少有害物质的逸出，避免污染周围环境；③最终产品的体积尽可能小于掺入的固体废物的体积；④产品中含有毒有害物质的水分或其他指定浸提剂浸出的量不能超过浸出毒性的标准；⑤处理价格低廉；⑥对于固化放射线废物的产品，还应具有良好的导热性和热稳定性，以便用适当的冷却方法就可以防止放射性衰变热使固化体温度升高，避免产生自熔化现象，同时还应具有较好的耐辐照稳定性。

衡量固化/稳定化处理效果主要采用的是固化体的浸出率、增容比和抗压强度等物理及化学指标。

1. 浸出率

将有毒危险废物转变为固体形式的目的，是为了减少它在贮存或填埋处置的过程中污染环境的潜在危险性。污染扩散的主要途径，是有毒有害物质溶解进入地表或地下水环境中。因此，固化体在浸泡时的溶解性能，即浸出率，是鉴别固化体产品性能最重要的一项指标。

评价固化体浸出速率主要有两个目的：一是通过对实验室或不同的研究单位测得的固化体难溶性程度之间的比较，可以对固化方法及工艺条件进行比较、改进或选择；二是有助于预测各类型固化体暴露在不同环境时的性能，在危险废物固化体贮存或运输时，用以估计其与水(或其他溶液)接触所引起的危险或风险。

2. 增容比

增容比，也称体积变化因数，是指危险废物在固化/稳定化处理前后的体积比。体积变化因数是评价固化/稳定化处理方法好坏和衡量最终处置成本的一项重要指标，它的大小实际上取决于掺入固化体中的盐量和可接受的有毒有害物质的水平。因此，也常用掺入盐量的质量分数来鉴别固化效果。对于放射性废物，增容比还受辐照稳定性和热稳定性的限制。

3. 抗压强度

危险废物固化体必须具有一定的抗压强度，才能安全贮存；否则一旦其出现破碎和散裂，就会增加暴露的表面积和污染环境的可能性。

当危险废物固化体采用不同处置或利用方式时，对其抗压强度的要求也不同。如装桶贮存或进行处置，其抗压强度控制在0.1~0.5MPa即可；如用作建筑材料，其抗压强度应大于 10MPa。放射性废物固化体的抗压强度，苏联要求大于 5MPa，英国要求达到 20MPa。

3.10.3　固体废物的浸出机理

在现场条件下，稳定固化废物中有害组分的浸出决定于废物的形式、内在性质以及该地的水文条件和地球化学性质。在实验室中可以利用物理和化学实验方法确定废物形式的内在性质，但是实验室环境下的可控条件与变化的现场是不等价的。实验室数据在最好情况下也只能模拟现场形式处于理想静态条件(位于某时的一个点)或情况最复杂的现场条件下的情况。现在，浸出试验可以用来比较各种固化/稳定化过程的效果，但是还不能证明该试验可以确定废物的长期浸出行为。

现场中多孔介质的浸出可以以溶解迁移方程为模型，这个模型与下列因素有关：

①废物和浸出介质的化学组成；

②废物以及周围材料的物理和工程性质(例如粒径、孔隙率、水力传导率)；

③废物中的水力梯度。

第一个因素包括浸出流体与废物之间的化学反应及其动力学特性，正是这些化学反应将不迁移的污染物转化为可迁移的污染物。后两个因素用来确定流体以及可迁移污染物在废物中的运动。

废物和浸出溶液的化学组成决定了那些使固化体中污染物迁移或不迁移的化学反应的类型和动力学特性。固化体中吸附或沉淀的污染物发生的反应包括溶解和解析。在非平衡条件下，这些反应与沉降和吸附等反应并行。一般当稳定固化体与浸出溶液接触时就会形成不平衡条件，造成污染物向浸取溶液的净迁移或浸出。

影响废物中污染物分子扩散的动力学因素主要有：

①颗粒表面孔隙中溶液废物的积累；

②颗粒表面孔隙溶液中各反应组成的浓度；

③浸出孔隙溶液或固化体中废物或反应组分的总体化学扩散；

④浸泡溶液和固化体的极性；

⑤氧化/还原条件以及并行反应动力学特性。

在多孔介质中，污染物的迁移(或浸出)动力学特性取决于废物和浸出溶液的物理和化学性质，并由对流机理以及弥散/扩散机理所控制。对流是指由水力梯度引起的水逆流动以及因此而造成的高溶解性污染物的迁移。弥散是指机械混合造成孔隙溶液中污染物质的迁移以及分子扩散。由于大部分稳定固化废物的渗透率都很低，所以其吸收的或化学固定的组分的迁移速率由固化体中一般被认为是由固化体中颗粒表面的分子扩散控制，而不是由对流或弥散控制。

颗粒与孔隙溶液的交界面处化学势的形成是水溶液或固化体中污染物组分迁移的推动力。这种迁移是由扩散控制的，这种不平衡条件主要由浸取溶液的化学组成和速率决定。

一般来说，对于稳定化方法进行选择的首要依据是最大限度地减小污染物从废物迁移到环境中的速率。当降水渗过稳定固化体时，污染物将首先进入水中，并溶解其中的某些组分，随后即将这些组分带入地下水并进入环境。对于固化体提出抗渗透性要求的目的，是减少进入固化体的水分。而更重要的是减小有害组分从固化体进入浸出液的速率，该性能是通过浸出试验确定的。很明显，要达到这个目的，需要通过两种途径：减小固化体被水浸泡后污染物在水相中的浓度，以及减小污染物在地质介质中的迁移速度。

浸出试验大多采用静态试验的方法。通过强化实验条件，使废物中的有害物质在短时间内溶入溶剂中。然后根据浸出液中有害物质的浓度，判断其浸出特性。这些方法都需要将试样破碎到一定尺寸，并且以溶液的最终浓度表示，与时间无关。但实际的浸出过程是一个动态的过程，其浸出速率与时间有关，往往开始时速度快。随着时间的推移。其浸出速率逐渐减小。此外，在实际的处置场中，固化体不可能破碎得很小。

3.10.4 几种不同的浸出试验方法

大量的浸出试验已经被应用于对固体废物的测试，其中包括那些专门用来对稳定固化废物进行测试的试验。以下介绍几种常用的浸出试验。

1. 提取试验

提取试验是指一种浸出试验，在这个浸出试验中，一般要在浸取溶液中对粉状的废物进行搅拌。浸取溶液是酸性的或是中性的，而且在整个提取试验过程中可以变化。提取试验包括一次提取和多次提取。对每一种情况，都假定在提取结束时浸出达到了平衡。因此，浸出试验一般被用来确定在给定的试验条件下的最大或饱和浸出液浓度。

2. 浸泡试验

浸泡试验是另一种类型的浸出试验。试验过程中没有搅拌。这些试验是评价整块废物的浸出性质。浸出可以在静态或动态条件下进行，具体在哪种条件下取决于浸取溶液更新的速率。在静态浸出试验中，不更换浸取溶液。因此，浸出是在静水条件下进行的。在动态浸出试验中，浸取溶液定期以新溶液更换。因此，这个试验模拟了在不平衡条件下对整块废物进行的浸出。在这个试验中，浸出速率很高，而浸出液没有达到最大饱和极限。因此，静态和动态指的是浸取溶液的流速，而不是其化学组分。

3. 浸出柱试验

浸出柱试验是另一种实验室浸出试验。在这个试验中，将粉末状的废物装入柱中，并使之与特定流速的浸取溶液连续接触。一般用泵使浸泡溶液穿过柱中废物向上流动。由于浸泡溶液通过废物连续流动，因此柱试验比间歇提取试验更能体现现场浸出条件。然而由于试验过程中出现的沟流效应，废物的不均匀放置，生物生长以及柱的堵塞等问题，使得试验结果的可重复性不是很好。

在上述几种浸出试验中，间歇提取试验和浸出柱试验是较为常用的试验方法。目前在各个不同的实验室所用的方法也有所不同。因此根据这些试验所发表的结果通常不可能相互关联。表 3-2 列出了间歇提取试验和浸出柱试验各自优缺点的比较，仅供参考。

表 3-2　**间歇提取试验和浸出柱试验的优缺点**

试验方法	优　点	缺　点
间歇提取试验	可避免浸出柱试验中的边界效应 试验所需要的时间一般要比浸出柱试验少	不能模拟填埋场的主要环境 不能测定真正的浸出液浓度，而是测定其平衡浓度 需要一个标准的过滤程序
浸出柱试验	此法可模拟废物浸出液成分(浸出柱除外)及填埋场中所存在的浸出液缓慢地迁移过程，可以很好地预测成分浸出与时间的关系	有沟流及填充不均匀的现象 易堵塞 有生物生长，有边界效应，时间需要较长 重复性差

习题与思考题

1. 固化/稳定化处理技术主要应用于哪些方面？举例说明。

2. 目前常用的危险废物固化/稳定化处理技术方法有哪些？它们的适用对象和特点分别是什么？

3. 固化/稳定化处理的基本要求是什么？

4. 简述各种固化/稳定化处理方法的原理。

5. 简要评价固化/稳定化处理效果的指标。

第4章 固体废物的生物处理

固体废物的生物处理是指直接或间接利用微生物的机能，将固体废物中的可降解有机物进行转化或分解以降低或消除污染物的生产工艺，或者能够高效净化环境污染，同时又生产有用物质的工程技术。采用生物处理技术，利用微生物(细菌、放线菌、真菌)、动物(蚯蚓等)或植物的新陈代谢作用，固体废物可通过各种工艺转换成有用的物质和能源，如提取各种有价金属、生产肥料、产生沼气、生产单细胞蛋白等，既能实现减量化、资源化和无害化，又能解决环境污染问题。因此，固体废物生物处理技术在废物排放量大且普遍存在资源和能源短缺的情况下，具有深远的意义。

如何从固体废物中回收资源和能源，减少最终处置的废物量，从而减轻其对环境污染的负荷，已成为当今世界所共同关注的课题。固体废物的生物处理技术恰好适应了这一时代需求。这是因为在几乎所有生物处理过程中均伴随着能源和物质的再生与回用。固体废物中含有各种有害的污染物，有机物是其中的一种主要污染物。这一点对于城市生活垃圾来说尤其如此。生物处理就是以固体废物中的可降解有机物为对象，通过生物的好氧或厌氧作用，使之转化为稳定产物、能源和其他有用物质的一种处理技术。固体废物经过生物处理，在容积、形态、组成等方面均发生重大变化，因而便于运输、贮存、利用和处置。生物处理方法包括好氧处理、厌氧处理和兼性厌氧处理。与化学处理方法相比，生物处理方法在经济上一般比较便宜，应用也相当普遍，但处理过程所需时间较长，处理效率有时不够稳定。

固体废物的生物处理方法有多种，例如堆肥化、厌氧消化、纤维素水解、有机废物生物制氢技术等。其中，堆肥化作为大规模处理固体废物的常用方法得到了广泛的应用，并已经取得较成熟的经验。厌氧消化也是一种古老的生物处理技术，早期主要用于粪便和污泥的稳定化处理以及分散式沼气池，近年来随着对固体废物资源化的重视，在城市生活垃圾的处理和农业废弃物的处理方面也得到开发和应用。其他的生物处理技术虽然不能解决大规模固体废物减量化的问题，但是作为从废物中回收高附加值生物制品的重要手段，也得到了较多的研究。

固体废物生物处理的作用可归纳为以下四个方面。

①稳定化和杀菌消毒作用。在生物处理过程中，废物中的有机物转化为 H_2O 和 CO_2、CH_4、NH_3、H_2S 等气体，以及性质稳定的难降解有机物，不仅可以达到稳定化的效果，而且其产物不会对环境造成污染。另外，有机物分解过程中的厌氧环境以及反应热所导致的高温过程，还可以杀灭废物中绝大多数病原菌，实现废物的无害化。

②废物减量化。废物经过生物处理后，其中的有机物可以减少 30%~50%。这对于以有机物为主的城市生活垃圾来说，其减量化效果尤其显著。

③回收能源。我们生活中大量使用的各种生物质(biomass)，作为重要的太阳能储存体，蕴涵着巨大的潜在能源。随着生物科学的进步与发展，利用生物技术使之转化为可以直接利用的能源，即开发生物能，已成为一种时代的潮流。例如，厌氧消化可以使污泥和生活垃圾中的有机物转化为具有较高能源价值的沼气，还可以将其转换成热能或电能，从而实现固体废物的资源化。

④回收物质。通过生物处理的手段从固体废物中回收有用物质的方法，除了应用较为广泛的生产堆肥化产品外，还有用纤维素水解法生产化工原料和其他生物制品，养殖蚯蚓生产生物蛋白，以及生物制氢回收利用氢气等技术。

4.1　有机固体废物生物处理过程的基本生物原理

本节主要介绍能把固体废物中的有机组分转化为气体、液体以及固体产物的生物和化学反应过程，将主要讨论其中的生物反应，因为在有机废物的处理过程中，生物反应是应用得最为广泛的。所讨论的生物反应过程包括好氧堆肥和厌氧消化以及不同浓度固体废物的好氧堆肥/厌氧消化。在讨论每个单独的生物处理过程前，先介绍一些生物反应的基本原理。

1. 微生物生长所需的营养条件

为了能维持正常的新陈代谢和生长繁殖功能，微生物必须获得能源、碳源以及无机盐如 N、P、S、K、Ca、Mg，有时还需要生长因子，即某些在微生物生长过程中不能自身合成的，同时又是生长所必需的须由外界所供给的营养物质。微生物所需的能源和碳源(通常就是指基质)以及无机盐和生长因子随着微生物种类的不同而不同，在下面的章节中将会有专门的论述。

①能源和碳源。两种最常见的碳源是有机碳和 CO_2。利用有机碳来合成细胞物质的微生物称为异养微生物，利用 CO_2来获得碳的称为自养微生物。从 CO_2到细胞物质的转化是一个还原反应，需要吸收能量。因此，自养微生物在合成时会比异养微生物消耗更多的能量，从而导致了自养微生物的生长率往往较低。细胞合成的能源可以是太阳光，也可以是一个化学反应所产生的能量。能利用太阳光作为能源的生物称为光能营养微生物。光能营养微生物可以是异养微生物(通常是硫细菌)，也可以是自养微生物(藻类和光合细菌)。利用化学反应来获得能量的称为化能营养微生物。与光能营养微生物一样，化能营养微生物既有异养微生物(原生动物、真菌和大部分的细菌)，又有自养微生物(硝化细菌)。化能自养微生物能氧化一定的无机物(如氨、亚硝酸盐、硫离子等)，利用所产生的化学能，还原 CO_2，合成有机物。化能异养微生物利用有机物作为生长所需的能源和碳源。可根据能源和碳源的不同，对微生物进行分类，结果见表 4-1。

②无机盐和生长因子。除能源和碳源以外，无机盐往往也是微生物生长的限制因素。微生物所需的主要无机盐元素包括 N、S、P、K、Mg、Ca、Fe、Na 和 Cl，以及一些微量

元素，如 Zn、Mn、Mo、Se、Co、Cu、Ni 和 W。

表 4-1　**微生物的分类(根据能源和碳源不同)**

类别		能源	碳源
自养微生物	光能自养微生物	光能	CO_2
	化能自养微生物	无机物的氧化反应	CO_2
异养微生物	光能异养微生物	有机物的氧化反应	有机碳
	化能异养微生物	光能	有机碳

除了上述无机盐以外，一些微生物在生长过程中还需要某些不能自身合成的，同时又是生长所必需的须由外界所供给的营养物质，这类物质称为生长因子。生长因子可分为三类：氨基酸类、嘌呤和嘧啶类、维生素类。

2. 微生物的代谢类型

根据代谢类型和对分子氧的需求，可将化能异养微生物作进一步的分类。好氧呼吸作用的过程是：首先在脱氢酶的作用下，基质中的氢被脱下，同时氧化酶活化分子氧，从基质中脱下的电子通过电子呼吸链的传递与外部电子受体分子氧结合成水，并放出能量。而在厌氧呼吸作用过程中，则没有分子氧的参与，因为厌氧呼吸作用所产生的能量少于好氧呼吸作用。正因为如此，异养厌氧微生物的生长速率低于异养好氧微生物生长的速率。在好氧呼吸作用中，电子受体是分子氧。只能在分子氧存在的条件下依靠好氧呼吸来生存的微生物叫绝对好氧微生物。有些好氧微生物在缺氧时可以利用一些氧化物(如硝酸根离子、硫酸根离子等)作为电子受体来维持呼吸作用，其反应过程称为缺氧过程。

只能在无分子氧的条件下，通过厌氧代谢来生存的微生物称为绝对厌氧微生物。还有另外一种微生物，既可以在有氧环境中，也可以在无氧环境中生存，这种微生物称为兼性微生物。根据代谢过程的不同，兼性微生物又可分为两种。真正的兼性微生物在有氧环境下进行好氧呼吸，而在无氧环境下则进行厌氧发酵。另外有一种兼性微生物实际上是厌氧微生物，该微生物始终进行严格的厌氧代谢，只是对分子氧的存在具有较强的忍耐能力。

3. 微生物的种类

根据细胞结构和功能的不同，微生物可分为真核微生物、真细菌和古细菌。在有机废物的生物反应过程中，起主要作用的是原核微生物(包括真细菌和古细菌)。为简化起见，在下文中都统称为细菌。真核生物还包括植物、动物和真菌等。在有机废物的生物反应过程中，起重要作用的真核生物包括霉菌、酵母菌。

4.2 固体废物的好氧堆肥处理

堆肥化(composting)是利用自然界广泛存在的微生物，有控制地促进固体废物中可降解有机物转化为稳定的腐殖质的生物化学过程。堆肥化制得的产品称为堆肥(compost)，也可以说堆肥即人工腐殖质。能用堆肥化技术进行处理的废物包括庭院垃圾、有机生活垃圾、有机剩余污泥和农业废物等。在欧洲一些国家已经对堆肥化的概念进行了统一，定义堆肥化为"在有控制的条件下，微生物对固体、半固体的有机废物进行好氧的中温或高温分解，并产生稳定腐殖质的过程"。

根据微生物生长的环境可以将堆肥化分为好氧堆肥化和厌氧堆肥化两种。好氧堆肥化是指在有氧存在的状态下，好氧微生物对废物中的有机物进行分解转化的过程，最终的产物主要是CO_2、H_2O、热量和腐殖质；厌氧堆肥化是在无氧存在的状态下，厌氧微生物对废物中的有机物进行分解转化的过程，最终产物是CH_4、CO_2、热量和腐殖质。

通常所说的堆肥化一般是指好氧堆肥化，这是因为厌氧微生物对有机物的分解速度缓慢，处理效率低，容易产生恶臭，其工艺条件也比较难控制。在欧洲的一些国家已经对堆肥化的概念进行了统一，定义堆肥化就是"在有控制的条件下，微生物对固体和半固体有机废物的好氧中温或高温分解，并产生稳定的腐殖质的过程"。但是，应当指出的是，堆肥化的好氧或厌氧是相对的。由于堆肥化物料的颗粒较大且不均匀，好氧堆肥化的过程中不可避免地存在一定程度的厌氧发酵现象。此外，在我国对于堆肥这个名词的理解，与国际上还有一定的差别，在应用时要注意到这一情况。例如，从我国目前的国情出发，作为城市生活垃圾的主要处理处置手段，国家在很多城市大力推行堆肥化技术。其中的所谓简易堆肥化技术，就是建立在厌氧条件下的发酵分解过程。这种堆肥化方法的特点是建设投资与运行成本低，普适性强，易于在经济欠发达地区实行。但是，由于生产出的堆肥化产品质量低，肥效差，没有太大的商品价值。而在国内经济较发达地区所推行的则是好氧堆肥化技术。由于需要对原料垃圾进行较严格的分选、强制通风和机械化搅拌，对设备的要求高、运行能耗大，建设费用和运行费用也比前者高得多。但是，它具有发酵周期短和能连续操作的特点，生产出的肥料质量也高，还可以进一步制成有机颗粒肥料。

4.2.1　堆肥化的基本原理与影响因素

(一)原理

依据堆肥过程中微生物对氧气的不同需求情况，可把堆肥分为好氧堆肥和厌氧堆肥。

1. 好氧堆肥的基本原理

好氧堆肥是好氧微生物在与空气充分接触的条件下，使堆肥原料中的有机物发生一系列放热分解反应，最终使有机物转化为简单而稳定的腐殖质的过程。在堆肥过程中，微生物通过异化作用，把一部分有机物氧化成简单的无机物，并释放出能量；通过同化作用，把另一部分有机物转化合成新的细胞物质，供微生物生长繁殖。图4-1好氧堆肥基本原理示意图可以简单地说明这个过程。

堆肥过程中有机物氧化分解总的关系可用下式表示：

$$C_sH_tN_uO_v \cdot aH_2O+bO_2 \rightarrow C_wH_xN_yO_z \cdot cH_2O+dH_2O_{(气)}+eH_2O_{(液)}+fCO_2+gNH_3+能量$$

通常情况下，堆肥产品$C_wH_xN_yO_z \cdot cH_2O$与堆肥原料$C_sH_tN_uO_v \cdot aH_2O$的质量之比为

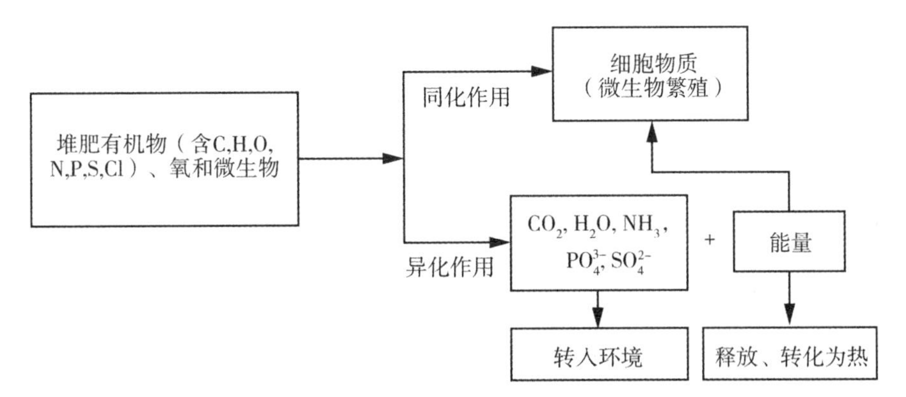

图 4-1　好氧堆肥基本原理示意图

0.3~0.5。这是氧化分解后减量化的结果。一般情况下，w、x、y、z 可取值范围为 $w=5\sim10$，$x=7\sim17$，$y=1$，$z=2\sim8$。

下列方程式反映了堆肥过程中有机物的氧化和合成：

(1)有机物的氧化

①不含氮有机物($C_xH_yO_z$)的氧化

$$C_xH_yO_z+\left(x+\frac{1}{4}y-\frac{1}{2}z\right)O_2\longrightarrow xCO_2+\frac{1}{2}y\ H_2O+\text{能量}$$

②含氮有机物($C_sH_tN_uO_V\cdot a\ H_2O$)的氧化

$$C_sH_tN_uO_V\cdot a\ H_2O+b\ O_2\rightarrow C_wH_XN_yO_Z\cdot c\ H_2O+d\ H_2O_{\text{气}}$$
$$+e\ H_2O_{\text{液}}+f\ CO_2+g\ NH_3+\text{能量}$$

③细胞物质的合成(包括有机物的氧化，并以 NH_3 为氮源)

$$n\ C_xH_yO_z+NH_3+\left(nx+\frac{ny}{4}-\frac{nz}{2}-5\right)O_2\longrightarrow C_5H_7NO_2(\text{细胞物质})+$$
$$(nx-5)CO_2+\frac{1}{2}(ny-4)H_2O+\text{能量}$$

(2)细胞物质的氧化

$$C_5H_7NO_2(\text{细胞物质})+5\ O_2\longrightarrow5\ CO_2+2\ H_2O+NH_3+\text{能量}$$

以纤维素为例，好氧堆肥中纤维素的分解反应如下：

$$(C_6H_{12}O_6)_n\xrightarrow{\text{纤维素酶}}n(C_6H_{12}O_6)(\text{葡萄糖})$$
$$n(C_6H_{12}O_6)+6n\ O_2\xrightarrow{\text{微生物}}6n\ H_2O+6n\ CO_2+\text{能量}$$

2. 好氧堆肥过程

堆肥是一系列微生物活动的复杂过程，包含着堆肥原料的矿质化和腐殖化过程。在该过程中，堆内的有机物、无机物发生着复杂的分解与合成的变化，微生物的组成也发生着相应的变化。好氧堆肥化从废物堆积到产生腐熟的微生物，生化过程比较复杂，可以分为如图 4-2 的几个阶段。

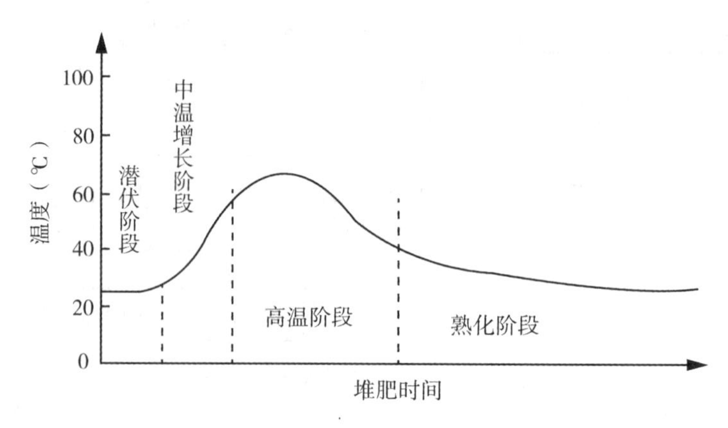

图 4-2 堆肥化过程中温度变化模式

(1)潜伏阶段(亦称驯化阶段)

指堆肥化开始时微生物适应新环境的过程，即驯化过程。

(2)中温阶段(亦称产热阶段)

在此阶段，嗜温性细菌、酵母菌和放线菌等嗜温性微生物利用堆肥中最容易分解的可溶性物质，如淀粉、糖类等迅速增殖，并释放热量，使堆肥温度不断升高。当堆肥温度升到 45℃以上时，即进入高温阶段。

(3)高温阶段

在此阶段，嗜热性微生物逐渐代替了嗜温性微生物的活动，堆肥中残留和新形成的可溶性有机物质继续分解转化，复杂的有机化合物如半纤维素、纤维素和蛋白质等开始被强烈分解。通常，在 50℃左右进行活动的主要是嗜热性真菌和放线菌；温度上升到 60℃时，真菌几乎完全停止活动，仅有嗜热性放线菌与细菌活动；温度升到 70℃以上时，对大多数嗜热性微生物已不适宜，微生物大量死亡或进入休眠状态。

(4)腐熟阶段

当高温持续一段时间后，易分解的有机物(包括纤维素等)已大部分分解，只剩下部分较难分解的有机物和新形成的腐殖质，此时微生物活性下降，发热量减少，温度下降。在此阶段嗜温性微生物又占优势，对残余的较难分解的有机物作进一步分解，腐殖质不断增多且稳定化，此时堆肥即进入腐熟阶段，可施用。

(二)影响因素

1. 供氧量

氧气是堆肥过程有机物降解和微生物生长所必需的。因此，保证较好的通风条件，提供充足的氧气是好氧堆肥过程正常运行的基本保证。通风可使堆层内的水分以水蒸气的形式散失掉，达到调节堆温和堆内水分含量的双重目的，可避免后期堆肥温度过高。但在高温堆肥后期，主发酵排除的废气温度较高，会从堆肥中带走大量水分，从而使物料干化，因此需考虑通风与干化间的关系。

[例 4-1] 用一种成分为 $C_{31}H_{50}NO_{26}$ 的堆肥物料进行实验室规模的好氧堆肥实验。实验结果：每 1000kg 堆料在完成堆肥化后仅剩下 200kg，测定产品成分为 $C_{11}H_{14}NO_4$，试求每 1000kg 物料的化学计算理论需氧量。

解：①计算出堆肥物料 $C_{31}H_{50}NO_{26}$ 千摩尔质量为 852kg，可算出参加堆肥过程的有机物物质的量 $=(1000/852)\,\text{kmol}=1.173\text{kmol}$；

②堆肥产品 $C_{11}H_{14}NO_4$ 的千摩尔质量为 224kg，可算出每摩尔物料参加堆肥过程的残余有机物物质的量，即：$n=200/(1.173\times224)\,\text{kmol}=0.76\text{kmol}$；

③若堆肥过程可表示为：

$$C_aH_bO_cN_d+\frac{(ny+2s+r-c)}{2}O_2 \longrightarrow n\,C_wH_xO_yN_z+s\,CO_2+r\,H_2O+(d-nz)NH_3$$

由已知条件：$a=31$，$b=50$，$c=1$，$d=26$，$w=11$，$x=14$，$y=1$，$z=4$，可以算出：

$$r=0.5[50-0.76\times14-3\times(1-0.76\times1)]=19.32$$

$$s=31-0.76\times11=22.64$$

堆肥过程所需的氧量为：

$$m=[0.5\times(0.76\times4+2\times22.64+19.32-26)\times1.173\times32]\text{kg}=781.50\text{kg}$$

2. 含水率

水分是维持微生物生长代谢活动的基本条件之一，水分适当与否直接影响堆肥发酵速率和腐熟程度，是影响好氧堆肥的关键因素之一。堆肥最适宜的含水率为 50%～60%(质量分数)，此时微生物分解速率最快。当含水率在 40%～50%之间时，微生物的活性开始下降，堆肥温度随之降低。当含水率小于 20%时，微生物的活动就基本停止。当水分超过 70%时，温度难以上升，有机物分解速率降低，由于堆肥物料之间充满水，有碍通风，从而进入厌氧状态，不利于好氧微生物生长，还会产生 H_2S 等恶臭气体。

3. 温度和有机物含量

合适的温度是堆肥得以顺利进行的重要因素。堆肥初期，堆体温度一般与环境温度一致，经过中温菌的作用，堆体温度逐渐上升。随着堆体温度的升高，一方面加速分解消化过程；另一方面也可杀灭虫卵、致病菌以及杂草籽等，使得堆肥产品可以安全地用于农田。堆体最佳温度为 55～60℃。

有机质含量过低，分解产生的热量不足以维持堆肥所需要的温度，会影响无害化处理，且产生的堆肥成品由于肥效低而影响其使用价值。如果有机质含量过高，则给通风供氧带来困难，有可能出现厌氧状态。

4. 颗粒度

堆肥过程中供给的氧气是通过颗粒间的空隙分布到物料内部的，因此，颗粒度的大小对通风供氧有重要影响。从理论上说，堆肥物颗粒应尽可能小，才能使空气有较大的接触面积，并使得好氧微生物更易更快将其分解。如果太小，易造成厌氧条件，不利于好氧微生物的生长繁殖。因此堆肥前需要通过破碎、分选等方法去除不可堆肥的物质，使堆肥物料粒度在一定程度上均匀化。

5. 碳氮比和碳磷比

堆肥原料中的碳氮比(C/N 比)是影响堆肥微生物对有机物分解的最重要因子之一。碳是堆肥反应的能量来源，是生物发酵过程中的动力和热源；氮是微生物的营养来源，主要用于合成微生物体，是控制生物合成的重要因素，也是反应速率的控制因素。如果 C/N 比值过小，容易引起菌体衰老和自溶，造成氮源浪费和酶产量下降；如果 C/N 比值过高，容易引起杂菌感染，将影响有机物的分解和细胞质的合成，微生物的繁殖就会受到氮源的限制，导致有机物分解速率和最终的分解率降低，延长发酵时间。同时由于没有足够量的微生物来产酶，会造成碳源浪费和酶产量下降，也会导致成品堆肥的碳氮比过高，这样堆肥施入土壤后，将夺取土壤中的氮素，使土壤陷入“氮饥饿”状态，影响作物生长。微生物新陈代谢过程所要求的最佳碳氮比为 30~35(干重比)。在理论上，物料中的可生物降解有机物的 C/N 比值也应控制在这个范围。不过由于大部分不含氮的有机物比含氮有机物难降解，所以以质量计算得到的 C/N 比值与微生物实际能够摄取到的 C/N 比值并不完全符合。实际所应用的 C/N 比值的范围在 25~50 之间，而实践证明：当碳氮比为 25~35 时发酵过程最快。因此，应根据各种微生物的特性，恰当地选择适宜的 C/N 比值。调整的方法是加入人粪尿、牲畜粪尿以及城市污泥等。常见有机废物的 C/N 比见表 4-2。

表 4-2　**常见有机废物的 C/N 比**

有机废物	C/N 比	有机废物	C/N 比
稻草、麦秆	70~100	猪粪	7~15
木屑	200~1700	鸡粪	5~10
稻壳	70~100	污泥	6~12
树皮	100~350	杂草	12~19
牛粪	8~26	厨余	20~25
水果废物	34.8	活性污泥	6.3

除碳和氮之外，磷也是微生物必需的营养元素之一，它是磷酸和细胞核的重要组成元素，也是生物能 ATP 的重要组成部分，对微生物的生长也有重要的影响。有时，在垃圾中会添加一些污泥进行混合堆肥，就是利用污泥中丰富的磷来调整堆肥原料的碳磷比(C/P 比)。一般要求堆肥原料的 C/P 比为 75~150。

[**例 4-2**]　废物混合最适宜的 C/N 比计算：树叶的 C/N 比为 50，与来自污水处理厂的活性污泥混合，活性污泥的 C/N 比为 6.3。分别计算各组分的比例使混合 C/N 比达到 25。

假定条件如下：污泥含水率=75%；树叶含水率=50%；污泥含氮率=5.6%；树叶含

氮率=0.7%。

解：(1)计算树叶和污泥的百分比：

①对于1kg的树叶：

$$m_{水}=1\times0.50kg=0.50kg \quad m_{干物质}=1kg-0.50kg=0.50kg$$

$$m_{N}=0.50\times0.007kg=0.0035kg \quad m_{c}=50\times0.0035kg=0.175kg$$

②对于1kg的污泥：

$$m_{水}=1\times0.75kg=0.75kg \quad m_{干物质}=1kg-0.75kg=0.25kg$$

$$m_{N}=0.25\times0.056kg=0.014kg \quad m_{c}=6.3\times0.014kg=0.0882kg$$

(2)计算加入到树叶中的污泥量使混合C/N比达到25

C/N=25=[1kg树叶中的C含量+x(1kg污泥中的C含量)]/[1kg树叶中的N含量+x(1kg污泥中的N含量)]

x为所需污泥的质量

$$25=[0.175+x(0.0882)]/[0.0035+x(0.014)]$$

$$x=0.33kg$$

(3)计算混合后的C/N和含水率

①对于0.33kg的污泥：

$$m_{水}=0.33\times0.75kg=0.25kg \quad m_{干物质}=0.33kg-0.25kg=0.08kg$$

$$m_{N}=0.08\times0.056kg=0.004kg \quad m_{c}=6.3\times0.004kg=0.03kg$$

②对于0.33kg的污泥+1kg的树叶

$$m_{水}=0.25kg\times0.50kg=0.75kg \quad m_{干物质}=0.08kg+0.50kg=0.58kg$$

$$m_{N}=0.004kg\times0.0035kg=0.008kg \quad m_{c}=0.03kg+0.175kg=0.205kg$$

③则C/N比为：

$$C/N=0.205kg(C)/0.008kg(N)=25.6$$

④则含水率为：

$$含水率=0.75kg(水)/[0.75kg(水)+0.58kg(干物质)]$$

$$=(0.75kg/1.33kg)\times100\%$$

$$=56.39\%$$

用污泥与庭院垃圾混合来增加氮源的堆肥方法是合理的，但由于污泥中存在病原菌和重金属的问题，对堆肥的质量必须严格监控。

6. pH值

pH值是微生物生长的一个重要环境条件。一般情况下，在堆肥过程中，pH值有足够的缓冲作用，能使pH值稳定在可以保证好氧分解的酸碱度水平。在堆肥化过程中，pH值随时间和温度发生变化，其变化情况和温度的变化一样，标志着分解过程的进展。在堆肥的初始阶段时，堆肥物产生有机酸，此时有利于微生物生存繁殖，随之pH值可下降到4.5~5.0，随着有机酸被逐步分解，pH值逐渐上升，最终可以达到8~8.5。好氧堆肥的pH值在5.5~6.5时，是大多数微生物活动的最佳范围。适宜的pH值可使微生物发挥有效作用，一般来说，pH值在7.5~8.5之间，可获得最佳的堆肥效果。新鲜堆肥产品对酸性土壤很有好处，但对正在发芽的种子则是不利的。二次发酵可除去大部分氨，最终的堆肥产品 pH 值基本维持在 6.5 左右而成为一种中性肥料。

7. 温度

在堆肥过程中，温度的控制对于微生物的生长乃至细菌种群的繁殖和生物的活性(分解有机物的速度)均有重要影响。随着物料中微生物活动的加剧，其分解有机物所释放的热量也增大，当所释放出的热量大于堆肥的热耗时，堆肥温度将明显升高。因此，温升是微生物活动剧烈程度的最好参数。

4.2.2 好氧堆肥工艺

传统的堆肥化技术采用厌氧野外堆肥法，这种方法占地面积大、时间长。现代化的堆肥生产一般采用好氧堆肥工艺，它通常由前(预)处理、主发酵(亦称一级发酵或初级发酵)、后发酵(亦称二级发酵或次级发酵)、后处理、脱臭及贮存等工序组成。

1. 前处理

前处理往往包括分选、破碎、筛分和混合等预处理工序。主要是去除大块和非堆肥所需物料如石块、金属物等。这些物质的存在会影响堆肥处理机械的正常运行，并降低发酵仓的有效容积，使堆肥温度不易达到无害化的要求，从而影响堆肥产品的质量。此外，前处理还应包括养分和水分的调节，如添加氮、磷以调节碳氮比和碳磷比。

在前处理时应注意：①在调节堆肥物料颗粒度时，颗粒不能太小，否则会影响通气性。一般适宜的粒径范围是2~60mm，最佳粒径随垃圾物理特性的变化而变化，如果堆肥物质坚固，不易挤压，则粒径应小些，否则，粒径应大些；②用含水率较高的固体废物(如污水污泥、人畜粪便等)为主要原料时，前处理的主要任务是调整水分和 C/N 比，有时需要添加菌种和酶制剂，以使发酵过程正常进行。

2. 主发酵

主发酵主要在发酵仓内进行，也可露天堆积，靠强制通风或翻堆搅拌来供给氧气。在堆肥时，由于原料和土壤中存在微生物，在其作用下开始发酵，首先是易分解的物质分解，产生二氧化碳和水，同时产生热量，使堆温上升。微生物吸收有机物的碳氮营养成分，在细菌自身繁殖的同时，将细胞中吸收的物质分解而产生热量。

发酵初期物质的分解作用是靠中温菌(也称嗜温菌)进行的。随着堆温的升高，最适宜温度为45~60℃的高温菌(也称嗜热菌)代替了中温菌，在60~70℃无或更高温度下能进行高效率的分解(高温分解比低温分解快得多)。然后将进入降温阶段，通常将温度升高直到开始降低的阶段，称为主发酵期。以生活垃圾和家禽粪尿为主体的好氧堆肥，主发酵期4~12d。

3. 后发酵

后发酵是将主发酵工序尚未分解的易分解有机物和较难分解的有机物进一步分解，使之变成腐殖酸、氨基酸等比较稳定的有机物，得到完全腐熟的堆肥制品。后发酵可在封闭的反应器内进行，但在敞开的场地、料仓内进行较多。此时，通常条堆或静态堆肥的方式，物料堆积高度一般为1~2m。有时还需要翻堆或通气，但通常每周进行一次翻堆。后发酵时间的长短取决于堆肥的使用情况，通常在20~30d。

4. 后处理

经过后发酵的堆肥物料中，几乎所有的有机物都被稳定化和减量化。但在前处理工序中还没有完全去除的塑料、玻璃、金属、小石块等杂物还要经过一道分选工序去除。可以用回转式振动筛、磁选机、风选机等预处理设备分离去除上述杂质，并根据需要进行再破碎(如生产精肥)。也可根据土壤的情况，在散装堆肥中加入N、P、K等。

5. 脱臭

在堆肥工艺过程中，因微生物的分解，会有臭味产生，必须进行脱臭。常见的产生臭味的物质有氨、硫化氢、甲基硫醇、胺类等。去除臭气的方法主要有化学除臭剂除臭；碱水和水溶液过滤；熟堆肥或活性炭、沸石等吸附剂吸附法等。其中，经济而实用的方法是熟堆肥吸附的生物除臭法。

6. 贮存

堆肥一般在春秋两季使用，在夏冬两季就需贮存，所以一般的堆肥工厂有必要设置至少能容纳6个月产量的贮存设备。贮存方式可直接堆存在发酵池中或装袋，要求干燥透气，闭气和受潮会影响堆肥产品的质量。

4.2.3 堆肥熟度评价

腐熟度是衡量堆肥进行程度的指标。堆肥腐熟度是指堆肥中的有机质经过矿化、腐殖化过程最后达到稳定的程度。由于堆肥的腐熟度评价是一个很复杂的问题，迄今为止，还未形成一个完整的评价指标体系。评价指标一般可分为物理学指标、化学指标、生物学指标以及工艺指标。

用物理指标反映堆肥过程的变化比较直观，易于监测，常用于定性描述堆肥过程所处的状态，但不能定量说明堆肥的腐熟程度。常用的物理指标有以下几种。①气味：在堆肥进行过程中，臭味逐渐减弱并在堆肥结束后消失，此时也就不再吸引蚊虫。②粒度：腐熟后的堆肥产品呈现疏松的团粒结构。③色度：堆肥的色度受其原料成分的影响很大，很难建立统一的色度标准以判别各种堆肥的腐熟程度。一般堆肥过程中堆料逐渐变黑，腐熟后的堆肥产品呈深褐色或黑色。

由于物理指标只能直观反映堆肥过程，所以常通过分析堆肥过程中堆料的化学成分或性质的变化来评价腐熟度。常用的化学指标有以下几种。①pH值：pH随堆肥的进行而变化，可作为评价腐熟程度的一个指标。②有机质变化指标：反映有机质变化的参数有化学需氧量(COD)、生化需氧量(BOD)、挥发性固体(VS)。在堆肥过程中，由于有机物的降解，物料中的有机物含量会有所变化，因而可用BOD、COD、VS来反映堆肥有机物降解和稳定化的程度。③碳氮比：固相(C/N)是最常用的堆肥腐熟度评估方法之一。当C/N值降至(10~20)：1时，可认为堆肥达到腐熟。④氮化合物：由于堆肥中含有大量的有机氮化合物，而在堆肥中伴随着明显的硝化反应过程，在堆肥后期，部分氨态氮可被氧化成硝态氮或亚硝态氮。因此，氨态氮、硝态氮及亚硝态氮的浓度变化，也是堆肥腐熟度评价的常用参数。⑤腐殖酸：随着堆肥腐熟化过程的进行，腐殖酸的含量上升。因此，腐殖酸含量是一个相对有效的反映堆肥质量的参数。

另外，不同腐熟度的堆肥耗氧速率、释放二氧化碳的速率、堆温、肥效等皆有区别，利用这些特征也可对堆肥的腐熟度作出判断。

4.3　固体废物的厌氧消化处理

厌氧消化或称厌氧发酵是一种普遍存在于自然界的微生物过程。凡是存在有机物和一定水分的地方，只要供氧条件差和有机物含量多，都会发生厌氧消化现象，有机物经厌氧分解产生 CH_4、CO_2和 H_2S 等气体。因此，厌氧消化处理是指在厌氧状态下利用厌氧微生物使固体废物中的有机物转化为 CH_4和 CO_2的过程。由于厌氧消化可以产生以 CH_4为主要成分的沼气，故又称之为甲烷发酵。厌氧消化可以去除废物中 30%~50%的有机物并使之稳定化。20 世纪 70 年代初，由于能源危机和石油价格的上涨，许多国家开始寻找新的替代能源，使得厌氧消化技术显示出其优势。

厌氧消化技术具有以下特点。

①过程可控性、降解快、生产过程全封闭。

②资源化效果好，可将潜在于废弃有机物中的低品位生物能转化为可以直接利用的高品位沼气。

③易操作，与好氧处理相比，厌氧消化处理不需要通风动力，设施简单，运行成本低。

④产物可再利用，经厌氧消化后的废物基本得到稳定，可作农肥、饲料或堆肥化原料。

⑤可杀死传染性病原菌，有利于防疫。

⑥厌氧过程中会产生 H_2S 等恶臭气体。

⑦厌氧微生物的生长速率低，常规方法的处理效率低，设备体积大。

4.3.1　厌氧消化原理

参与厌氧分解的微生物可以分为两类，一类是由一个十分复杂的混合发酵细菌群将复杂的有机物水解，并进一步分解为以有机酸为主的简单产物，通常称为水解菌。在中温沼气发酵中，水解菌主要属于厌氧细菌，包括梭菌属、拟杆菌属、真细菌属、双歧杆菌属等。在高温厌氧发酵中，有梭菌属、无芽孢的革兰氏阴性杆菌、链球菌和肠道菌等兼性厌氧细菌。另一类微生物为绝对厌氧细菌，其功能是将有机酸转变为甲烷，被称为产甲烷细菌。产甲烷细菌的繁殖相当缓慢，且对于温度、抑制物的存在等外界条件的变化相当敏感。产甲烷阶段在厌氧消化过程中是十分重要的环节，产甲烷细菌除了产生甲烷外，还起到分解脂肪酸调节 pH 值的作用。同时，通过将氢气转化为甲烷，可以减小氢的分压，有利于产酸菌的活动。

有机物厌氧消化的生物化学反应过程与堆肥过程同样都是非常复杂的，中间反应及中间产物有数百种，每种反应都是在酶或其他物质的催化下进行的，总的反应式为：

有机物+H_2O+营养物$\xrightarrow{厌氧微生物}$细胞物质+$CH_4\uparrow$+$CO_2\uparrow$+$NH_3\uparrow$+$H_2\uparrow$+$H_2S\uparrow$+…+抗性物质+热量

有机废物厌氧发酵的工艺原理如图 4-3 所示。

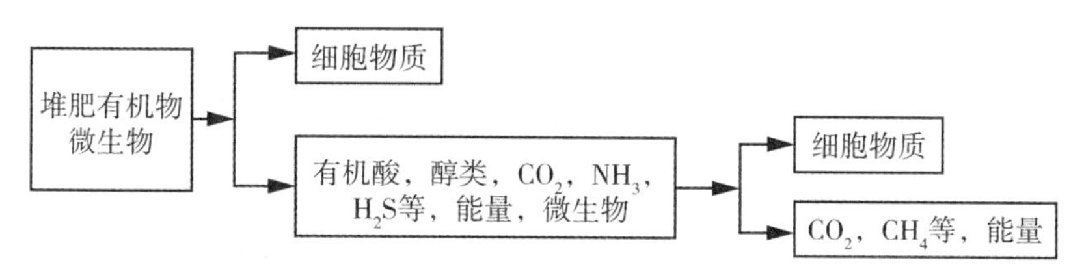

图 4-3 有机废物的厌氧发酵分解

废物的厌氧消化的过程，是在大量厌氧微生物的共同作用下，将废物中的有机组分转化为稳定的最终产物的过程。第一组微生物负责将碳水化合物、蛋白质与脂肪等大分子化合物水解与发酵转化成单糖、氨基酸、脂肪酸、甘油等小分子有机物。第二组厌氧微生物将第一组微生物的分解产物转化成更简单的有机酸，在厌氧消化反应中最常见的就是乙酸。这种兼性厌氧菌和绝对厌氧菌组成的第二组微生物称作产酸菌。第三组微生物把氢和乙酸进一步转化为甲烷和二氧化碳。这些细菌就是产甲烷细菌，是绝对厌氧菌。在垃圾填埋场和厌氧消化器中许多产甲烷细菌与反刍动物胃里和水体沉积物中的产甲烷细菌类似。对于厌氧消化反应而言，能利用氢和乙酸合成甲烷的产甲烷细菌是产甲烷细菌中最重要的一种。由于产甲烷细菌的生长速率很低，所以产甲烷阶段是厌氧消化反应速率的控制因素。甲烷和二氧化碳的产生代表着废物稳定化的开始。当填埋场或厌氧反应器中的甲烷产生完毕，表示其中的废物已得到稳定。

目前，对厌氧发酵的生化过程有三种见解，即两阶段理论、三阶段理论和四阶段理论。依据三阶段理论，厌氧消化反应分三阶段进行。第一阶段，在水解与发酵细菌的作用下，将大分子有机物分解为小分子有机物，以有利于微生物吸收和利用；第二阶段，在产氢产乙酸细菌的作用下，把第一阶段的产物转化成 H_2、CO_2和乙酸等；第三阶段，在产甲烷细菌的作用下，把第二阶段的产物转化成 CH_4等。

1. 三阶段理论

氧发酵一般可以分为三个阶段，即水解阶段、产酸阶段和产甲烷阶段，每一阶段各有其独特的微生物类群起作用。水解阶段起作用的细菌称为发酵细菌，包括纤维素分解菌、蛋白质水解菌。产酸阶段起作用的细菌是醋酸分解菌。这两个阶段起作用的细菌统称为不产甲烷细菌。产甲烷阶段起作用的细菌是产甲烷细菌。有机物分解三阶段过程如图 4-4 所示。

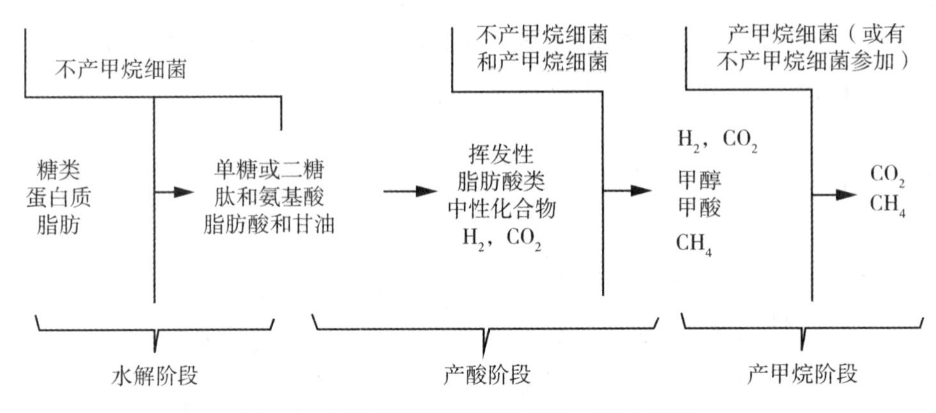

图 4-4　有机物的厌氧发酵过程(三阶段理论)

1)水解阶段

发酵细菌利用胞外酶对有机物进行体外酶解，使固体物质变成可溶于水的物质，然后，细菌再吸收可溶于水的物质，并将其分解成为不同产物。高分子有机物的水解速率很低，它取决于物料的性质、微生物的浓度，以及温度、pH 值等环境条件。纤维素、淀粉等水解成单糖类，蛋白质水解成氨基酸，再经脱氨基作用形成有机酸和氨，脂肪水解后形成甘油和脂肪酸。

2)产酸阶段

水解阶段产生的简单的可溶性有机物在产氢和产酸细菌的作用下，进一步分解成挥发性脂肪酸(如丙酸、乙酸、丁酸、长链脂肪酸)、醇、酮、醛、二氧化碳和氢气等。

3)产甲烷阶段

产甲烷细菌将第二阶段的产物进一步降解成 CH_4 和 CO_2，同时利用产酸阶段所产生的 H_2 将部分 CO_2 再转变为 CH_4。产甲烷阶段的生化反应相当复杂，其中 72%的 CH_4，来自乙酸，目前已经得到验证的主要反应有：

$$CH_3COOH \longrightarrow CH_4\uparrow + CO_2\uparrow$$

$$4H_2 + CO_2 \longrightarrow CH_4 + 2H_2O$$

$$4HCOOH \longrightarrow CH_4\uparrow + 3CO_2\uparrow + 2H_2O$$

$$4CH_3OH \longrightarrow 3CH_4\uparrow + CO_2\uparrow + 2H_2O$$

$$4(CH_3)_3N + 6H_2O \longrightarrow 9CH_4\uparrow + 3CO_2\uparrow + 4NH_3\uparrow$$

$$4CO + 2H_2O \longrightarrow CH_4 + 3CO_2$$

由式中可见，除乙酸外 CO_2 和 H_2 的反应也能产生一部分 CH_4，少量 CH_4 来自其他一些物质的转化。产甲烷细菌的活性大小取决于在水解和产酸阶段所提供的营养物质。对于以可溶性有机物为主的有机废水来说，由于产甲烷细菌的生长速率低，对环境和底物要求苛刻，产甲烷阶段是整个反应过程的控制步骤；而对于以不溶性高分子有机物为主的污泥、垃圾等废物，水解阶段是整个厌氧消化过程的控制步骤。

2. 二阶段理论

厌氧发酵的两阶段理论也较为简单、清楚，被人们所普遍接受。

两阶段理论将厌氧消化过程分成两个阶段，即酸性发酵阶段和碱性发酵阶段如图 4-5 所示。在分解初期，产酸菌的活动占主导地位，有机物被分解成有机酸、醇、二氧化碳、氨、硫化氢等，由于有机酸大量积累，pH 值随之下降，故把这一阶段称作酸性发酵阶段。在分解后期，产甲烷细菌占主导作用，在酸性发酵阶段产生的有机酸和醇等被产甲烷细菌进一步分解产生 CH_4和 CO_2等。由于有机酸的分解和所产生的氨的中和作用，使得 pH 值迅速上升，发酵从而进入第二个阶段——碱性发酵阶段。到碱性发酵阶段后期，可降解有机物大都已经被分解，消化过程也就趋于完成。厌氧消化利用的是厌氧微生物的活动，可产生生物气体，生产可再生能源，且无需氧气的供给，动力消耗低；但缺点是发酵效率低、消化速率低、稳定化时间长。

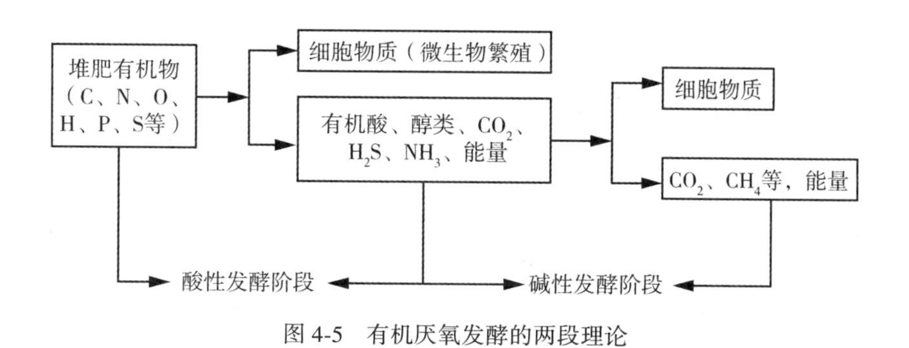

图 4-5 有机厌氧发酵的两段理论

3. 厌氧消化产生沼气的生物化学过程

固体废物的厌氧消化过程一般可用下述反应方程式描述：

有机物+H_2O→合成的新细胞物质+残留有机物+CH_4+CO_2+NH_3+H_2S+能量

若有机物的化学组成式为 $C_aH_bO_cN_d$，合成的新细胞物质和产生的 H_2S 忽略不计，$C_wH_xO_yN_z$为残留有机物的化学组成式，那么有机物的厌氧消化化学反应方程式可表达为：

$$C_aH_bO_cN_d \longrightarrow nC_wH_xO_yN_z+mCH_4+sCO_2+rH_2O+(d-nz)NH_3$$

式中：$r=c-ny-2s$；$s=a-nw-m$。

如果有机物被完全分解，没有任何残留物，则化学反应方程式为：

$$C_aH_bO_cN_d+(a-0.25b-0.5c+0.75d)H_2O \longrightarrow (0.5a+0.125b-0.25c-0.375d)CH_4+(0.5a-0.125b+0.25c+0.375d)CO_2+dNH_3$$

一般来说，有机废物厌氧消化所产生的气体中甲烷含量为 50%～60%，1kg 可降解有机物可产生 0.63～1.0m^{3}的沼气。

4.3.2 厌氧消化的影响因素

1. 厌氧条件

厌氧消化最显著的一个特点是有机物在无氧的条件下被某些微生物分解，最终转化成CH_4和CO_2。产酸阶段微生物大多数是厌氧菌，需要在厌氧的条件下才能把复杂的有机质分解成简单的有机酸等。而产气阶段的细菌是专性厌氧菌，氧对产甲烷细菌有毒害作用，因而需要严格的厌氧环境。判断厌氧程度可用氧化还原电位(Eh)表示。当厌氧消化正常进行时，Eh应维持在-300mV左右。

2. 原料配比

厌氧消化原料的碳氮比以(20~30)∶1为宜。碳氮比过小，细菌增殖量降低，氮不能被充分利用，过剩的氮变成游离的NH_3，抑制了产甲烷细菌的活动，厌氧消化不易进行。但碳氮比过高，反应速率降低，产气量明显下降。磷含量(以磷酸盐计)一般为有机物量的1/1000为宜。

3. 温度

温度是影响厌氧消化效果的重要因素，比较理想的温度范围是30~39℃(中温)和50~55℃(高温)。通常甲烷的产生量随温度的升高而增加，但在45℃左右有一个间断点，这是由于中温发酵和高温发酵分别是由两个不同的微生物种群在起作用，在该温度条件下，对中温和高温细菌的生长都不利。当厌氧消化系统的温度低于10℃时，产气量明显下降。一般情况下，中温发酵过程需要25~30天的停留时间，高温发酵则只需要中温发酵一半的时间。高温发酵的另一个优点是对病原微生物有较高的杀灭率。但由于高温发酵过程需要较高的加热能耗，并且管理复杂，其应用不如中温发酵普遍。

4. pH

产甲烷微生物细胞内的细胞质pH一般呈中性。但对于产甲烷细菌来说，维持弱碱性环境是十分必要的，当pH值低于6.2时，它就会失去活性。因此，在产酸菌和产甲烷细菌共存的厌氧消化过程中，系统的pH值应控制在6.5~7.5之间，最佳pH值范围是7.0~7.2。为提高系统对pH值的缓冲能力，需要维持一定的碱度，可通过投加石灰或含氮物料的办法进行调节。

5. 添加物和抑制物

在发酵液中添加少量的硫酸锌、磷矿粉、炼钢渣、碳酸钙、炉灰等，有助于促进厌氧发酵，提高产气量和原料利用率，其中以添加磷矿粉的效果最佳。同时添加少量钾、钠、镁、锌、磷等元素也能提高产气率。但是也有些化学物质能抑制发酵微生物的生命活力，当原料中含氮化合物过多，如蛋白质、氨基酸、尿素等被分解成铵盐，从而抑制甲烷发酵。因此当原料中氮化合物比较高的时候应适当添加碳源，调节C/N使其保持在(20~

30）：1 范围内。此外，如铜、锌、铬等重金属及氰化物等含量过高时，也会不同程度地抑制厌氧消化。因此在厌氧消化过程中应尽量避免这些物质的混入。

6. 接种物

厌氧消化中细菌数量和种群会直接影响甲烷的生成。不同来源的厌氧发酵接种物，对产气量有不同的影响。添加接种物可有效提高消化液中微生物的种类和数量，从而提高反应器的消化处理能力，加快有机物的分解速率，提高产气量，还可使开始产气的时间提前。用添加接种物的方法，开始发酵时，一般要求菌种量达到料液量的5%以上。

7. 搅拌

搅拌可使消化原料分布均匀，增加微生物与消化基质的接触，使消化产物及时分离，也可防止局部出现酸积累和排除抑制厌氧菌活动的气体，从而提高产气量。

4.3.3 厌氧消化工艺

一个完整的厌氧消化系统包括预处理，厌氧消化反应器、消化气净化与贮存，消化液与污泥的分离、处理和利用。厌氧消化工艺类型较多，按消化温度、消化方式、消化级差的不同划分成几种类型。通常是按消化温度划分厌氧消化工艺类型。

1. 根据消化温度划分的工艺类型

根据消化温度，厌氧消化工艺可分为高温消化工艺和自然消化工艺两种。

1）高温消化工艺

高温消化工艺的最佳温度范围是47~55℃，此时有机物分解旺盛，消化快，物料在厌氧池内停留时间短，非常适合于城市垃圾、粪便和有机污泥的处理。其程序如下。

高温消化菌的培养：一般是将污水池或地下水道中有气泡产生的中性偏碱性的污泥加到备好的培养基上，进行逐级扩大培养，直到消化稳定后即可为接种用的菌种。

高温的维持：通常是在消化池内布设盘管，通入蒸汽加热料浆。我国有城市利用余热和废热作为高温消化的热源，是一种技术上十分经济的方法。

原料投入与排出：在高温消化过程中，原料的消化速率快，要求连续投入新料与排出消化液。

消化物料的搅拌：高温厌氧消化过程要求对物料进行搅拌，以迅速消除邻近蒸汽管道区域的高温状态和保持全池温度的均一。

2）自然消化工艺

自然温度厌氧消化是指在自然温度影响下消化温度发生变化的厌氧消化。目前我国农村基本上都采用这种消化类型，其工艺流程如图4-6所示。

这种工艺的消化池结构简单、成本低廉、施工容易、便于推广。但该工艺的消化温度不受人为控制，基本上是随气温变化而不断变化，通常夏季产气率较高，冬季产气率较低，故其消化周期需视季节和地区的不同加以控制。

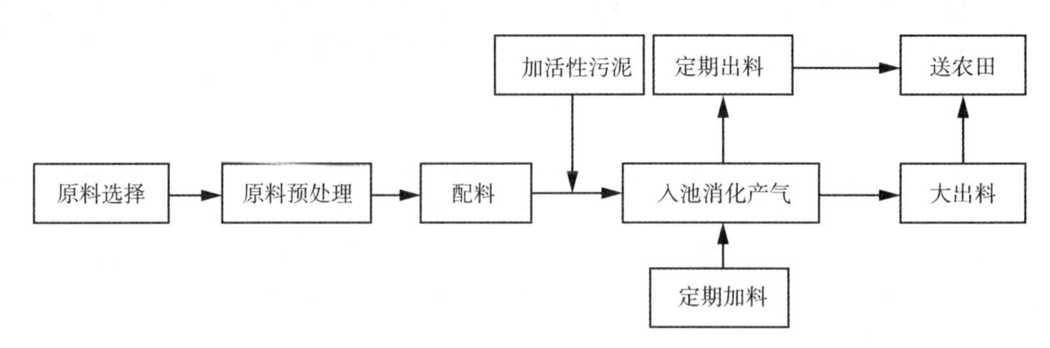

图 4-6　自然温度半批量投料沼气消化工艺流程

2. 根据投料运转方式划分的工艺类型

根据投料运转方式，厌氧消化可分为连续消化、半连续消化、两步消化等。

1) 连续消化工艺

该工艺是从投料启动后，经过一段时间的消化产气，随时连续定量地添加消化原料和排出旧料，其消化时间能够长期连续进行。此消化工艺易于控制，能保持稳定的有机物消化速率和产气率，但该工艺要求较低的原料固形物浓度。其工艺流程如图 4-7 所示。

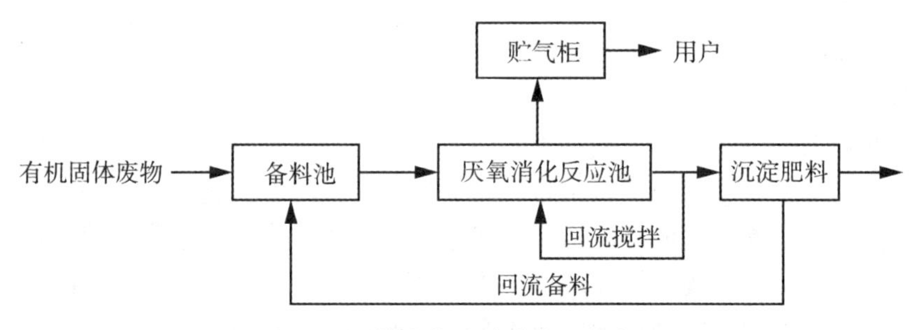

图 4-7　固体废物连续消化工艺流程

2) 半连续消化工艺

半连续消化的工艺特点是：启动时一次性投入较多的消化原料，当产气量趋于下降时，开始定期或不定期添加新料和排出旧料，以维持比较稳定的产气率。由于我国广大农村的原料特点和农村用肥集中等原因，该工艺在农村沼气池的应用已比较成熟。半连续消化工艺是固体有机原料沼气消化最常采用的消化工艺。图 4-8 所示为半连续沼气消化工艺处理有机原料的工艺流程。

3) 两步消化工艺

两步消化工艺是根据沼气消化过程分为产酸和产甲烷两个阶段的原理开发的。两步消化工艺特点是将沼气消化全过程分成两个阶段，在两个反应器中进行。第一个反应器的功能是：水解和液化固态有机物为有机酸；缓冲和稀释负荷冲击与有害物质，并截留难降解的固体物质。第二个反应器的功能是：保持严格的厌氧条件和 pH 值，以利于产甲烷细菌

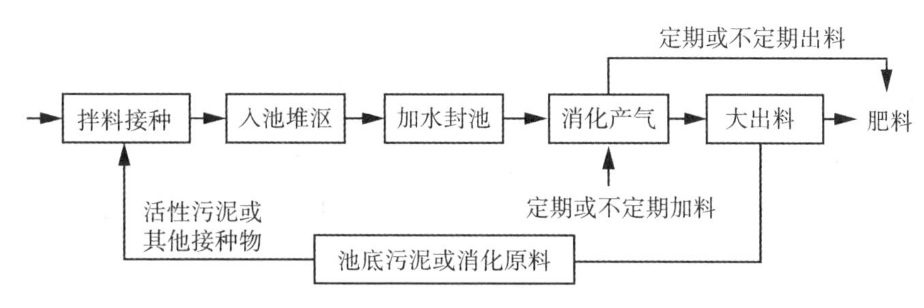

图 4-8 固体废物半连续消化工艺流程

的生长；消化、降解来自前段反应器的产物，把它们转化成甲烷含量较高的消化气，并截留悬浮固体、改善出料性质。因此，两步消化工艺可大幅度地提高产气率，气体中甲烷含量也有所提高。同时实现了渣和液的分离，使得在固体有机物的处理中，引入高效厌氧处理器成为可能。

4.3.4 厌氧消化装置

厌氧消化池亦称厌氧消化器。消化罐是整套装置的核心部分，附属设备有气压表、导气管、出料机、预处理设备(粉碎、升温、预处理池等)、搅拌器等。附属设备可以进行原料的处理，产气的控制、监测，以提高沼气的质量。

厌氧消化池的种类很多，按消化间的结构形式，有圆形池、长方形池；按贮气方式有气袋式、水压式和浮罩式。

1. 水压式沼气池

水压式沼气池产气时，沼气将消化料液压向水压箱，使水压箱内液面升高；用气时，料液压迫沼气供气。产气、用气循环工作，依靠水压箱内料液的自动提升使气室内的水压自动调节。水压式沼气池的结构与工作原理如图 4-9 所示。水压式沼气池结构简单、造价低、施工方便；但由于温度不稳定，产气量不稳定，因此原料的利用率低。

2. 长方形(或方形)甲烷消化池

这种消化池的结构由消化室、气体储藏室、贮水库、进料口和出料口、搅拌器、导气喇叭口等部分组成。长方形(或方形)甲烷消化池结构如图 4-10 所示。

其主要特点是：气体储藏室与消化室相通，位于消化室的上方，设一贮水库来调节气体储藏室的压力。若室内气压很高时，就可将消化室内经消化的废液通过进料间的通水穴压入贮水库内。相反，若气体储藏室内压力不足时，贮水库内的水由于自重便流入消化室，这样通过水量调节气体储藏室的空间，使气压相对稳定。搅拌器的搅拌可加速消化。产生的气体通过导气喇叭口输送到外面导气管。

3. 红泥塑料沼气池

红泥塑料沼气池是一种用红泥塑料(红泥-聚氯乙烯复合材料)用作池盖或池体材料，

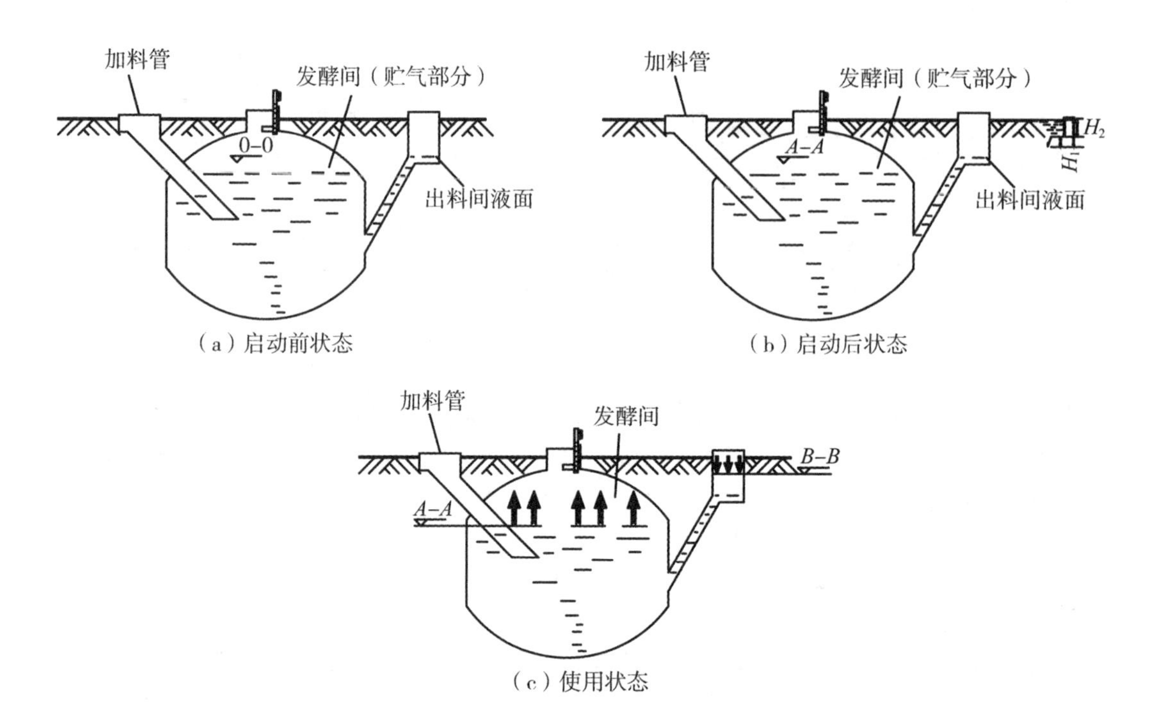

图 4-9　水压式沼气池的结构与工作原理

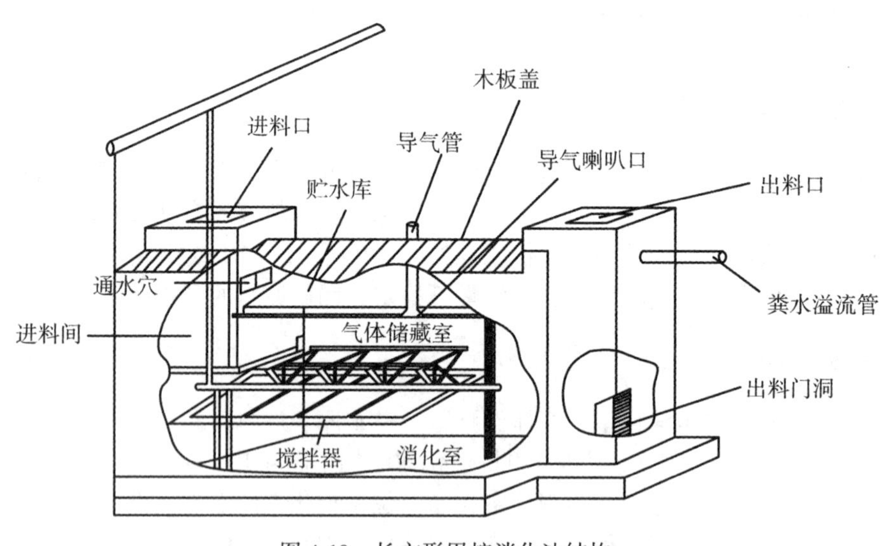

图 4-10　长方形甲烷消化池结构

该工艺多采用批量进料方式。红泥塑料沼气池有半塑式、两模全塑式、袋式全塑式和干湿交替式等。

1) 半塑式沼气池

半塑式沼气池由水泥料池和红泥塑料气罩两大部分组成，如图 4-11 所示。料池上沿部设有水封池，用来密封气罩与料池的结合处。这种消化池适于高浓度料液或干发酵，成批量进料。可以不设进出料间。

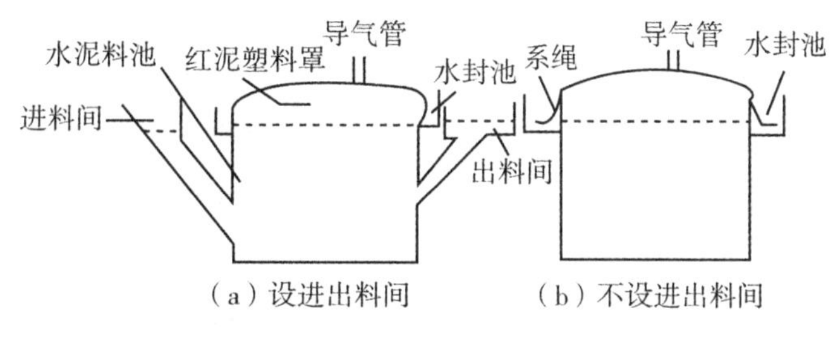

图 4-11 半塑式沼气池

2)两模全塑式沼气池

两模全塑式沼气池的池体与池盖由两块红泥塑料膜组成。它仅需挖一个浅土坑，压平整成形后即可安装。安装时，先铺上池底膜，然后装料，再将池盖膜覆上，把池盖膜的边沿和池底膜的边沿对齐，以便黏合紧密。待合拢后向上翻折数卷，卷紧后用砖或泥把卷紧处压在池边沿上，其加料液面应高于两块膜黏合处，这样可以防止漏气，如图 4-12 所示。

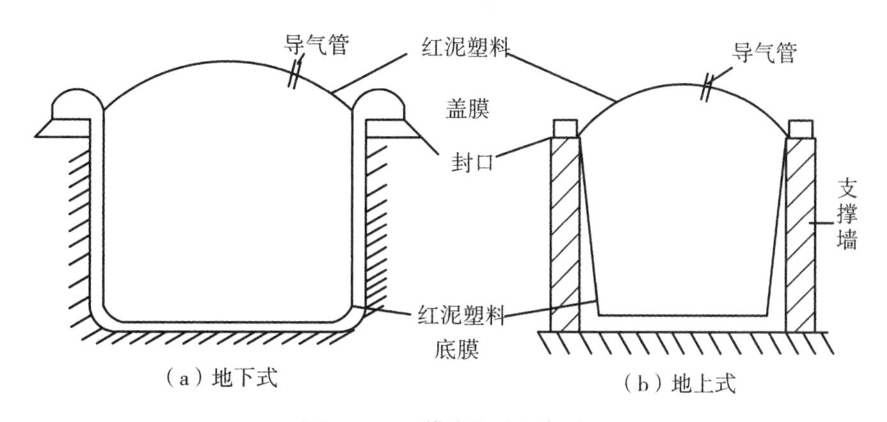

图 4-12 两模全塑式沼气池

3)袋式全塑沼气池

袋式全塑沼气池的整个池体由红泥塑料膜热合加工制成，设进料口和出料口，安装时需建槽，主要用于处理牲畜粪便的沼气发酵，是半连续进料，如图 4-13 所示。

4)干湿交替消化沼气池

干湿交替消化沼气池设有两个消化室，上消化室用来进行批量投料、干消化，所产沼气由红泥塑料罩收集，如图 4-14 所示。下消化室用来半连续进料、湿消化，所产沼气贮存在消化室的气室内。下消化室中的气室处在上消化室料液的覆盖下，密封性好。上、下消化室之间有连通管连通，在产气和用气过程中，两个消化室的料液可随着压力的变化而

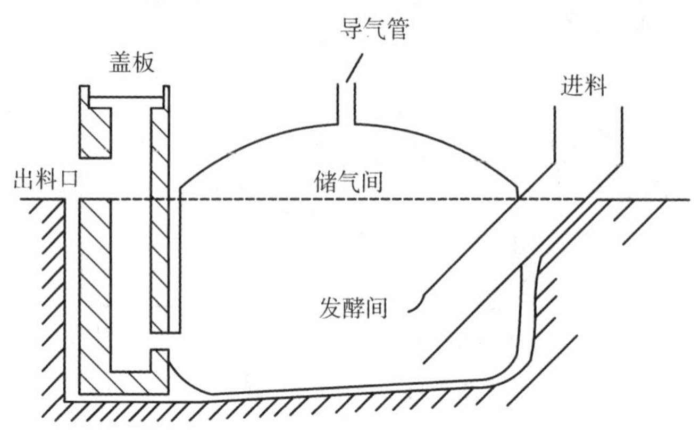

图 4-13　袋式全塑沼气池

上、下流动。下消化室产气时，一部分料液通过连通管压入上消化室浸泡干消化原料。用气时，进入上室的浸泡液又流入下消化室。

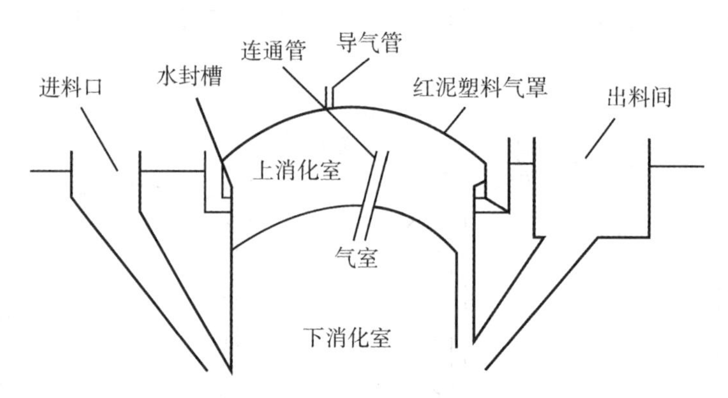

图 4-14　干湿交替消化沼气池

4.4　固体废物的微生物浸出

4.4.1　概述

早在 1887 年就有报道指出，有些细菌能够把硫单质氧化成硫酸。

$$S+\frac{3}{2}O_2+H_2O \xrightarrow{\text{细菌}} H_2SO_4$$

1922 年有人成功地利用细菌氧化浸出 ZnS。

1947 年美国的 Colmer 等人发现矿井酸性水中有一种细菌，能把水里的 Fe^{2+} 氧化成 Fe^{3+}，还有一种细菌能把 S 或还原性硫化物氧化为硫酸获得能源，从空气中摄取 CO_2，O_2 以及水中其他元素(如 N、P 等)来合成细胞组织，到 1951 年人们才研究出这些细菌为硫杆菌属的一个新种，并命名为氧化铁硫杆菌。

1954 年，美国、苏联、英格兰、刚果等国家发现，氧化铁硫杆菌在酸性溶液中对硫化矿的氧化速率比溶于水中的氧进行一般化学氧化的速率要高 10~20 倍。

1958 年，美国肯科特(Kennecott)铜矿公司获得了利用细菌浸出回收各种硫化矿中有价金属的专利。1965 年美国用此法生产 Cu130kt，1970 年达 200kt。

细菌浸出的工业利用仅三四十年的历史，但发展很快，目前国外每年利用细菌浸出从贫矿、尾矿废渣中回收的 Cu 达 400kt。除能浸出 Cu 外，还能浸出 Zn、Mn、As、Ni、Co、Mo 等金属。我国目前也有一些矿山利用细菌浸出回收 Cu、U 等金属。

4.4.2 细菌浸出机理

1. 浸矿细菌

自 Colmer 等人指出，能浸出硫化矿中有价金属的细菌为硫杆菌属的一个新种以来，人们又进行了大量的研究，现在一般认为主要有：

氧化硫硫杆菌(*Thiobacillus concretivorus*)、氧化铁铁杆菌(*Ferrobacillus ferrooxidans*)、氧化铁硫杆菌(*Thiobacillus ferrooxidans*)。

它们都属自养菌，经扫描电镜观察外形为短杆状和球状，它们能生长在普通细菌难以生存的较强的酸性介质里，通过对 S、Fe、N 等的氧化获得能量，从 CO_2 中获得碳，从铵盐中获得氮来构成自身细胞。最适宜的生长温度为 25~35℃，在 pH 值 2.5~4 的范围能生长良好。在含硫的矿泉水、硫化矿床的坑道水、下水道以及某些沼泽地里都有这类细菌生长。只要取回其中某种水来加以驯化、培养，即可接种于所要浸出的废渣中进行细菌浸出。

常见矿物浸出细菌及其主要生理特性见表 4-3。

表 4-3 **常见矿物浸出细菌及主要生理特性**

菌种	主要生理特性	最佳 pH 值
氧化铁硫杆菌	$Fe^{2+} \rightarrow Fe^{3+}$，$S_2O_3^{2-} \rightarrow SO_4^{2-}$	2.5~5.3
氧化铁杆菌	$Fe^{2+} \rightarrow Fe^{3+}$	3.5
氧化硫铁杆菌	$S \rightarrow SO_4^{2-}$，$Fe^{2+} \rightarrow Fe^{3+}$	2.8
氧化硫杆菌	$S \rightarrow SO_4^{2-}$，$S_2O_3^{2-} \rightarrow SO_4^{2-}$	2.0~3.5
聚生硫杆菌	$S \rightarrow SO_4^{2-}$，$H_2S \rightarrow SO_4^{2-}$	2.0~4.0

2. 浸出机理

目前细菌浸出机理有两种学说，即化学反应说和细菌直接作用说。

1)化学反应说

这种学说认为，废料中所含金属硫化物，如 FeS_2 先被水中的氧氧化成 $FeSO_4$，细菌的

作用仅在于把 $FeSO_4$ 氧化成化学溶剂 $Fe_2(SO_4)^{3-}$，把浸出金属硫化物生成的 S 氧化为化学溶剂 $H_2SO_4{}^{2-}$，即：

$$2FeS_2+7O_2+2H_2O \xrightarrow{\text{氧化硫杆菌}} 2FeSO_4+2H_2SO_4$$

$$2S+3O_2+2H_2O \xrightarrow{\text{氧化硫杆菌}} 2H_2SO_4$$

$$4FeSO_4+2H_2SO_4+O_2 \xrightarrow{\text{氧化铁(铁硫)杆菌}} 2Fe_2(SO_4)_3+2H_2O$$

换言之，化学反应说认为细菌的作用仅在于生产优良浸出剂 H_2SO_4 和 $Fe_2(SO_4)_3$，而金属的溶解浸出则是纯化学反应过程。至少 Cu_2O、CuS、UO_2、MnS 等化合物的细菌浸出确系化学反应过程。即：

$$Cu_2S+Fe_2(SO_4)_3 \longrightarrow CuSO_4+2FeSO_4+CuS$$

$$CuS+Fe_2(SO_4)_3 \longrightarrow CuSO_4+2FeSO_4+S$$

$$Cu_2O+Fe_2(SO_4)_3+H_2SO_4 \longrightarrow 2CuSO_4+2FeSO_4+H_2O$$

$$UO_2+Fe_2(SO_4)_3 \longrightarrow UO_2SO_4+2FeSO_4$$

$$MnS+Fe_2(SO_4)_3 \longrightarrow MnSO_4+2FeSO_4+S$$

通过纯化学反应浸出过程，$Fe_2(SO_4)_3$ 转化为 $FeSO_4$，$FeSO_4$ 再通过细菌转化成 $Fe_2(SO_4)_3$，而生成的 S 通过细菌转化生成 H_2SO_4，这些反应反复发生，浸出作业则不断进行。这样就把废渣尾矿中的重金属硫化物转化成可溶解的硫酸盐进入液相。

2）直接作用假说

这种学说认为，附着于矿物表面的细菌能通过酶活性直接催化矿物，而使矿物氧化分解，并从中直接得到能源和其他矿物营养元素满足自身生长需要。据研究，细菌能直接利用铜的硫化物（$CuFeS_2$、CuS）中低价铁和硫的还原能力，导致矿物结晶晶格结构破坏，从而易于氧化溶解，其可能的反应如下：

$$CuFeS_2+4O_2 \xrightarrow{\text{细菌}} CuSO_4+FeSO_4+H_2O$$

$$Cu_2S+H_2SO_4+\frac{5}{2}O_2 \xrightarrow{\text{细菌}} 2CuSO_4+H_2O$$

关于细菌直接作用学说，国内外还在进一步研究。

4.4.3　细菌浸出工艺

细菌浸出通常采用就地浸出、堆浸和槽浸。它主要包括浸出、金属回收和细菌再生三个过程。图 4-15 所示为含铜废渣细菌渗滤浸出的工艺流程。

1. 浸出

废渣堆积可选择不渗透的山谷，利用自然坡度收集浸出液，也可选在微倾斜的平地，开出沟槽并铺上防渗材料，利用沟槽来收集浸出液。每堆数十万至数百万吨，用推土机推平即成浸出场。

1）布液方法

可以用喷洒法、灌溉法和垂直管法进行布液，这应根据当地气候条件、堆高和表面

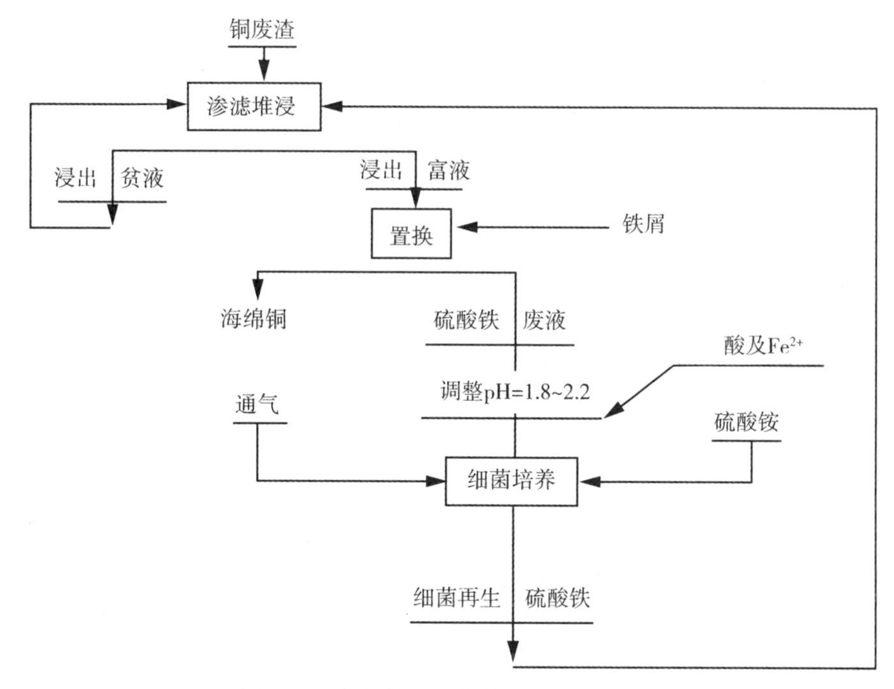

图 4-15　含铜废渣细菌渗滤浸出工艺流程

积、操作周期、浸出物料组成和浸出要求等仔细考虑研究决定。

①喷洒法：通常用多孔塑料管将浸出液均匀地淋洒于堆表面，这样做的优点是浸出液分布均匀；缺点是蒸发损失大，干旱地区可达 60%。

②灌溉法：用推土机或挖沟机在堆表面上挖掘沟、槽、渠或浅塘，然后用灌溉法或浅塘法将浸出液分布于堆表面。

③垂直管法：浸出液通过多孔塑料流入堆内深处，在间距管交点 30m 处用钢绳冲击钻打直径 15cm 的钻孔，并在堆高 2/3 的深度上加套管。钻孔间距由 30m×30m 至 15m×7.5m 不等，浸出液由高位槽注入。沿管网线挖有沟槽，浸出液沿沟槽流入垂直管内。此法的优点是有利于浸出液和空气在堆内均匀分布。

2)操作控制

①浸出液在堆内均匀分布，但因卡车卸料置堆时，大块沿斜坡滚落下来，并随推土机平整过程形成自然分级，使得堆内出现粗细物料层交替，浸出液总是沿阻力小的路径流过，容易从周边而不是从堆底流出。必须在置堆时注意使物料分布均匀才能克服这个问题。

②当 pH 值大于 3 时，铁盐等许多化合物会产生沉淀，形成不透水层，妨碍浸出液在堆内流动，管道也容易堵塞，使浸出效果不好。所以要控制 pH 值在 2 以下，要经常取样测定其中金属含量和溶液的 pH 值，随时加以调整。

2. 金属回收

经过一定时间的循环浸出后，废料中的铜含量降低，浸出液中铜含量增高，一般达到1g/L，即可采用常规的铁屑置换法或萃取电积法回收铜。同时要注意废料中的其他金属，如镍、钴等在浸出液中有一定浓度时也要加以综合回收。

3. 菌液再生

一般有两种方法进行菌液再生：一种是将贫液和回收金属之后的废液调节 pH 值后直接送矿堆，让它在渗滤过程中自行氧化再生；另一种方法是将这些溶液放在专门的菌液再生池中培养，除了调 pH 值外，还要加入营养液，鼓空气以及控制 Fe^{3+} 的含量，培养好后再送去用作浸出液。

4.4.4　细菌浸出处理放射性废渣

在整个核燃料的循环过程中，即核燃料的生产、使用和回收的过程中，包括核燃料(主要指铀矿)的开采、提炼、净化、转化，U235 的浓缩，核燃料的制备、加工，核燃料的燃烧，废料的运输、后处理和回收以及废料的贮存和处理等整个过程都要产生废水、废气、废渣，如果处理不当，就会导致环境的严重污染。放射性物质对人体的危害主要是由于射线的电离辐射(外照射和内照射)引起人类各种疾病甚至导致死亡，还可以引起基因突变和染色体畸变，影响人类的生存和发展。

人们对矿产的开采利用是随着科学技术的发展，逐步向低品位、多元素的复合矿、共生矿过渡的。过去认为含铀 0.1%的矿才能开采利用，而现在含铀 0.05%的矿也要开采利用，甚至把边界品位降至 0.03%。过去对含铀较高的废渣，多采用深海投弃处理，先进的方法是采用固化处理，但对那些含铀较低、数量较大的尾矿、废石、冶炼渣等大多还是靠露天堆放、回填坑道等办法来处理。

近年来，许多国家采用细菌浸出处理这些放射性废渣，取得了较大的进展，主要还是利用氧化硫杆菌、氧化铁杆菌和氧化铁硫杆菌来处理(处理工艺图如图 4-16 所示)。这些细菌在自然界分布很广，只要有硫或汞存在，并且有水的地方，如含硫矿泉水、含硫化矿坑道水、下水道和沼泽地里就有可能存在这种细菌。一般经“选种→驯化→扩大”几个步骤制取所需的大量浸出液来浸出废渣。

浸出过程中氧化 O 硫杆菌能把硫单质氧化成 H_2SO_4。

$$2S+3O_2+2H_2O \xrightarrow{\text{氧化硫杆菌}} 2H_2SO_4$$

同时：

$$2FeS_2+7O_2+2H_2O \xrightarrow{\text{氧化硫杆菌}} 2FeSO_4+2H_2SO_4$$

而氧化铁杆菌和氧化铁硫杆菌则以氧化 Fe^{3+} 作为能源，在含有矿物盐类的酸性介质中生长：

$$4FeSO_4+2H_2SO_4+O_2 \xrightarrow{\text{氧化铁(铁硫)杆菌}} 2Fe_2(SO_4)_3+2H_2O$$

然后是对废渣中铀的浸出：

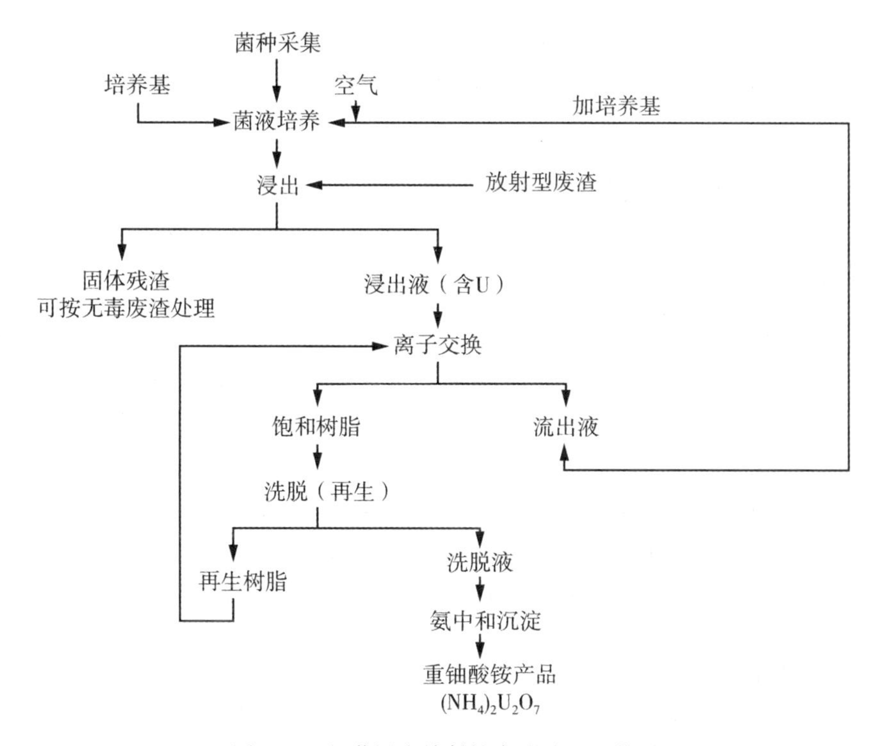

图 4-16　细菌浸出放射性废渣处理工艺图

$$UO_2+Fe_2(SO_4)_3 \rightarrow UO_2SO_4+2\ FeSO_4$$

$$3\ U_3O_8+9\ H_2SO_4+\frac{3}{2}O_2 \rightarrow 9\ UO_2SO_4+9\ H_2O$$

因此，上述反应不断发生，浸出作业不断进行。浸出液即可按常规离子交换沉淀方法制取重铀酸铵产品。

4.5　固体废物的其他生物处理技术

这里主要介绍利用蚯蚓处理有机固体废物的相关技术。固体废物的蚯蚓分解处理是近年发展起来的一项主要针对农林废弃物、城市生活垃圾和污水处理厂污泥的生物处理技术。由于蚯蚓分布广、适应性强、繁殖快、抗病力强、养殖简单，可以大规模进行饲养与野外自然增殖。故利用蚯蚓处理有机固体废物是一种投资少、见效快、简单易行且效益高的工艺技术。

蚯蚓处理固体废物的过程实际上是蚯蚓和微生物共同处理的过程。二者构成了以蚯蚓为主导的蚯蚓-微生物处理系统。在此系统中，蚯蚓直接吞食垃圾，经消化后，可将垃圾中有机物质转化为可给态物质，这些物质同蚯蚓排出的钙盐与黏液结合即形成蚓粪颗粒，蚓粪颗粒是微生物生长的理想基质。另一方面微生物分解或半分解的有机物质是蚯蚓的优质食物，二者构成了相互依存的关系，共同促进有机固体废物的分解。

蚯蚓是杂食性动物，喜欢吞食腐烂的落叶、枯草、蔬菜碎屑、作物秸秆、畜禽粪及居民的生活垃圾。蚯蚓消化力极强，它的消化道分泌蛋白酶、脂肪分解酶、纤维素酶、甲壳酶、淀粉酶等，除金属、玻璃、塑料及橡胶外，垃圾中的几乎所有的有机物质都可被它消化。

4.5.1　有机固体废物的蚯蚓处理技术

1. 生活垃圾的蚯蚓处理技术

1）蚯蚓在垃圾处理中的作用

在垃圾的生物发酵处理中，蚯蚓的引入可以起到以下几方面的作用：①蚯蚓对垃圾中的有机物质有选择作用；②通过砂囊和消化道，蚯蚓具有研磨和破碎有机物质的功能；③垃圾中的有机物通过消化道的作用后，以颗粒状形式排出体外，利于与垃圾中其他物质的分离；④蚯蚓的活动可改善垃圾中的水气循环，同时也使得垃圾和其中的微生物得以运动；⑤蚯蚓自身通过同化和代谢作用使得垃圾中的有机物质逐步降解，并释放出可为植物所利用的N、P、K等营养元素。⑥可以非常方便地对整个垃圾处理过程及其产品进行毒理监察。

2）蚯蚓处理生活垃圾的工艺流程

生活垃圾的蚯蚓处理技术是指将生活垃圾经过分选，除去垃圾中的金属、玻璃、塑料、橡胶等物质后，经初步破碎、喷湿、堆肥、发酵等处理，再经过蚯蚓吞食加工制成有机复合肥料的过程。从收集垃圾到蚯蚓处理获得最终肥料产品的工艺流程如图4-17所示。

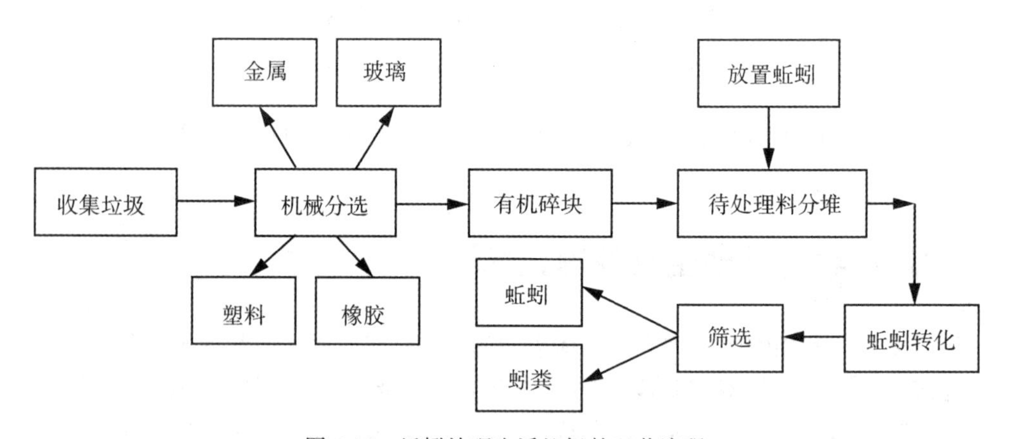

图4-17　蚯蚓处理生活垃圾的工艺流程

①垃圾的预处理：主要是将垃圾粉碎，以利于分离。

②垃圾的分离：把金属、玻璃、塑料和橡胶等分离除去，再进一步粉碎，以增加微生物的接触表面积，利于与蚯蚓一起作用。

③垃圾的堆放：将处理后的垃圾进行分堆，堆的大小为宽度180~200cm，长度按需要而定，高度为40~50cm。

④放置蚯蚓：垃圾发酵熟化后达到蚯蚓生长的最佳条件时，在分堆 10～20 天后，就可以放置蚯蚓，开始转化垃圾。

⑤检查正在转化的料堆状况：要定期检测，修正可能发生变化的所有参数，如温度、湿度和酸碱度，保证蚯蚓迅速繁殖，加快垃圾的转化。

⑥收集堆料和最终产品的处理：在垃圾完全转化后，需将肥堆表面 5～6cm 的肥料层收集起来，剩下的蚯蚓粪经过筛分、干燥、装袋，即得有机复合肥料。

⑦添加有益微生物：适量的微生物将有利于堆肥快速而有效地进行，蚯蚓以真菌为食，故在垃圾处理过程中应有选择地添加真菌群落。

3）蚯蚓处理生活垃圾的物料配比

城市生活垃圾的特点是有机物含量相当高，最高可超过 80%，最低为 30%左右。由于蚯蚓是以垃圾中腐烂的有机物质为食，垃圾中有机物质含量的多少直接关系到蚯蚓的生长繁殖是否正常。但许多实验研究表明，当城市生活垃圾中有机成分比例小于 40%时，就会影响蚯蚓的正常生存和繁殖。因此，为了保证蚯蚓的正常生存和快速繁殖，用于蚯蚓处理的城市生活垃圾中的有机成分的含量需大于 40%。

2. 农林废弃物的蚯蚓处理技术

1）农林废弃物的种类及性质

农林废弃物主要是指各种农作物的秸秆、牧草残渣、树叶、花卉残枝、蔬菜瓜果等。农林废弃物的主要成分有纤维素、半纤维素、木质素等，此外还含有一定量的粗蛋白、粗脂肪等。例如，作物残体一般含纤维素 30%～45%，半纤维素 16%～27%，木质素 3%～13%。因此，农林废弃物都能被蚯蚓分解转化，而形成优质有机肥料。

2）农林废弃物的蚯蚓处理

（1）农林废弃物的发酵腐熟

①废弃物的预处理：将杂草、树叶、稻草、麦秸、玉米秸秆、高粱秸秆等铡切、粉碎成 1cm 左右；蔬菜瓜果、禽畜下脚料要切剁成小块，以利于发酵腐烂。

②发酵腐熟废弃物的条件：良好的通气条件；适当的水分；微生物所需要的营养；料堆内的温度；料堆的酸碱度。

③堆制发酵。第一，预湿，将植物秸秆浸泡吸足水分，预堆 10～20 小时。干畜禽粪同时淋水调湿、预堆。第二，建堆，原料为植物秸秆约 40%、粪料约 60%和适量的土。先在地面上按 2m 宽铺一层 20～30cm 厚的湿植物秸秆，接着铺一层 3～6cm 厚的湿畜禽粪，然后再铺 6～9cm 厚的植物秸秆、3～6cm 厚的湿畜禽粪。这样按植物秸秆、粪料交替铺放，直至铺完为止。堆料时，边堆料边分层浇水，下层少浇，上层多浇，直到堆底出水为止。料堆应松散，不要压实，料堆高度 1m 左右。料堆呈梯形、龟背形或圆锥形，最后堆外面用塘泥封好或用塑料薄膜覆盖，以保温保湿。第三，翻堆，堆制后第二天堆温开始上升，4～5 天后堆内温度可达 60～70℃。待温度开始下降时，要翻堆以便进行二次发酵。翻堆时要求把底部的料翻到上部，边缘的料翻到中间，中间的料翻到边缘，同时充分拌松、拌和，适量淋水，使其干湿均匀。第一次翻堆 7 天后，再进行第二次翻堆，以后隔 6 天、4 天各翻堆一次，共翻堆 3～4 次。

（2）发酵腐熟料的蚯蚓分解转化

①物料腐熟程度的鉴定：废弃物堆肥发酵 30 天左右，需要鉴定物料的腐熟程度，发酵腐熟的物料应无臭味、无酸味，色泽为茶褐色，手抓有弹性，用力一拉即断，有一种特殊的香味。

②投喂前腐熟料的处理：将发酵好的物料摊开混合均匀，然后堆积压实，用清水从料堆顶部喷淋冲洗，直到堆底有水流出；检查物料的酸碱度是否合适，一般 pH 值在 6.5～8.0 都可以使用，过酸可添加适量石灰，碱度过大用水淋洗；含水量需要控制在 37%～40%，即用手抓一把物料挤捏，指缝间有水即可。

③蚯蚓对腐熟料的分解转化：经过上述处理的物料先用少量蚯蚓进行饲养实验，经 1～2天后，如果有大量蚯蚓自由进入栖息、取食，无任何异常反应，即可大量正式喂养。

④蚯蚓和蚯蚓粪的分离：在废弃物的蚯蚓处理过程中要定期清理蚯蚓粪并将蚯蚓分离出来，这是促进蚯蚓正常生长的重要环节。

3. 畜禽粪便的蚯蚓处理技术

当前对畜牧废弃物进行无害化处理的方法很多，而利用蚯蚓的生命活动来处理畜禽粪便是很受人们欢迎的一种方法，此方法能获得优质有机肥料和高级蛋白质饲料，不产生二次污染，具有显著的环境效益、经济效益和社会效益，符合社会经济的可持续发展要求，是一种很有发展前途的畜禽废弃物处理方法。

4. 蚯蚓对固体废物中重金属的富集

蚯蚓对某些重金属具有很强的富集作用，因此，可以利用蚯蚓来处理含这类重金属的废弃物，从而实现重金属污染的生物净化。在蚯蚓处理废弃物的过程中，废弃物中的重金属可被摄入蚯蚓体内，通过消化过程，一部分重金属会蓄积在蚯蚓体内，其余部分则排泄出体外。蚯蚓对镉有明显的富集作用，且对不同重金属有着不同的耐受能力。当某一种重金属元素的浓度超过蚯蚓的耐受极限时，它就会通过排粪或其他方式将其排出体外。

4.5.2　利用蚯蚓处理固体废弃物的优势及局限性

1. 优势

同单纯的堆肥工艺相比，废弃物的蚯蚓处理工艺有以下一些优点：①其过程为生物处理过程，无不良环境影响，对有机物消化完全彻底，其最终产物较单纯，堆肥具有更高的肥效。②使养殖业和种植业产生的大量副产物能合理地得到利用，避免资源浪费。③对废弃物减容作用更为明显，实验表明，单纯堆肥法减容效果一般为 15%～20%，经蚯蚓处理后，其减容效果可超过 30%。④除获得大量高效优质有机肥外，还可以获得由废物生产的大量蚯蚓体。

2. 局限性

在利用蚯蚓处理废弃物中，通常选用那些喜有机物质和能耐受较高温度的蚯蚓种类，以获得最好的处理效果。但即使是最耐热的蚯蚓种类，温度也不宜超过 30℃否则蚯蚓不能生存。另外，蚯蚓的生存还需要一个较为潮湿的环境，理想的湿度为 60%～70%。因此，在利用蚯蚓处理固体废弃物时，应该从技术上考虑到避免不利于蚯蚓生长的因素，才能获得最佳的生态和经济效益。

习题与思考题

1. 简述固体废物堆肥化的定义，并分析固体废物堆肥化的意义和作用。
2. 分析好氧堆肥的基本原理，好氧堆肥化的微生物生化过程是什么？
3. 简述好氧堆肥的基本工艺过程，探讨影响固体废物堆肥化的主要因素。
4. 如何评价堆肥的腐熟程度？
5. 分析厌氧发酵的三阶段理论和两阶段理论的异同点。
6. 影响厌氧发酵的因素有哪些？在进行厌氧发酵工艺设计时应考虑哪些问题？
7. 厌氧发酵装置有哪些类型？试比较它们的优缺点。
8. 简述蚯蚓处理生活垃圾的工艺流程。为什么可以用蚯蚓处理农林废弃物？
9. 分析蚯蚓处理固体废弃物的优点及其局限性。
10. 用一种成分为 $C_{31}H_{50}NO_{26}$ 的堆肥物料进行实验室规模的好氧堆肥实验。实验结果，每 1000kg 堆料在完成堆肥化后仅剩下 198kg，测定产品成分为 $C_{11}H_{14}NO_4$，试求每 1000kg 物料的化学计算理论需氧量。
11. 废物混合最适宜的 C/N 比计算：树叶的 C/N 比为 50，与来自污水处理厂的活性污泥混合，活性污泥的 C/N 比为 6.3。分别计算各组分的比例使混合 C/N 比达到 25。假定条件如下：污泥含水率为 76%，树叶含水率为 52%；污泥含氮率为 5.6%，树叶含氮率为 0.7%。

第5章　固体废物热处理

无论是城市垃圾中的有机物还是其他的有机废物，均可采用各种热处理方法去解决。通常热处理过程被定义为：在设备中以高温分解和深度氧化为主要手段，通过改变废物的化学、物理或生物特性和组成来处理固体废物的过程。

常用的热处理技术分为以下几类。

①热解。是在缺氧的气氛中进行的热处理过程，经过热解的有机化合物发生降解，产生多种次级产物，形成可燃物，包括可燃气体、有机液体和固体残渣等。

②焚烧。是一种最常用的热处理工程技术，它用加热氧化作用使有机物转换成无机废物，同时减少废物体积。一般来说，只有有机废物或含有有机物的废物适合于焚烧。焚烧缩减了废物的体积，完全灭绝了有害细菌和病毒的污染物，破坏了有毒的有机化合物，提供了废热的利用。

③熔融。是利用热在高温下把固态污染物熔化为玻璃状或玻璃-陶瓷状物质的过程。

④干化。该技术主要用于污泥等高含水率废物的处理，利用热能把废物中的水分蒸发掉，从而减少废物的体积，有利于后续的利用及处置。

⑤湿式氧化。湿式氧化是目前已成功地用于处理含可氧化物浓度较低的废液的技术。这一过程基于下述原理：有机化合物的氧化速率在高压下大大增加，因此加压有机废液，并使它升至一定温度，然后引入氧气气氛，则产生完全液相的氧化反应，这样就破坏了大多数的有机化合物。

⑥烧结。该技术是将固体废物和一定的添加剂混合，在高温炉中形成致密化强固体材料的过程。

⑦其他方法。其他焚烧技术包括蒸馏、蒸发、熔盐反应炉、等离子体电弧分解、微波分解等。

本章重点介绍热解、焚烧。

5.1　固体废物热解处理

5.1.1　概述

热解技术已作为一种传统的工业化作业，大量应用于木材、煤炭、重油、油母页岩等燃料的加工处理。例如：木材通过热解干馏可得到木炭；以焦煤为主要成分通过煤的热解炭化可得到焦炭；以气煤、半焦等为原料通过热解气化可得到煤气；还有重油，也可经过热解进行气化处理；而油母页岩的低温热解干馏则可得到液体燃料产品。在以上诸多工艺中，要以焦炉热解炭化制造焦炭技术的应用最为广泛而且成熟。

但是，对于城市固体废物进行热解技术研究，直到20世纪60年代才开始引起关注和重视，到了其后的70年代初期，固体废物的热解处理才达到实际应用要求。固体废物经过此种热解处理除可得到便于贮存和运输的燃料及化学产品外，在高温条件下所得到的炭渣还会与物料中某些无机物与金属成分构成硬而脆的惰性固态产物，使其后续的填埋处置作业可以更为安全和便利地进行。

实践证明，热解处理是一种有发展前景的固体废物处理方法。其工艺适宜于包括城市垃圾、污泥、废塑料、废树脂、废橡胶等工业以及农林废物、人畜粪便等在内的具有一定能量的有机固体废物的处理。

美国是最早进行固体废物热解技术开发的国家。早在1927年美国矿业局就进行过固体废物的热解研究。自1970年后，随着美国将《固体废物法》改为《资源再生法》，原来由多个部门分别管理的固体废物处理处置技术的开发统一划归美国环境保护局，各种固体废物资源化前期处理和后期处理的系统得到广泛开发。其中，热解技术作为从城市垃圾中回收燃料气和燃料油等可贮存的再生能源新技术，其研究开发也得到迅速发展。

欧洲继美国之后，先后在丹麦、德国、法国等国家也对固体废物热解技术进行了实质性的研究和应用。各国建立的热解实验装置，其主要目的是将热解处理作为焚烧处理的辅助手段，借以减少垃圾焚烧造成的二次污染。

日本对城市垃圾热解技术的大规模研究是从1973年实施的StarDust'80计划开始的，该计划的中心内容是利用双塔式循环流化床对城市垃圾中的有机物进行气化。随后又开展了利用单塔式流化床对城市垃圾中的有机物液化回收燃料油的技术研究。在上述国家行动计划的推动下，一些民间公司也相继开发了许多固体废物热解技术和设备。这些技术大都是作为焚烧的替代技术得到开发的，并部分实现了工业化生产。

1981年，我国农机科学研究院利用低热值的农村废物进行热解燃气装置的实验取得成功，为解决我国农村动力和生活能源找到了方便可行的代用途径。近年来，各种类型的废物热解气化装置也在有关高等院校及科研单位得到初步的开发研究。

随着各国经济生活的不断改善，城市垃圾中的有机物含量越来越多，其中废塑料等高热值废物的增加尤为明显。城市垃圾中的废塑料成分不仅会在焚烧过程中产生炉膛局部过热，从而造成炉排及耐火衬里的烧损，同时也是二恶英等的主要发生源。由于各国对焚烧过程中二恶英排放限制的严格化，废塑料的焚烧处理越来越成为关注的焦点问题，在此背景下，废塑料的热解处理技术已成为各国研究开发的热点。

5.1.2　热解处理及其影响因素

1. 热解的定义和特点

热解(pyrolysis)是物料在氧气不足的气氛中燃烧，并由此产生热作用而引起的化学分解过程。因此，也可将其定义为破坏性蒸馏、干馏或炭化过程。热解技术也称为热分解技术或裂解技术。关于热解的较严格而经典的定义是：在不同反应器内通入氧、水蒸气或加热的一氧化碳的条件下，通过间接加热使含碳有机物发生热化学分解生成燃料(气体、液体和炭黑)的过程。根据这一定义，严格讲来，凡通过部分燃烧热解产物以直接提供热解所需热量者，不得称为热解而应称作部分燃烧或缺氧燃烧。关于这方面的问题，目前尚无统一的解释。

热解与焚烧二者的区别是：焚烧是需氧氧化反应过程，热解是无氧或缺氧反应过程；焚烧是放热的，热解是吸热的；焚烧的主要产物是二氧化碳和水，热解的产物主要是可燃的低分子化合物；焚烧产生的热能一般就近直接利用，而热解生成的产物诸如可燃气、油及炭黑等则可以储存及远距离输送。

与焚烧相比，固体废物热解的主要特点是：

①可将固体废物中的有机物转化为以燃料气、燃料油和炭黑为主的储存性能源；

②由于是无氧或缺氧分解，排气量少，因此，采用热解工艺有利于减轻对大气环境的二次污染；

③废物中的硫、重金属等有害成分大部分被固定在炭黑中；

④由于保持还原条件，Cr^{3+}不会转化为Cr^{6+}；

⑤NO_x的产生量少。

2. 热解的过程及产物

1)热解过程

有机物的热解反应通常可用下列简式表示：

$$\text{有机物}\xrightarrow[\text{无氧或缺氧}]{\text{加热}}\text{可燃性气体}+\text{有机液体}+\text{固体残渣} \tag{5-1}$$

精确而较复杂的方程式可表示为：

$$\text{含碳固体物质}\xrightarrow[\text{无氧或缺氧}]{\text{加热}}\begin{cases}\text{大分子量及中等分子量的有机液体}\\ \text{分子量小的有机液体}\\ \text{多种有机酸}+\text{其他液体芳香化合物液体产物}\\ CH_4+H_2+H_2O+CO+CO_2+NH_4+H_2S+HCN\\ \text{等气体产物炭黑等固体残余物}\end{cases} \tag{5-2}$$

对不同成分的有机物，其热解过程的起始温度各不相同。例如，纤维类开始热解的温度为180~200℃，而煤的热解随煤质不同，其起始热解温度在200~400℃不等，煤的高温热解温度可达1000℃以上。

从开始热解到热解结束的整个过程中，有机物都处在一个复杂的热解过程。期间，不同的温度区段所进行的反应过程不同，产生物的组成也不同。在通常的反应温度下，高温热解过程以吸热反应为主(有时也伴随着少量放热的二次反应)。在整个热解过程中，主要进行着大分子热解成较小分子，直至气体的过程，同时也有小分子聚合成较大分子的过程。此外，在高温热解时，还会使碳和水起反应，总之热解过程包括了一系列复杂的物理化学过程。当物料粒度较大时，由于达到热解温度所需传热时间长，扩散传质时间也长，则整个过程更易发生许多二次反应，使产物组成及性能发生改变。因此，热解产物的组成随热解温度不同有很大波动。

关于纤维素热分解，凯萨(Kaiser)提出如下反应方程式：

$$3(C_6H_{10}O_5) \xrightarrow{\text{加热}} 8H_2O+“C_6H_8O”+2CO+2CO_2+CH_4+H_2+7C \quad (5\text{-}3)$$

式中：($C_6H_{10}O_5$)为纤维素典型单体组分，其 H/C 为 1.67；“C_6H_8O”表示液态生成物代表组成。

固体废物热解能否取得高能量产物，取决于原料中氢转化为可燃气体与水的比例。表 5-1 对比了各种固体燃料和城市垃圾的碳、氢、氧含量关系。美国城市垃圾的典型化学组成为 $C_{30}H_{48}N_{0.5}S_{0.05}$，其 H/C 值低于纤维素和木材质，而日本城市垃圾的典型化学组成为 $C_{30}H_{53}N_{0.34}S_{0.02}Cl_{0.09}$，其 H/C 值高于纤维素。该表的后一栏分别表示原料中所有的氧与氢结合成水后，所余氢元素与碳的比值，对于一般的固体燃料，该 H/C 均在 0~0.5 之间。美国城市垃圾的 H/C 值位于泥煤和褐煤之间；而日本城市垃圾的 H/C 值则高于所有固体燃料，这是因为垃圾中塑料含量较高所导致的结果。

表 5-1 **各种固体燃料组成及以 $C_6H_xO_y$ 表示的固体废物组成一览表**

固体燃料	$C_6H_xO_y$	H/C	$H_2+1/2O_2 \longrightarrow H_2O$ 完全反应后的 H/C
纤维素	$C_6H_{10}O_5$	1.67	0.00/6=0.00
木材	$C_6H_{7.6}O_4$	1.43	0.6/6=0.1
泥炭	$C_6H_{7.2}O_{2.6}$	1.20	2.0/6=0.33
褐煤	$C_6H_{6.7}O_2$	1.10	2.7/6=0.45
半烟煤	$C_6H_{5.7}O_{1.1}$	0.95	3.0/6=0.50
烟煤	$C_6H_4O_{0.53}$	0.67	2.94/6=0.49
半无烟煤	$C_6H_{2.3}O_{0.38}$	0.38	2.0/6=0.33
无烟煤	$C_6H_{1.5}O_{0.07}$	0.25	1.4/6=0.23
固体废物	—	—	—
城市垃圾	$C_6H_{9.64}O_{3.75}$	1.61	2.14/6=0.36
新闻纸	$C_6H_{9.12}O_{3.93}$	1.52	1.2/6=0.20
塑料薄膜	$C_6H_{10.4}O_{1.06}$	1.73	7.28/6=1.4
厨余物	$C_6H_{9.93}O_{2.79}$	1.66	4.0/6=0.67

2)热解产物

热解过程的主要产物有可燃性气体、有机液体和固体残渣，分别介绍如下。

①可燃性气体。可燃性气体按产物中所含成分的数量多少排序为：H_2、CO、CH_4、C_2H_4和其他少量高分子碳氢化合物气体。这种气体混合物是一种很好的燃料，其热值可达 6390~10230kJ/kg(固体废物)，在热解过程中维持分解过程连续进行所需要的热量约为 2560kJ/kg(固体废物)，剩余的气体变成热解过程中有使用价值的产品。

②有机液体。有机液体是一复杂的化学混合物，常称为焦木酸(即木醋酸)，此外尚有焦油和其他高分子烃类油等，也都是有使用价值的燃料。

③固体残渣。主要是炭黑。炭渣是轻质碳素物质，其发热值为 12800~21700kJ/kg，含硫量很低，这种炭渣在制成煤球后也是一种好燃料。

热解产物的产量及成分与热解原料成分、热解温度、加热速率和反应时间等参数有关。以城市垃圾为例，其热解产品成分随热解温度不同而异，如表 5-2 所示。

表 5-2　**垃圾热解生成产品成分所占份额表**　（单位：kg）

温度/℃	垃圾	可燃气	焦木酸	固体	总产物
480	100	12. 08	61. 08	24. 71	97. 12
650	100	17. 64	17. 64	59. 18	99. 62

3. 热解技术影响因素

影响热解过程的主要因素包括废物组成、物料预处理、物料含水率、反应温度和加热速度等。

①废物成分。由于废物的组分不同而致热解的起始温度各有差异，因此，对热解过程的产物成分及产率也有较大影响。通常城市固体废物比大多数工业固体废物更适合于用热解方法生产燃气、焦油及各种有机液体，但产生的固体残渣较多。

②物料的预处理。若物料颗粒大，则传热速度及传质速度较慢、热解二次反应增多，对产物成分有不利影响。而颗粒较小将促进热量传递，从而使高温热解反应更容易进行。因此，有必要对热解原料进行适当破碎预处理，使其粒度既细小而又均匀。

③含水率。物料含水率对热解最终产物有直接影响，通常含水率越低，物料加热速度越快，越有利于得到较高产率的可燃性气体。

④反应温度。热解过程中，热解温度与气体产量成正比(如图 5-1 所示)，而各种酸、

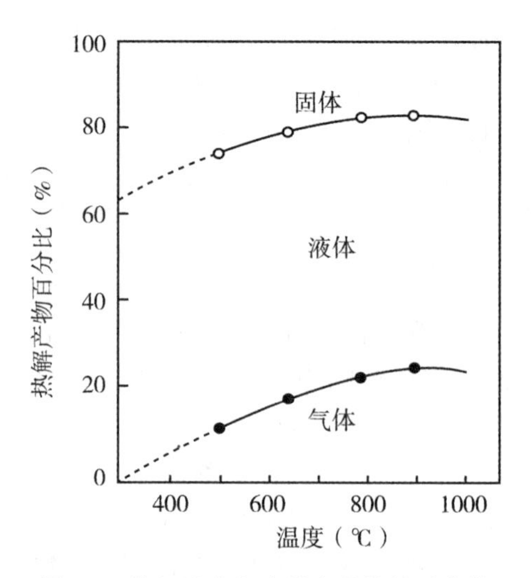

图 5-1　热解温度与产品产量的关系曲线

焦油、固体残渣却随分解温度的增加呈相应减少之势。固体废物热解产物收率(质量分数,%)可参见表5-3；分解温度不仅影响气体产量，也影响气体质量如表5-4所示。所以，应根据预期的回收目标确定控制适宜的热解温度。

⑤加热速率。气体产量随着加热速率的增加而增加，水分、有机液体含量及固体残渣则相应减少。加热速率对气体成分亦有影响。以高温热解破碎后的旧报纸进行试验所得数据列于表5-5。

表5-3 **固体废物热解产物收率额度表** (单位：质量分数/%)

产物成分	生活垃圾		工业垃圾	
	热解温度750℃	热解温度900℃	热解温度750℃	热解温度900℃
残留物	11.5	7.7	37.5	37.8
气体	23.7	39.5	22.8	29.5
焦油与油	2.1	0.2	1.6	0.8
氨	0.3	0.3	0.3	0.4
水溶液	55	47.8	30.6	21.8

表5-4 **温度对气体成分所产生的影响**

温度/℃ 气体成分	480	650	815	925
CO_2	44.77	31.78	20.59	17.31
CO	3.5	30.49	34.12	35.25
H_2	5.56	16.58	27.55	32.48
CH_4	12.43	15.91	13.73	10.45
C_2H_4	0.45	2.18	2.24	2.43
C_2H_6	3.03	3.06	0.77	1.07

综合分析反应温度和加热速率的影响因素：在低温加热条件下，有机物分子有足够的时间在其最薄弱的接点处分解，并重新结合为热稳定性固体，而难以进一步分解，此时的固体产率增加；在高温、高速加热条件下，有机物分子结构发生全面热解，生成大范围的低分子有机物，产物中的气体组分有所增加。

表 5-5　　旧报纸高温热解时气体成分与加热速率的关系

气体成分	加热到 815℃时所需时间/min								
	1	6	10	21	30	40	60	70	
CO_2	15.01	19.16	23.11	25.1	24.7	25.7	22.9	21.2	加热速率
CO	42.6	39.59	35.20	36.3	31.3	30.4	30.1	29.5	
O_2	0.92	1.61	1.80	2.5	2.3	2.1	1.3	1.1	
H_2	19.93	9.85	12.15	10.0	15.0	13.7	15.9	22.0	
CH_4	17.54	21.70	19.95	20.1	20.1	19.9	21.5	20.8	
N_2	6.00	7.09	7.79	6.0	6.6	7.2	7.3	5.4	
热值/(kJ/m^3)	13870	14170	13230	13200	13200	12820	13680	14090	

5.1.3　热解工艺类型及其在固体废物处理中的应用

1. 热解工艺分类

适合城市垃圾热解处理的工艺较多。无论何种工艺，其热解产物的组成和数量基本上与物料构成特性、预处理程度、热解反应温度和物料停留时间等因素有关。热解的分类方式大体上可按加热方式、热解温度、反应压力、热解设备的类型分类。

1)按加热方式分类

热解反应一般是吸热反应，需要提供热源对物料进行加热。所谓热源是指提供给被热解的热量是被热解物(即所处理的废物)直接燃烧或者向热解反应器提供补充燃料时所产生的热。根据不同的加热法，可将热解分成间接加热和直接加热两类。

①间接加热法。此法是将物料与直接供热介质在热解反应器(或热解炉)热解的过程。可利用间壁式导热或以一种中间介质(热砂料或熔化的某种金属床层)来传热。间壁式的中分开热导热方式存在热阻大，熔渣可能会包覆传热壁面而产生腐蚀，故不能使用更高的热解温度。若采用以一种中间介质传热的方式，尽管有出现固体传热(或物料)与中间介质分离的可能，但两者综合比较，后者还是较间壁式导热方式要好一些。不过由于固体废物的热传导效率较差，间接加热的面积必须加大，因而这种方法的应用仅局限于小规模处理的场合。

②直接加热法。由于燃烧需提供氧气，因而会使 CO_2、H_2O 等惰性气体混在用于热解的可燃气中，因而稀释了可燃气，其结果将使热解产气的热值有所降低。如果采用空气作氧化剂，热解气体中不仅有 CO_2、H_2O，而且含有大量的 N_2，更稀释了可燃气，使热解气的热值大大减少。因此，采用的氧化剂分别为纯氧、富氧或空气时，其热解所产可燃气的热值是不相同的。根据美国有关的研究结果，如用空气作氧化剂，对混合城市垃圾进行热解时所得的可燃气，其热值一般只在 5500kJ/m^3左右，而采用纯氧作氧化剂的热解，其产气的热值可达 11000kJ/m^3。

2)按热解温度分类

根据所使用的温度区段不同，可将热解分为如下的三类。

①低温热解法。温度一般在600℃以下。通过这种方法可利用农业、林业和农业产品加工后的废物生产低硫低灰分的炭，根据其原料和加工深度的不同，可制成不同等级的活性炭或用作水煤气原料。

②中温热解法。温度一般在600~700℃之间，主要用在比较单一的物料作能源和资源回收的工艺上，像废轮胎、废塑料转换成类重油物质的工艺。所得到的类重油物质既可用作能源，亦可用作化工初级原料。

③高温热解法。热解温度一般都在1000℃以上，固体废物的高温热解，主要为获得可燃气。例如，炼焦用煤在炭化室被间接加热，通过高温干馏炭化，得到焦炭和煤气的过程即属高温热解工艺。高温热解法采用的加热方式几乎都是直接加热。如果采用高温纯氧热解工艺，反应器中的氧化熔渣区段的温度可高达1500℃，从而可将热解残留的惰性固体，如金属盐类及其氧化物和氧化硅等熔化，并将其以液态渣的形式排出反应器，再经水淬冷却后而粒化。这样可大大降低固态残余物的处理困难，而且这种粒化的玻璃态渣可作建筑材料的骨料使用。

除以上分类之外，还可按热解反应系统压力分为：常压热解法和真空(减压)热解法。真空减压热解，可适当降低热解温度，有利于可燃气体的回收。但目前有关固体废物的热解处理大多仍采用常压系统。

2. 固体废物的热解处理技术

固体废物热解的主要设备是热解装置，称为热解炉或反应床。城市垃圾的热解处理技术可依据其所使用热解装置的类型分为：固定床型热解、移动床型热解、回转窑热解、流化床式热解、多段竖炉式热解、管型炉瞬间热解、高温熔融炉热解。其中，回转窑热解和管型炉瞬间热解方式是最早开发的城市垃圾热解处理技术。多段竖炉式主要用于含水较高的有机污泥的处理。流化床方式有单塔式(热解和燃烧在一个塔炉内进行)和双塔式(热解和燃烧分开在两个塔炉内进行)两种，其中双塔式流化床应用较广泛，已达到工业化生产规模。此外，高温熔融炉方式是城市垃圾热解中最成熟的方法，它的代表性装置有新日铁、Purox和Torrax等系统。

1)城市生活垃圾主要热解技术

①固定床型热解系统。此型热解系统的代表性装置为立式炉偏心炉排法系统。该法工艺流程如图5-2所示。废物自炉顶投入，经炉排下部送入的重油、焦油等可燃物的燃烧气体干燥后进行热分解。炉排分为两层，在上层炉排之上为碳化物、未燃物和灰烬等，用螺旋推进器向左边推移落入下层炉排，在此，将未燃物完全燃烧。这种操作过程称为偏心炉排法。

热解气体和燃烧气送入焦油回收塔，经喷雾水冷却除去焦油后，经气体洗涤塔后用作热解助燃性气体，焦油则在油水分离器中回收。炉排上部的碳化物层温度为500~600℃，热解炉出口温度为300~400℃。废物加料口设置双重料斗，可以连续投料而又避免炉内气体逸出。

本方法适合于处理废塑料、废轮胎。由于干馏法处理能力小，用部分燃烧法可以提高处理速度。但当分解气体中混入燃烧废气时，其热值会降低，另外碳化物质将被烧掉一部分，其回收率也降低。根据热解目的不同，可对炉的结构、炉排、除灰口构造、空气入口位置、操作条件等加以适当的改变以适应工作需要。

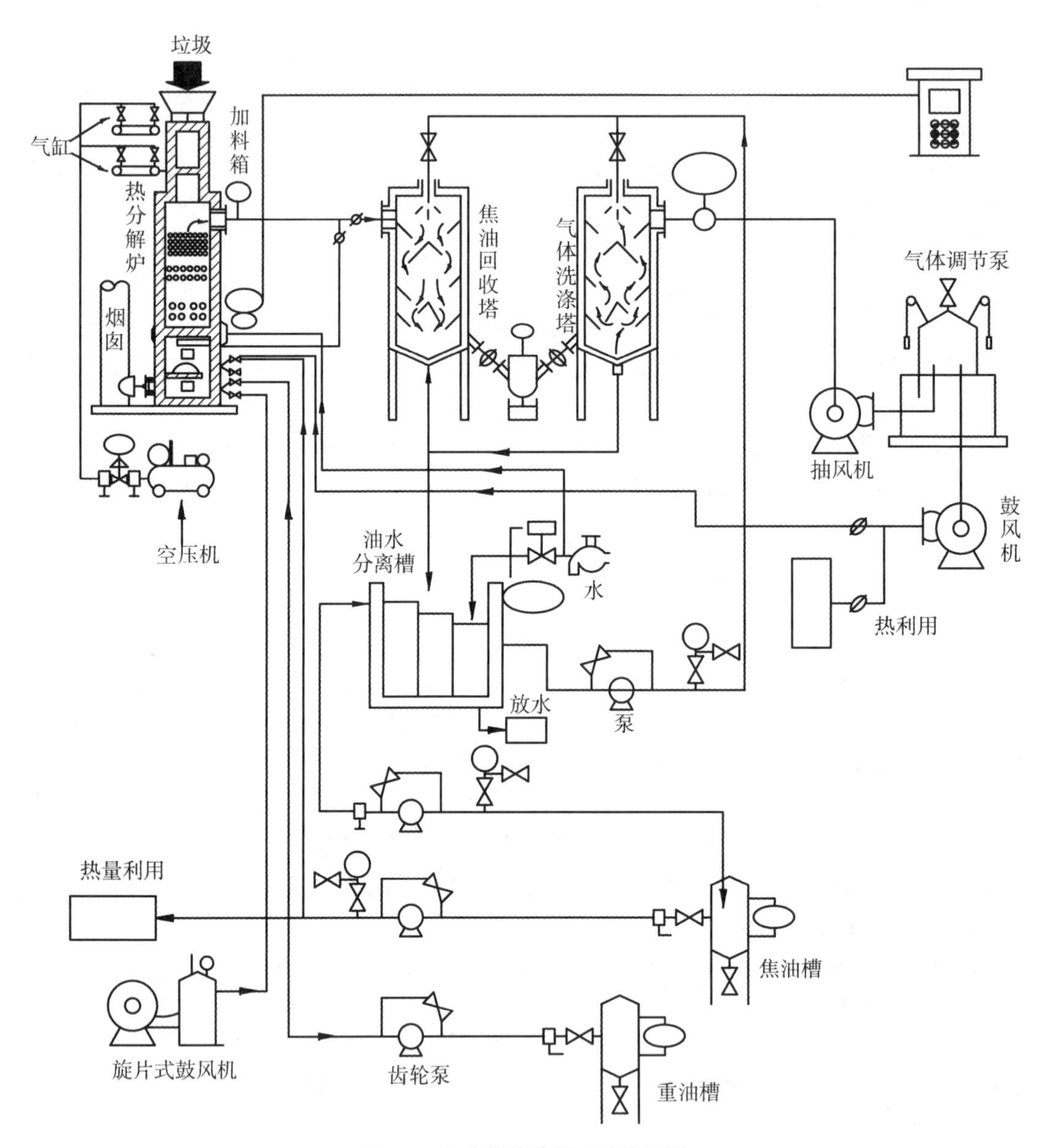

图 5-2　立式炉热分解工艺流程图

②移动床型热解系统。此型热解的代表性技术为 Battelle 法。简要的过程是先将城市垃圾适当破碎并除掉重质成分，然后经过带气封的给料器从塔顶加入热解气化炉内。该炉为立式装置(见图 5-3)，从炉底供入 600℃空气和水蒸气，热气上升而垃圾自上向下移动，

经此过程进行分解气化。气体从顶部取出，残渣则通过旋转炉床由炉底排出。

炉内压力为700mm H_2O（6865Pa），生成气体组分：N_2，43%；H_2、CO各占21%；CO_2，12%；CH，1.8%；C_2H_{16}、C_2H_4等在1%以下。发热量为3768~7536kJ/m^3。此法存在的问题是垃圾进料不均匀，有时会出现偏流、结瘤等现象，以及熔融渣出料较困难等。

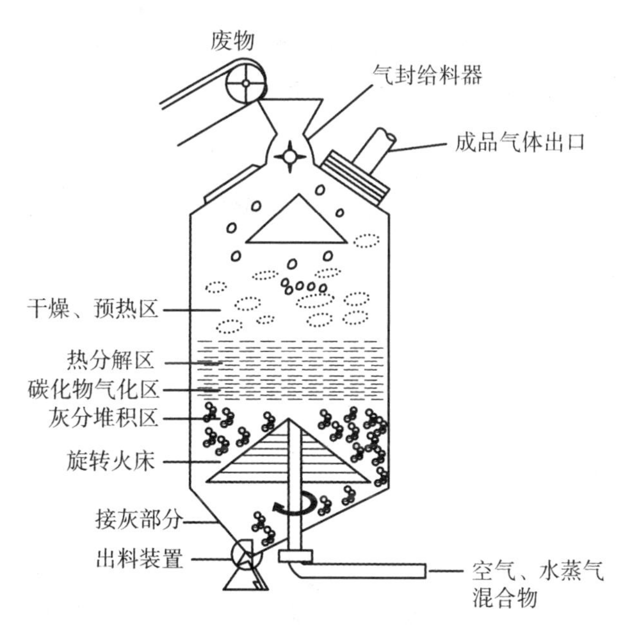

图5-3　移动床型热分解装置工况图

③回转窑式热解系统。此项热解的代表性技术为以有机物气化为处理目标的Landgard工艺。其过程是先将城市垃圾用锤式剪切破碎机加工至10cm以下，在送进贮槽后，经油压式活塞给料器冲压将空气挤出并自动连续地送入回转窑内。该系统工艺流程如图5-4所示。在窑的出口设有燃烧器，喷出的燃烧气逆流直接加热垃圾，使其受热分解而气化。空气用量为理论完全燃烧用量的40%，仅能使垃圾部分燃烧。燃气温度调节在730~760℃，为了防止残渣熔融结焦，温度应控制在1090℃以下。生成燃气量1.5m^3/kg(垃圾)，热值$(4.6\sim5)\times10^3$kJ/m^3。热回收效率为垃圾和助燃料等输入热量的68%，残渣落入水封槽内急剧冷却，从中可回收铁和玻璃质。

在本技术的物料预处理中，由于只破碎而无分选工序，因此过程比较简单，对于待处理垃圾质量变化的适应性强，设备结构的可操作性较强。

美国巴尔的摩(Baltimore)市在EPA资助下，曾采用该系统在1975年建成了处理能力为1000t/d的生产性系统(可以处理该市居住区排出垃圾的50%左右，窑的长度30m，直径60cm，回转速度2r/min)。当时该系统居全美大型资源化方案的首位。

④管型炉瞬间热解(flash suspension pyrolysis)系统。此系统采用气流输送瞬间加热分解方式，其代表性技术之一为Garrett热解法，该法的热解装置系统流程如图5-5所示。在该系统中先将垃圾破碎为粒径5cm大小，经风选和过筛，除掉不燃物和水分，然后使不

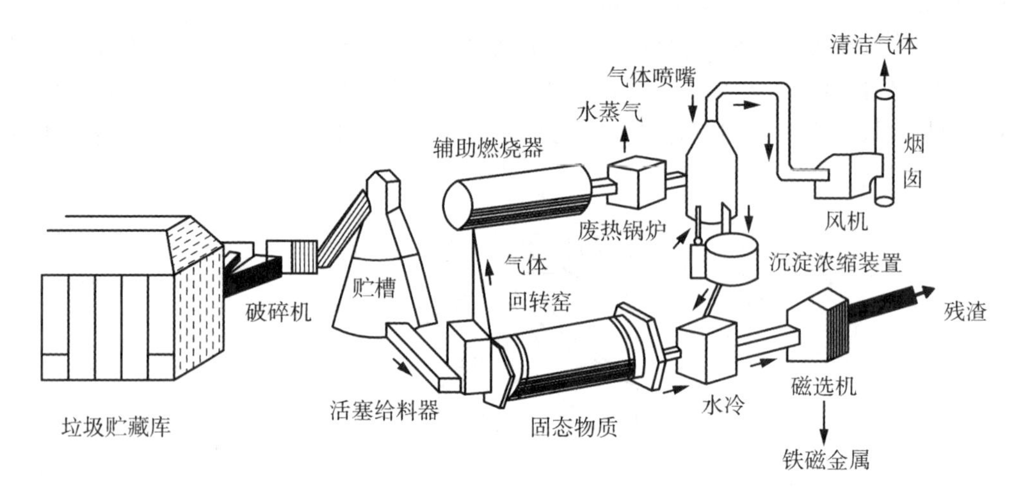

图 5-4　回转窑热解装置系统工艺流程

燃成分再经过磁选和浮选以回收玻璃类和金属类。对其中的可燃性物质须再次破碎至 0.36mm 左右，在外部加热管型分解炉内通过常压、无催化及在 500℃的温度下进行热解。

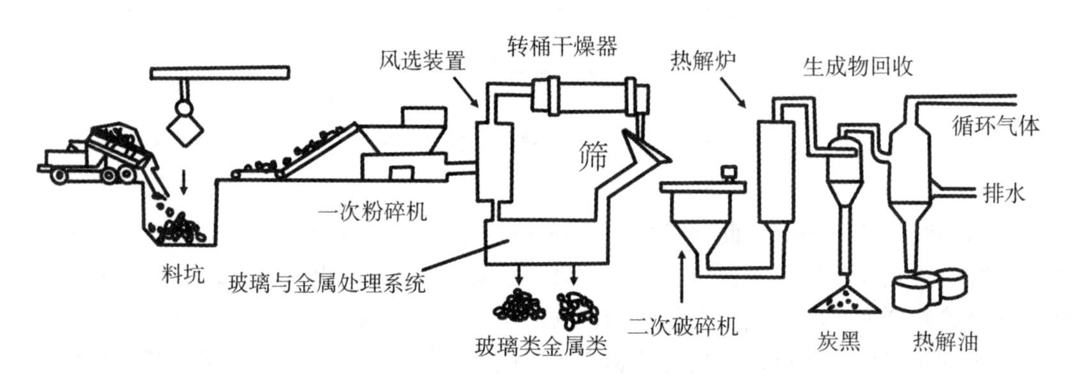

图 5-5　管型炉瞬间热解装置系统流程

该法的生成物大部分是油类(其发热量为 3.1×10^4kJ/L)、气体(热值为 1.86×10^4kJ/m^3)、烟尘(发热量为 2.1×10^4kJ/L)。回收效率为：油类，160L/(t 垃圾)；铁质类，60kg/(t 垃圾)；烟尘 70kg/(t 垃圾)。本方法的预处理工序复杂，破碎的能耗高，难以长期稳定运行。

⑤高温熔融炉热解系统在高温熔融炉内的热解过程也属移动床型，这类方法除回收能源外，残渣也可作为资源利用。其使用的方法较为成熟，应用面较广，所装设的系统也有多种，举例如下。

第一种，Andco Torrax 系统。本装置系统的特点是将烟尘用预热空气带至气化炉燃烧、热分解并能使惰性物质达到熔融的高温，其流程见图 5-6。垃圾不需预处理(粗大的垃圾需剪切到 1m 以下)，直接用抓斗装入炉内。物料从上向下落降时受到逆向的高温气流加热，随即进行干燥和热分解而成为炭黑。最后炭黑通过燃烧成为 CO、CO_2等，其中的惰性物质则熔融。

在该系统中所有垃圾的干燥、热解以及残渣的熔融等需要的热量均由气化炉内用于预热空气（温度 1000℃）燃烧炭黑的热源所提供。其炉内温度为 1650℃，热解所产生的气体和一次燃烧生成的气体，一并送到二次燃烧室和大致等量的空气混合，并在小于 1400℃的温度下燃烧。完全燃烧后排出废气的温度为 1150~1250℃。

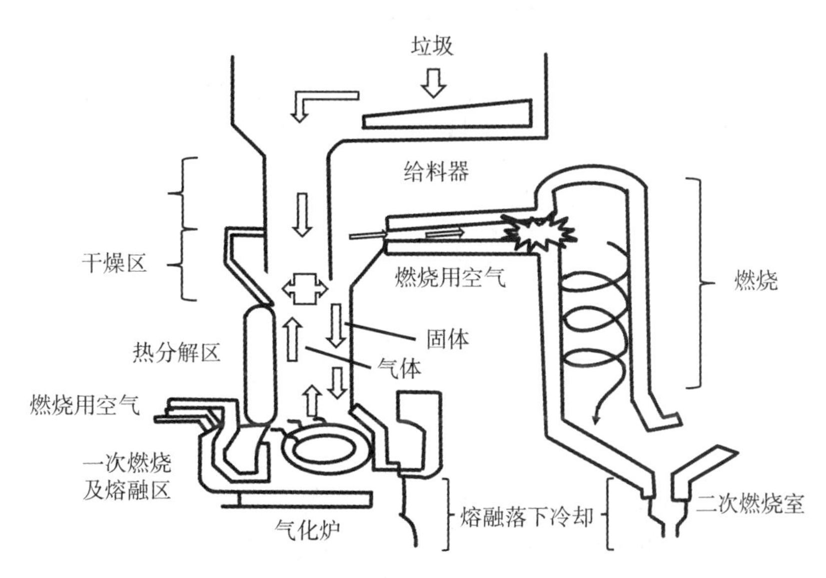

图 5-6　高温熔融热解法装置气化炉及二次燃烧炉工况

高温废气的 15%用以预热空气，85%供废热锅炉使用。由于高温，使铁类、玻璃等惰性物熔融而成熔渣，经连续落入水槽骤冷后，成为呈黑色豆粒状的熔块，可作建筑骨料或碎石代用品，其量仅占垃圾总量的 3%~5%。

该法优点是不需要炉床，故没有炉床操作的问题出现。装设的系统在操作上也容易进行自动化控制。但必须注意选用适宜的高温空气预热器材质。

最早的 Torrax 系统是 1971 年由 EPA 资助在纽约州的 Eire County 建造的处理能力为 68t/d 的中试装置，除了城市垃圾的处理以外，还进行过城市垃圾与污泥混合物的处理，包括废油、废轮胎和聚氯乙烯的热解处理试验。进入 20 世纪 80 年代，在美国的 Luxemburg 建设了处理能力为 180t/d 的生产性装置，并向欧洲推出了该项技术。从该系统的能量平衡来看，垃圾热值的大约 35%用于加热助燃空气和供应设施所需电力，提供给余热锅炉的热量达 57%，即相当于垃圾热值的 37%得以作为蒸汽回收。

第二种，纯氧高温热解系统。该法由美国 Union Carbide Corp 开发，简称 UCC 法，即纯氧高温热解法。其装置系统如图 5-7 所示。垃圾由炉顶加入并在炉内缓慢下移，同时完成垃圾的干燥和热解过程。从炉的移动床下面供给少量纯氧，使炉内的部分垃圾燃烧产生强热，利用这部分热量来分解炉上部垃圾中的有机物。热解温度高达 1650℃，生成金属块和其他无机物熔融的玻璃体。熔融渣由炉的底部连续排出，经水冷后形成坚硬的颗粒状物质。底部燃烧段产生的高温气体在炉内自下向上运动，经过在热解段和干燥段提供热量后，以 90℃的温度从炉顶排出，这时所生成的是一种清洁的气体燃料。

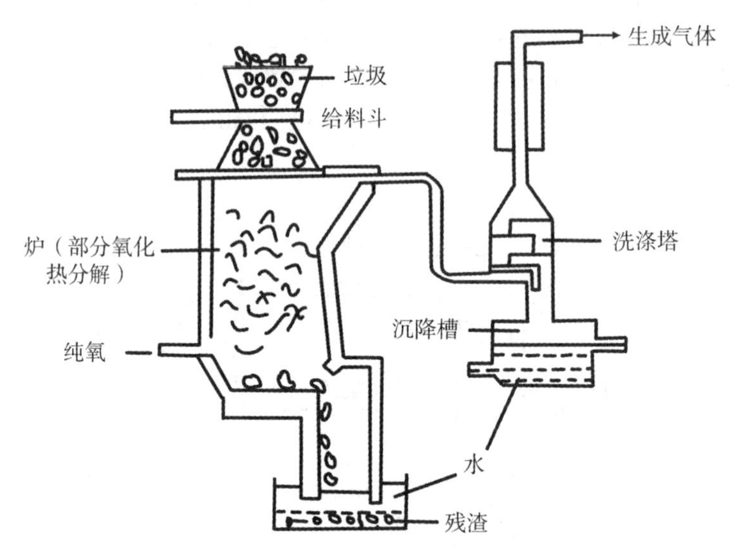

图 5-7　纯氧高温热解法装置系统图

此项热解技术由于无供给空气进入炉内，因而 NO_x 发生量很少。此外，垃圾的减量比为 95%~98%。本法突出的优点是对垃圾只需(或不需)简单的破碎和分选加工，即简化了预处理工序。所需的氧气(纯氧)应能够廉价供给，否则将增加处理费用。

利用上述原理的热解系统也简称为 purox process，其工艺流程如图 5-8 所示。

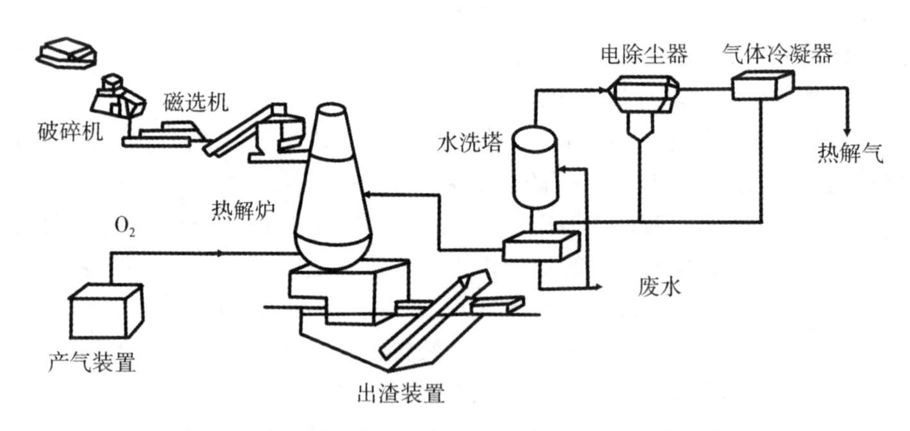

图 5-8　垃圾热解处理系统(purox process)的工艺流程

1970 年在美国纽约州的 Tarrytown 建成了处理能力为 4t/d 的中试装置，1974 年在美国西弗吉尼亚州的 South Charleston 建成了处理能力为 180t/d 的生产性装置。进入 20 世纪 80 年代，该公司又将该系统的单炉处理能力提高到 317t/d。

该系统主要的能量消耗是垃圾破碎过程和制氧，1t 垃圾热解需要制备 0.2t 的氧气。该系统每处理 1kg 垃圾可以产生热值为 11168kJ/m^3(2669kcal/m^3)的可燃性气体 0.712m^3。该气体以 90%的效率在锅炉中燃烧回收热量，系统总体的热效率为 58%。

2)城市垃圾热解方式的经济技术评价

美国哥伦比亚大学技术中心对从城市垃圾回收能量的不同方法进行了比较和评价，主要从对环境的影响、运转的可靠性和经济可行性几个方面进行了比较，项目费用比较如表 5-6 所示。以日处理 1000t 为基准，投资金额 15 年偿还，年息 7%进行计算。从经济比较的结果来看，以 Purox 法处理费用最低，而 Garret 法处理费用最高。尽管从产生的液态燃料易于贮存和运输这点来看，Garret 法有其优点，但由于此法生产的焦油黏性大、辐射性强，在贮藏时易聚合，不能混掺于油中，而且回收的气体热值低，使用受到限制，Torrax 也有同样的缺点。比较而言，在这些方法中，以 Purox 方法最好，对环境影响小、运转简单、产品适应面广、净处理费用也不高，与纽约市填埋处理垃圾的费用大致相当。

表 5-6　**城市垃圾回收能量方法的评价比较**

项目费用(元/(d·t))	Landgard 法	Garret 法	Torrax 法	Purox 法
投资额	645	657	485	687
偿还费	2151	2184	1644	2280
运转费	3606	3683	3273	3576
运转费总额	5757	5877	4917	5856
回收资源折价	3930	2535	2070	4668
净处理费用	1827	3042	2547	1188

3)废塑料的热解

塑料热解是近年来国内外非常注重研究的一种能源回收方法，目前被认为是一种最有效、最科学的回收废塑料的途径。

(1)塑料热解的特点

塑料热解的原理类似于城市垃圾的热解。与城市垃圾相比，区别在于塑料的加工性能以及加工中得到的产品形式。对城市垃圾，具有商业利用价值的产品主要是低热值的燃气，而塑料热解的主要产物则是燃料油或化工原料等。

(2)热解温度和催化剂

塑料种类繁多，不同塑料的热解过程和生成物因塑料的种类不同而有较大差异。图 5-9 所示为不同塑料的热解情况。从图中可以看出，当塑料种类不同时，其热解温度并不相同。

有研究发现，对 PE、PP、PS、PVC 这 4 种塑料进行直接热解，在 500℃左右可获得较高产率的液态烃或苯乙烯单体，而低于或高于该温度都会发生分解不完全或液态烃产生率低的现象。

催化剂也是影响热解的关键因素，绝大多数废塑料的热解过程均加入了催化剂。目前使用的催化剂种类主要有硅铝类化合物和 H—Y、ZSM—5、REY、Ni/REY 等各种沸石催化剂。

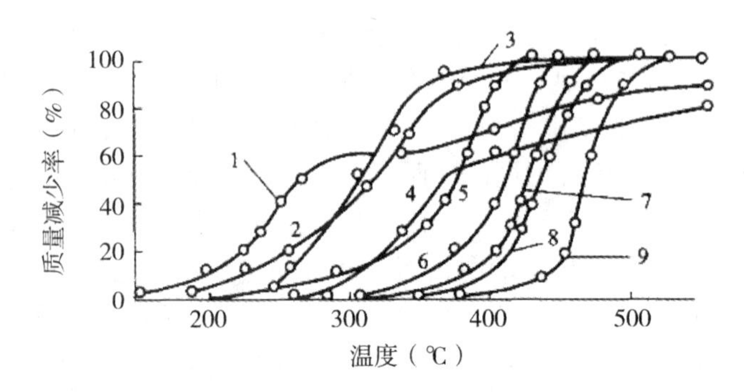

1—聚氯乙烯；2—尿素树脂；3—聚氨酯；4—酚醛树脂；
5—聚甲基丙烯酸甲酯；6—聚苯乙烯；7—ABS 树脂；8—聚丙烯；9—聚乙烯

图 5-9　不同塑料的热解图

(3)热解设备

目前国内外废塑料热解反应器种类较多，主要有槽式(聚合浴、分解槽)、管式(管式蒸馏、螺旋式)、流化床式等。

槽式反应器的特点是在槽内的分解过程中进行混合搅拌，物料混合均匀，采用外部加热，靠温度来控制成油形状。该法物料的停留时间较长，加热管表面析出炭后会造成传热不良，需定期清理排出。

管式反应器也采用外加热方式。管式蒸馏先用重油溶解或分解废塑料，然后再进入分解炉；螺旋式反应器则采用螺旋搅拌，传热均匀，分解速率快，但对分解速率较慢的聚合物不能完全实现轻质化。

流化床反应器一般是通过螺旋加料器定量加入废塑料，使其与固体小颗粒热载体(如石英砂)和下部进入的流化气体(如空气)混合在一起形成流态化，分解成分与上升气流一起导出反应器，经除尘冷却后制成燃料油。此类反应器采用部分塑料燃烧的内部加热方式，具有原料不需熔融、热效率高、分解速率快等优点。

(4)废塑料的热解工艺

废塑料热解的基本工艺有两种，一种是将废塑料加热熔融，通过热解生成简单的碳氢化合物，然后在催化剂的作用下生成可燃油品。另一种则将热解与催化热解分为两段。

一般而言，废塑料热解工艺主要由前处理—熔融—热分解—油品回收—残渣处理—中和处理—排气处理等 7 道工序组成。其中合理确定废塑料热解温度范围是工艺设计的关键。

德国汉堡大学应用化学研究所在 20 世纪 70 年代就开始研究采用热解方法裂解聚苯乙烯提取可燃油、气，采用的反应器为流化床。只是这项研究仅限于实验室，一直未在工程中投入使用。日本则后来居上，研究了多种不同的塑料热解方法，且多数已商业化。

4)热解系统实例

下面主要介绍日本开发的一些废塑料热解技术。

(1)管式蒸馏法热解技术

日挥公司开发的管式蒸馏法热解系统工艺流程图如图 5-10 所示，用蒸馏法可以比较简单地把废 PS 制成液状单体，而且用于回收单体的分解设备、反应温度和停留时间均可随意控制。

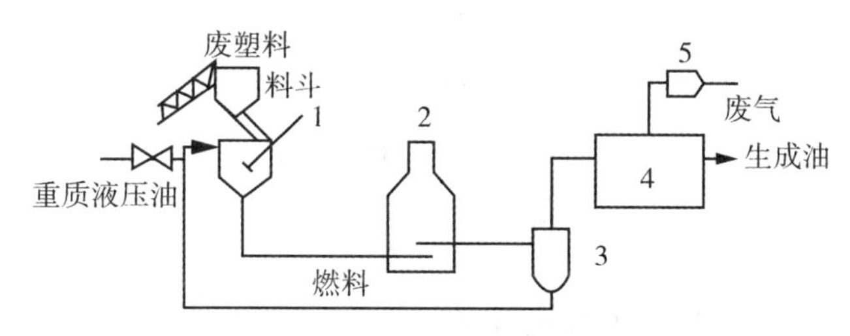

1—溶解槽；2—管式分解炉；3—分离槽；4—油品回收系统；5—补燃器

图 5-10 管式蒸馏法热解系统工艺流程图

(2)螺旋式热解系统

日本三洋电机研究所开发的螺旋式热解系统工艺流程图如图 5-11 所示。其处理量为 100kg/h，其塑料加热分为两段，先以微波加热熔融，然后送入温度更高的螺旋式反应器中进行分解，最后分别回收油品。

该系统存在的主要问题是：

①由于抽料泵会造成减压，物料在分解管内停留时间不稳定；

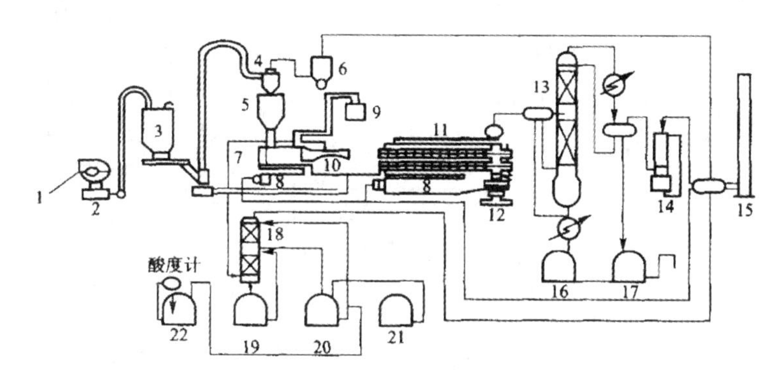

1—传送机；2—破碎机；3—筒仓；4—气流干燥机；5—料斗；6—袋滤机；7—熔融炉；8—热风炉；9—微波电源；10—贮液槽；11—螺旋式反应器；12—残渣排出机；13—蒸馏塔；14—煤气洗涤器；15—废气燃烧炉；16—重油贮槽；17—轻重油贮槽；18—盐酸回收塔；19—盐酸槽；20—中和槽；21—碱槽；22—中和废液贮槽

图 5-11 螺旋式热解系统工艺流程图

②高温分解时气化率高；

③分解速率低的聚合物不能完全实现轻质化；

④由于是外部加热，所以耗能比较大。

(3)流化床热解系统

图 5-12 为住友重机流化床热解装置的工艺流程图。废塑料在流化床内加热熔融成液体，分散于呈流态化的热载体颗粒表面进行传热和分解。分解温度在 450℃以上，与加热

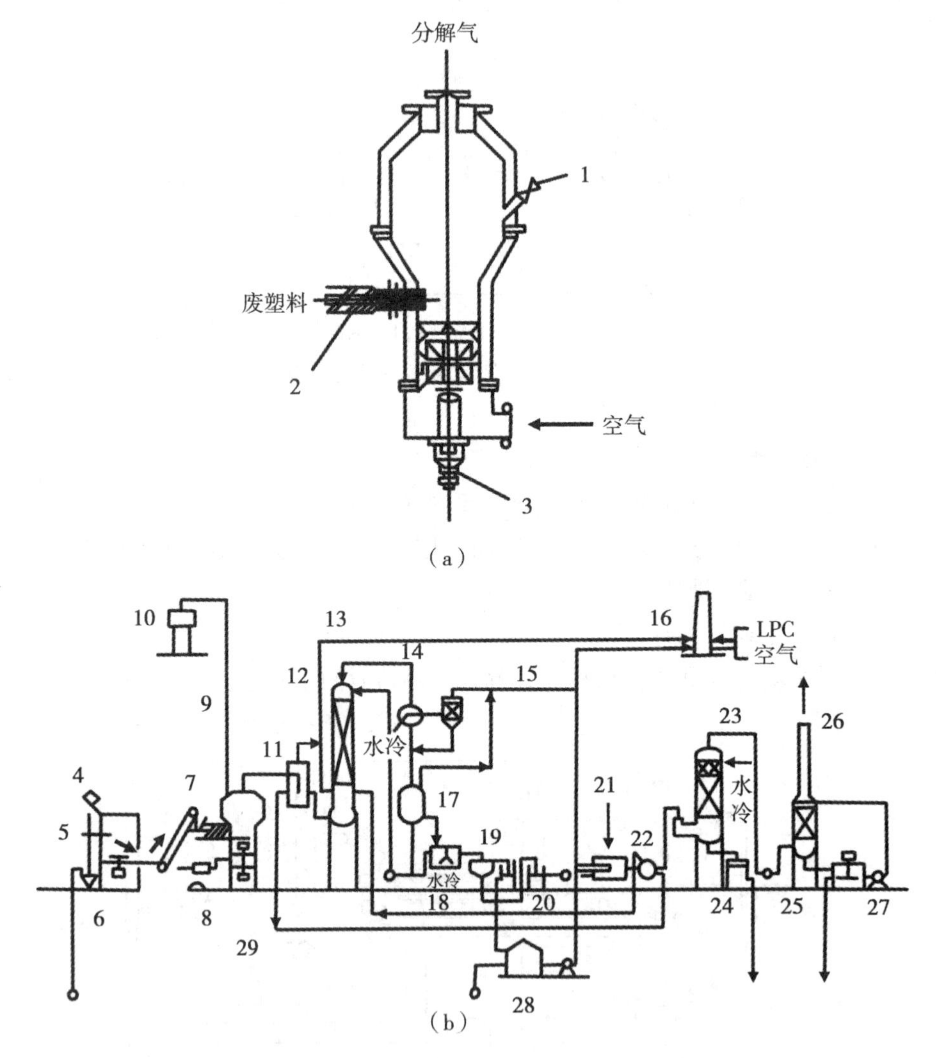

1—砂加料口；2，9—螺旋加料器；3—摆线减速器；4—提升机；5—给料槽；6—平板送料器；7—传送带；8—传送带秤；10—储气罐；11—U—流化床热解炉；12—卸灰阀；13—换热器；14—冷却塔；15—烟雾分离器；16—排气筒；17—脱膜筒；18—水洗槽；19—油水分离槽；20—送风机；21—尾气燃烧炉；22—焦炭滚筒；23—盐酸回收塔；24—贮罐；25—排风机；26—清洗塔；27—中和槽；28—油罐；29—压缩机

图 5-12　流化床热解系统工艺流程图

面接触的部分塑料产生炭化现象，并附于热载体表面。这些炭化物质与从流化床下部进入的空气接触后发生燃烧反应，被加热的颗粒与气体使塑料分解，被上升气体带出反应器，经过冷却、分离、精制而成为优质油品。如果回收的废塑料是较纯的聚苯乙烯塑料，可以得到高达76%的回收率。如果是混合废塑料，生成的将不是轻质油，而是蜡状或润滑油状的黏糊物质，需进一步进行提炼。

目前，流化床热解技术存在的问题是：热解原料的分散不够均匀，颗粒与气体的热交换效率低，管线容易结焦等。

5.2 固体废物焚烧处理

5.2.1 概述

固体废物的焚烧(incineration 或 combustion)是一种高温热处理技术，即以一定量的过剩空气与被处理的有机废物在焚烧炉内进行氧化燃烧反应，废物中的有害物质在高温下氧化、热解而被破坏，是一种可同时实现废物无害化、减量化、资源化的处理技术。焚烧法不但可以处理固体废物，而且还可以处理液体废物和气体废物；不但可以处理城市垃圾和一般工业废物，而且可以用于处理危险废物。危险废物中的有机固态、液态和气态废物，常常用焚烧来处理。在采用焚烧技术处理城市生活垃圾时，也常常将垃圾焚烧处理前暂时贮存过程中产生的渗滤液和臭气引入焚烧炉进行焚烧处理。

焚烧技术的最大优点在于大大减少了需最终处置的废物量，具有减容作用、去毒作用、能量回收作用；另外，还具有产业副产品、化学物质回收及资源回收等优点。

焚烧技术的缺点主要有费用昂贵、操作复杂、严格；要求工作人员技术水平高；产生二次污染物如 SO_2、NO_x、HCl、二恶英和焚烧飞灰等；另外，还有技术风险问题。

对生活垃圾和危险废物进行焚烧处理，始于19世纪中后期。当时主要是为了公共卫生和安全，焚毁传染病疫区可能带有诸如霍乱、伤寒、疟疾、猩红热等传染性病毒和病菌的垃圾，以控制这些对人体健康有巨大危险性的传染性疾病的扩散和传播。从某种意义上讲，这是世界上最早出现的危险废物和生活垃圾焚烧处理工程。在此之后，英国、美国、法国、德国等国家，先后开展了大量有关垃圾焚烧的研究和试验，并相继建成了一批用于处理生活垃圾的焚烧炉，如英国的双层垃圾焚烧炉、可混烧垃圾和粪便的弗赖斯焚烧炉，美国的史密斯·比巴特斯焚烧炉、安德森焚烧炉、纳依焚烧炉等。这些焚烧炉设备简陋，没有烟气净化处理设施，基本采用间歇操作、人工加料和人工排渣，不仅焚烧效率低、残渣量大，在焚烧过程中存在着明显的黑烟和臭味，也基本未对焚烧残渣进行专门处理或处置，污染治理水平十分低下。

进入20世纪以来，随着科学技术的不断进步，在总结过去成功经验和失败教训的基础上，垃圾焚烧技术有了新的发展，相继出现了机械化操作的连续垃圾焚烧炉。焚烧炉设置了必要的旋风收尘等烟气净化处理装置。在垃圾处理能力、焚烧效果和污染治理水平等方面，都有了长足进步，焚烧炉技术也有了明显进步。到了20世纪60年代，世界发达国家的垃圾焚烧技术已初具现代化，出现了连续运行的大型机械化炉排和由机械除尘、静电收尘和洗涤等技术构成的较高效率的烟气净化系统。焚烧炉炉型向多样化、自动化方向发展，焚烧效率和污染治理水平也进一步提高。特别是在 70 至 90 年代期间，由于不断出现的能源危机、土地价格上涨和越来越严格的环境保护污染排放限制，以及计算机自动化控制等技术的发展和进步，使固体废物焚烧技术得到了空前快速发展和广泛应用。生活垃圾和危险废物焚烧技术日趋完善，移动式机械炉排焚烧炉已成为应用最多的主流炉型。针对不同的技术经济要求，出现了多种类型的焚烧炉，如水平机械焚烧炉、倾斜机械焚烧炉、流化床焚烧炉、回转式焚烧炉、熔融焚烧炉、等离子体焚烧炉、热解焚烧炉等。焚烧温度也提高到 850～1100℃及以上。

现代固体废物焚烧技术，大大强化了焚烧效率和焚烧烟气的净化处理。在固体废物焚烧系统中，普遍在原有除尘处理的基础上，进一步发展了湿式洗涤、半湿式洗涤、袋式过滤、吸附等技术，净化处理颗粒状污染物和气态污染物(如 HCl、HF、SO_2、NO_x、二恶英等)。特别是 20 世纪 90 年代以来，一些国家在焚烧烟气处理系统中，除了使用机械除尘、静电除尘、洗涤除尘和袋式过滤外，甚至还配置了催化脱硝，脱硫设施。如静电除尘—半干式洗涤—袋式过滤—催化脱硝、静电除尘—湿洗涤—袋式过滤—催化脱硝—活性炭喷雾吸附等烟气处理工艺，取得了非常好的治理效果。同时焚烧烟气处理系统投资也大幅度增加，通常可达整个焚烧系统总投资的 1/2～2/3，甚至更高。

随着科学技术的不断进步、环境保护和安全要求的进一步提高，固体废物焚烧处理技术正向资源化、智能化、多功能、综合性方向发展。高温焚烧已发展成为一种应用最广、最有前途的生活垃圾和危险废物的处理方法之一。焚烧处理早已从过去的单纯处理废物，发展为集焚烧、发电、供热、环境美化等功能为一体的自动化控制、全天候运行的综合性系统工程。

近十多年来，世界各国的焚烧技术有了空前快速的发展。如日本，目前约有数千座垃圾焚烧炉、数百座垃圾发电站，垃圾发电容量达到 2000MW 以上，其中，垃圾处理能力为 1000t/d 以上(最大为 1800t/d)的垃圾发电站 8 座。美国的垃圾焚烧率高达 40%以上，垃圾发电容量也达 2000MW 以上，近年建设的垃圾电站，处理垃圾 2000t/d，蒸汽温度达 430～450℃，发电量高达 85MW。英国最大的垃圾电站位于伦敦，有 5 台滚动炉排式焚烧炉，年处理垃圾 40×10^4t。法国现有垃圾焚烧炉 300 多台，可处理 40%以上的城市垃圾。德国建有世界上效率最高的垃圾发电厂，新加坡垃圾 100%进行高温焚烧处理。

我国对生活垃圾和危险废物焚烧技术的研究和应用开始于 20 世纪 80 年代，虽然受技术、经济、垃圾性质等因素的影响，起步较晚，但发展却非常迅速。目前全国主要城市均已建设了生活垃圾焚烧处理场。许多小城镇、医院等，也建有相应的固体废物焚烧处理设施。现在我国生活垃圾虽然仍以卫生填埋为主，但生活垃圾的焚烧处理，呈快速增长的良好发展势头。可以断言，焚烧技术也必将会成为我国生活垃圾、危险废物处理的最主要的方法之一。

5.2.2　固体废物的焚烧特性

能否采用焚烧技术处理固体废物，主要取决于固体废物的燃烧特性。物质最主要的燃烧特性包括固体废物的组成和热值。

1. 固体废物的三组分

如前所述，固体废物的三组分，即水分、可燃分和灰分，是废物焚烧炉设计的关键因素。

1)水分

水分含量是指干燥某固体废物样品时所失去的质量，它与当地气候条件有密切的关系。水分含量是一个重要的燃料特性，因为物质含水率太高就无法点燃。与一般的燃料相比，家庭垃圾的水分含量高达40%~70%。不同地区的城市生活垃圾水分含量不一样，例如：美国和西欧的城市垃圾含水率可达25%~40%；日本和地中海国家的城市垃圾含水率可达50%或更高。而无烟煤和烟煤的含水率仅为1.0%~2.2%和3.5%~12.4%。

2)可燃分

通常，固体废物的可燃分包括挥发分和固定碳，挥发分定义为标准状态下加热废物所失去的质量分数，剩下部分为炭渣或固定碳。挥发分含量与燃烧时的火焰有密切关系，如焦炭和无烟煤含挥发分少，燃烧时没有火焰；相反，煤气和烟煤挥发分含量高，燃烧产生很大的火焰。

3)灰分

固体废物灰分的变化很大，多含有惰性物质，如玻璃和金属。一般来说，灰分熔点介于1050~2000℃，化合物的熔化有时也会发生在低温阶段。根据固体废物三组分的定义，三组分之和在任何情况下都应为100%，其关系可以用一个三元关系图来表示(见图5-13)，在斜线覆盖区近似为不用辅助燃料而能维持燃烧的废物组分，在这个区域界线上或以外的区域，表示废物水分太多或灰分含量太高，其燃烧必须掺加辅助燃料。

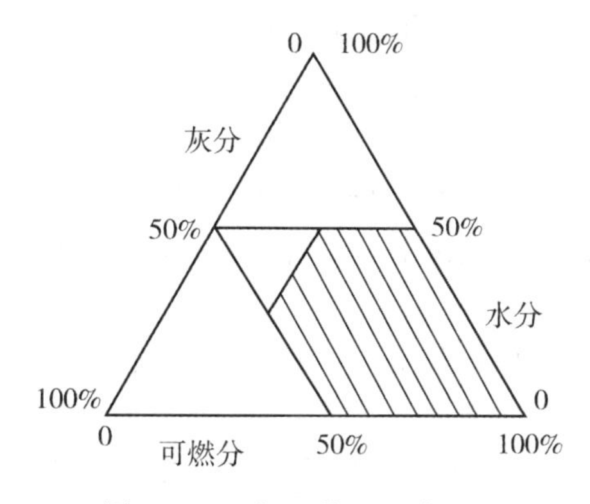

图5-13 垃圾组分三元关系图

2. 固体废物的热值

热值是设计固体废物焚烧处理设备最重要的指标之一。根据热值基本可以判断固体废物燃烧性的好坏，可以进行热平衡计算。固体废物的热值有高位热值(H_H，kcal/kg)和低位热值(H_L，kcal/kg)之分，固体废物的低位热值为高位热值和水分凝结热之差，也可以用下式计算：

$$H_L = H_H - 600(9H + W)\ (\mathrm{kcal/kg}) \tag{5-4}$$

式中：H_H为废物的高位热值；H_L为废物的低位热值；H 为燃料中的氢含量(质量分数)；W 为燃料的水分(质量分数)。

高位发热值可以通过标准实验测定：一定量燃料样品在热弹中与氧完全燃烧，然后精确地测出所释放的热量，就是高位发热值。

低位发热值为燃料的较实际测试热值，因为它考虑了由于烟气中水蒸气的凝结而带走的一部分显热的热损失。

理论上，一般当固体废物热值高于 4000kJ/kg(约 950kcal/kg)时，可以不加辅助燃料直接燃烧，但在废物的实际焚烧过程中，需要的热值比该值要高。

3. 固体废物焚烧和燃烧的关系

固体废物的焚烧是一个完全燃烧的过程，它必须以良好的燃烧为基础，使可燃性废物与氧发生反应产生燃烧，固体废物经济有效地转换成燃烧气或少量稳定的残渣。虽然焚烧的固体废物的物理、化学特性十分复杂，但在机理上与一般固体燃料燃烧机理是一样的。

可燃性固体物质的燃烧是一个复杂的过程，它通常由传热、传质、热分解、蒸发、气相化学反应和多相化学反应等组成。一般认为，固体物质的燃烧可以有以下几种形式：

①蒸发燃烧。指类似石蜡的固体物质，受热后先融化为液体，进一步受热产生燃料蒸气，再与空气混合燃烧。这种燃烧的速度受物料的蒸发速度和空气中的氧与燃料蒸气之间的扩散速度控制。

②分解燃烧。指木材、纸张等纤维素类物质，受热后分解为挥发性组分和固定碳，挥发性组分中可燃气体进行扩散燃烧，而碳则进行表面燃烧。在分解燃烧过程中，需要一定的热量和温度，物料中的传热速度是影响这种燃烧速度的主要因素。

③表面燃烧。指类似木炭、焦炭的固体物料，受热后不经过融化、蒸发、分解等过程，而直接燃烧。这种方式的燃烧速度受燃料表面的扩散速度和化学反应速度控制；表面燃烧又称为多相燃烧或置换燃烧。

当然，固体废物的焚烧与以加热为目的的燃料燃烧有所不同。焚烧的目的侧重于减容、减量、解毒和残灰的安全稳定化。而燃烧的目的是获取能量。为了保持良好的燃烧状况，尽量实现完全燃烧，一般要求燃料与空气以适当比例混合，并迅速点火燃烧。这种条件对于气体、液体和固体燃料来说比较容易满足，但对于物理、化学性质复杂的固体废物，由于其组成、形状、热值和燃烧状况等随着时间和炉内燃烧区域的不同有较大的差异，并且燃烧所产生的废气及废渣性质也随之变化。

采用焚烧方法处理含有一定水分的固体废物时，一般都要经过干燥、热分解和燃烧三个阶段，最终生成气相产物和惰性固体残渣。在设计焚烧炉时，必须知道从废物受热开始，经过以上几个阶段，最终完全燃烧所需要的时间，即废物在炉膛内的停留时间。这与废物中可燃物的燃烧动力学特性有着密切的关系。

5.2.3 焚烧原理

1. 燃烧与焚烧

通常把具有强烈放热效应、有基态和电子激发态的自由基出现、并伴有光辐射的化学反应现象称为燃烧。燃烧过程可以产生火焰，而燃烧火焰又能在一定条件和适当可燃介质中自行传播。人们常说的燃烧一般都是指这种有焰燃烧。生活垃圾和危险废物的燃烧，称为焚烧，是包括蒸发、挥发、分解、烧结、熔融和氧化还原等一系列复杂的物理变化和化学反应，以及相应的传质和传热的综合过程。

进行燃烧必须具备三个基本条件：可燃物质、助燃物质和引燃火源，并在着火条件下才会着火燃烧。着火是可燃物质与助燃物质由缓慢放热反应转变为强烈放热反应的过程，也就是可燃物质与助燃物质从缓慢的无焰反应变为剧烈的有焰氧化反应的过程。反之，从剧烈的有焰氧化反应向无焰反应状态过渡的过程就叫熄火。可燃物质着火必须满足一定的初始条件或边界条件，及着火条件。可燃物质着火实际是燃烧系统的与热力学、动力学、流体力学等特性有关的各种因素共同作用的综合结果。

常见的燃烧着火方式有化学自然燃烧、热燃烧、强迫点燃燃烧三种。生活垃圾和危险废物的焚烧处理，属于强迫点燃燃烧。当焚烧炉在启动点火时，可用电火花、火焰、炽热物体或热气流等引燃炉内的可燃物质。而在正常焚烧过程中，高温炉料和火焰自行传播就可正常点燃可燃物质，维持正常燃烧过程。

2. 焚烧原理

可燃物质燃烧，特别是生活垃圾的焚烧过程，是一系列十分复杂的物理变化和化学反应过程，通常可将焚烧过程划分为干燥、热分解、燃烧三个阶段。焚烧过程实际上是干燥脱水、热化学分解、氧化还原反应的综合作用过程。

1) 干燥

干燥是利用焚烧系统热能，使入炉固体废物水分汽化、蒸发的过程。按热量传递的方式，可将干燥分为传导干燥、对流干燥和辐射干燥三种方式。进入焚烧炉的固体废物，通过高温烟气、火焰、高温炉料的热辐射和热传导，首先进行加温蒸发、干燥脱水，以改善固体废物的着火条件和燃烧效果。因此，干燥过程需要消耗较多的热能。固体废物含水率的高低，决定了干燥阶段所需时间的长短，这在很大程度上也影响着固体废物焚烧过程。对于高水分固体废物，特别是污泥、废水等，为了蒸发、干燥、脱水和保证焚烧过程的正常运行，常常不得不加入辅助燃料。

2) 热分解

热分解是固体废物中的有机可燃物质，在高温作用下进行化学分解和聚合反应的过程。热分解既有放热反应，也可能有吸热反应。热分解的转化率，取决于热分解反应的热力学特性和动力学行为。通常热分解的温度越高，有机可燃物质的热分解越彻底，热分解速率就越快。热分解动力学服从阿仑尼乌斯公式。

3) 燃烧

燃烧是可燃物质的快速分解和高温氧化过程。根据可燃物质种类和性质的不同，燃烧过程亦不同，一般可划分为蒸发燃烧、分解燃烧和表面燃烧三种机理。当可燃物质受热融化、形成蒸汽后进行燃烧反应，就属于蒸发燃烧；若可燃物质中的碳氢化合物等，受热分解、挥发为较小分子可燃气体后再进行燃烧，就是分解燃烧；而当可燃物质在未发生明显的蒸发、分解反应时，与空气接触就直接进行燃烧反应，这种燃烧则称为表面燃烧。在生活垃圾焚烧过程中，垃圾中的纸、木材类固体废物的燃烧属于较典型的分解燃烧过程；蜡质类固体废物的燃烧可视为蒸发燃烧过程；而垃圾中的木炭、焦炭类物质燃烧，则属于较典型的表面燃烧机理。

完全燃烧或理论燃烧反应，可用如下反应式表示：

$$C_xH_yO_zN_uS_vCl_w+\left(x+v+\frac{y}{4}-\frac{w}{4}-\frac{z}{2}\right)O_2 \longrightarrow xCO_2+wHCl+\frac{1}{2}u\ N_2+v\ SO_2+\frac{(y-w)}{2}H_2O \quad (5\text{-}5)$$

式中：$C_xH_yO_zN_uS_vCl_w$为可燃物质化学组成式。

经过焚烧处理，生活垃圾、危险废物和辅助燃料中的碳、氢、氧、氮、硫、氯等元素，分别转化成为碳氧化物、氮氧化物、硫氧化物、氯化物及水等物质组成的烟，不可燃物质、灰分等成为炉渣。

焚烧炉烟气和残渣是固体废物焚烧处理的最主要污染物。焚烧炉烟气由颗粒污染物和气态污染物组成。颗粒污染物主要是由于燃烧气体带出的颗粒物和不完全燃烧形成的灰分颗粒，包括粉尘和烟雾；粉尘是悬浮于气体介质中的微小固体颗粒、黑烟颗粒等，粒径多为1~200mm；烟雾是指粒径为0.01~1μm的气溶胶。吸入的细小粉尘会深入人体肺部，引起各种肺部疾病。尤其是具有很大表面积和吸附活性的黑烟颗粒、微细颗粒等，其上吸附苯芘等高毒性、强致癌物质，对人体健康具有很大危害性。

焚烧炉烟气的气态污染物种类很多，如SO_x、CO_x、NO_x、HC1、HF、二恶英(PCDDs)类物质等。其中，SO_x主要来源于废纸和厨余垃圾，HCl主要来源于废塑料。烟气中一部分NO_x(热力型NO_x)主要来源于空气中的氮，另一部分NO_x(燃料型NO_x)主要来源于厨余垃圾。而二恶英类物质，可能来源于固体废物中的废塑料、废药品等，或由其前驱体物质在焚烧炉内焚烧过程中生成，也可能在特定条件下于炉外生成。

固体废物焚烧处理的产渣量及残渣性质，与固体废物种类、焚烧技术、管理水平等有关。通常固体废物焚烧处理的产渣量较小，如生活垃圾焚烧处理产渣率一般为7%~15%。固体废物焚烧残渣的化学组成主要是钙、硅、铁、铝、镁的氧化物及重金属氧化物，物理性质和化学性质较为稳定。

3. 焚烧技术

1)层状燃烧技术

层状燃烧是一种最基本的焚烧技术。层状燃烧过程稳定，技术较为成熟，应用非常广泛，许多焚烧系统都采用了层状燃烧技术。应用层状燃烧技术的系统包括固定炉排焚烧炉、水平机械焚烧炉、倾斜机械焚烧炉等。垃圾在炉排上着火燃烧，热量来自上方的辐射、烟气的对流以及垃圾层内部。在炉排上已着火的垃圾在炉排和气流的翻动或搅动作用下，使垃圾层松动，不断地推动下落，引起垃圾底部也开始着火。连续翻转和搅动，明显改善了物料的透气性，促进了垃圾的着火和燃烧。合理的炉型设计和配风设计，能有效地利用火焰下空气、火焰上空气的机械作用和高温烟气的热辐射，确保炉排上垃圾的预热、干燥、燃烧和燃烬的有效进行。

2）流化燃烧技术

流化燃烧技术也是一种较为成熟的固体废物焚烧技术，它是利用空气流和烟气流的快速运动，使煤介料和固体废物在焚烧过程中处于流态化状态，并在流态化状态下进行固体废物的干燥、燃烧和燃烬。采用流化燃烧技术的设备有流化床焚烧炉。为了使物料能够实现流态化，该技术对入炉固体废物的尺寸有较为严格的要求，需要对固体废物进行一系列筛分及粉碎等处理，使固体废物均匀化、细小化。流化燃烧技术由于具有热强度高的特点，较适宜焚烧处理低热值、高水分固体废物。

3）旋转燃烧技术

采用旋转燃烧技术的主要设备是回转窑焚烧炉。回转窑焚烧炉是一种可旋转的倾斜钢制圆筒，筒内加装耐火衬里或由冷却水管和有孔钢板焊接成的内筒。在进行固体废物焚烧时，固体废物从加料端送入，随着炉体滚筒缓慢转动，内壁耐高温抄板将固体废物由筒体下部带到筒体上部，然后靠固体废物自重落下，使固体废物由加料端向出料口翻滚、向下移动，同时进行固体废物热烟干燥、燃烧和燃烬过程。

5.2.4 典型焚烧系统及工作原理

以下将对目前国际上常用的四大类焚烧系统进行介绍，包括：机械炉床混烧式焚烧炉、旋转窑式焚烧炉、流化床式焚烧炉以及模组式焚烧炉，各式焚烧炉的优缺点列于表5-7。在实际应用中，可根据不同的处理对象和运行等所需要的条件加以选用。

表5-7 **主要型号焚烧炉的优缺点**

焚烧炉种类	优点	缺点
机械炉床焚烧炉（混烧式焚烧炉）	适用大容量（单座容量100～500t/d）；未燃分少，二次污染易控制；燃烧稳定；余热利用高	造价高；操作及维修费高；须连续运转；操作运转技术高
旋转窑式焚烧炉	垃圾搅拌及干燥性佳；可适用中、大容量（单座容量100～400t/d）；残渣颗粒小	连接传动装置复杂；炉内的耐火材料易损坏
流化床式焚烧炉	适用中容量（单座容量50～200t/d）；燃烧温度较低（750～850℃）；热传导性；公害低；燃烧效率佳	操作运转技术高；燃料的种类受到限制；需添加载体（石英砂或石灰石）；进料颗粒较小（约5cm以下）；单位处理量所需动力高；炉床材料易冲蚀损坏
模组式固定床焚烧炉	适用小容量（单座容量50t/d）；构造简单；装置可移动、机动性大	燃烧不安全，燃烧效率低；使用年限短；平均建造成本较高

1. 机械炉床式焚烧炉

1)机械焚烧炉基本结构

完整的固体废物焚烧系统通常由许多装置和辅助系统组成，典型的此型垃圾焚烧系统如图 5-14 所示。在这个系统中包括核心设备的机械炉床焚烧炉主体以及其他作为辅助系统的原料贮存系统、加料系统、送风系统、灰渣处理系统、废水处理系统、尾气处理系统和余热回收系统等。大型机械炉床焚烧炉多用于大城市的集中式废物处理系统中，全部装置均在现场建造和安装，工期较长，建造成本高，使用寿命较长，但操作复杂，整体系统相当于一座火力发电厂的构造。

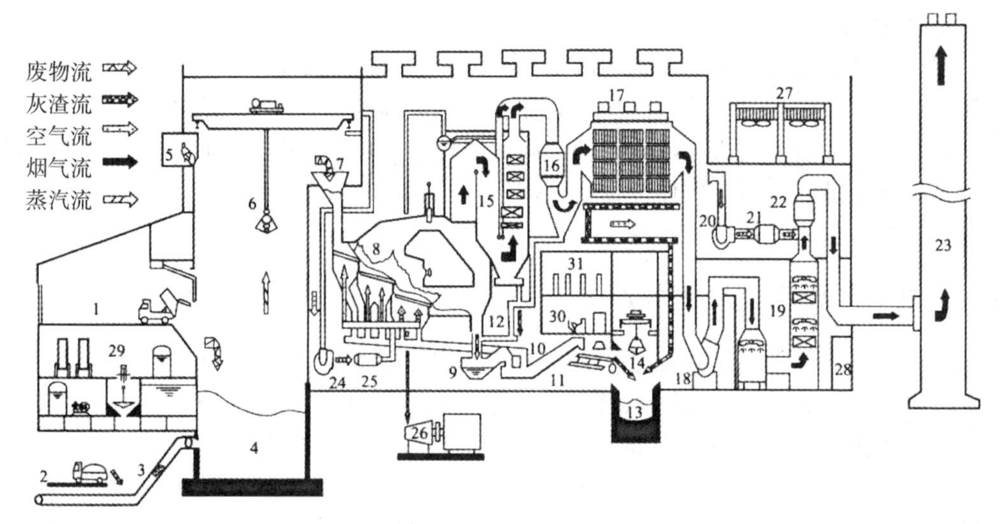

1—大型车卸料平台；2—小型车卸料平台；3—垃圾输送带；4—垃圾槽；5—进料抓斗操作室；6—进料抓斗；7—投料口；8—焚烧炉；9—出灰装置；10—灰渣输送带；11—金属回收装置；12—粉尘输送装置；13—灰槽；14—灰渣抓斗；15—废热锅炉；16—节煤器；17—除尘器；18—引风机；19—气体净化装置；20—消除白烟用风机；21—消除白烟用空气加热器；22—烟气加热器；23—烟囱；24—鼓风机；25—空气预热器；26—蒸汽发电机；27—除湿冷却器；28—水银回收装置；29—污水处理装置；30—中央控制室；31—配电室

图 5-14　大型水墙式机械焚烧炉系统示意图

2)焚烧炉主要子系统介绍

①贮存及进料子系统。本系统由垃圾贮坑、抓斗、破碎机(有时可无)、进料斗及故障排除/监视设备组成，垃圾贮坑提供了垃圾暂时贮存、混合及破碎大件垃圾的场所，一座大型水墙式焚烧厂通常设有一座贮坑，对 3~4 座焚烧炉体进行供料，每一座焚烧炉均有一进料斗，贮坑上方通常由 1~2 座吊车及抓斗负责供料，操作人员由监视荧幕或目视垃圾由进料斗滑入炉体内的速度决定进料频率。若有大型垃圾卡住进料口，进料斗内的故障排除装置亦可将其顶出，使其落回贮坑。操作人员亦可指挥抓斗抓取大型垃圾，吊送到贮坑上方的破碎机破碎，以利进料。

②焚烧子系统。贮存在废物贮槽的废物经加料斗进入炉膛，在炉排上连续、缓慢地向下移动，这期间通过与热风的对流传热和火焰及炉壁的辐射传热，完成干燥、点火、燃烧和后燃烧的过程，达到炉排(grate)底端时，废物中的有机成分基本燃尽，通过排渣装置进入灰渣处理系统。

a. 炉膛。焚烧炉的炉膛通常应设置成两个燃烧室(见图 5-15)。第一燃烧室主要完成固体物料的燃烧和挥发组分的火焰燃烧，第二燃烧室主要对烟气中的未燃尽组分和悬浮颗粒进行燃烧。第一燃烧室通常内衬耐火材料，以尽量减少散热损失，当废物热值较低或在

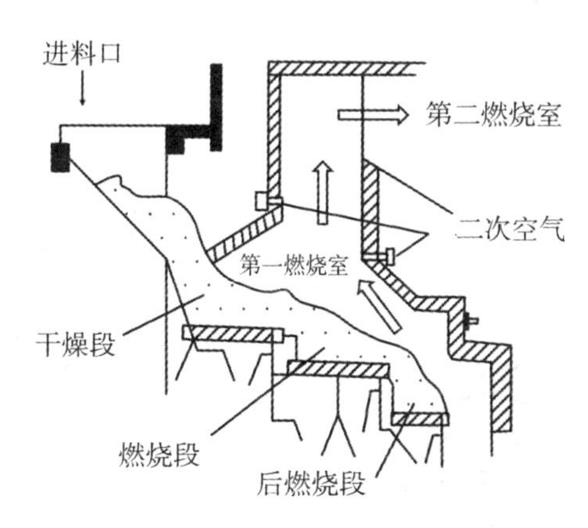

图 5-15 焚烧炉炉膛构造示意图

低负荷运行时，也可以保证炉膛内实现稳定、良好的燃烧。第二燃烧室的设计必须考虑完成烟气中未燃尽组分燃烧所需要的空间以及保证二次空气与烟气充分混合。采用废热锅炉式冷却装置处理高热值废物时，第二燃烧室通常采用水冷壁炉膛，以期实现有效的热吸收。在这种情况下，第二燃室兼有燃烧和冷却的作用。这种类型的焚烧炉也称大型混烧水墙式机械焚烧炉(large scale massburn waterwall incinerator)，简称水墙式焚烧炉(waterwall incinerator)。

b. 炉排。废物的燃烧过程主要是在炉排上完成的，它也是构成焚烧炉燃烧室的最关键部件。炉排的作用主要有：通过炉膛输送废物及灰渣；搅拌和混合物料；使从炉排下方进入的一次空气顺利通过燃烧层。

根据对废物移送方式的不同，炉排可以分为多种形式，现代化的较典型的焚烧过程大都使用移动式炉排，有往复式炉排、马丁炉排、摇动式炉排、滚动炉排和旋转炉排等。其他的炉排还有摇滚窑、振动式炉排、摆动式炉排、反转往复式炉排、多级旋转鼓炉排、带手柄的旋转椎炉排。图 5-16 所示为几种常用的炉排形式。

移动式炉排是由一些连续移动的链带构成的，类似普通带式输送机。这些炉排由链轮驱动，由许多相互分开的称为“楔”的相对较小的金属块覆盖，它将废物输送通过炉子。通常两个炉排装设在不同高度上，燃烧的废物从一个炉排掉到另一个炉排上发生搅动，使废物焚烧强化。

往复式炉排系统类似屋顶铺设的瓦片。这些炉排中有固定层板，还有往复移动层。这

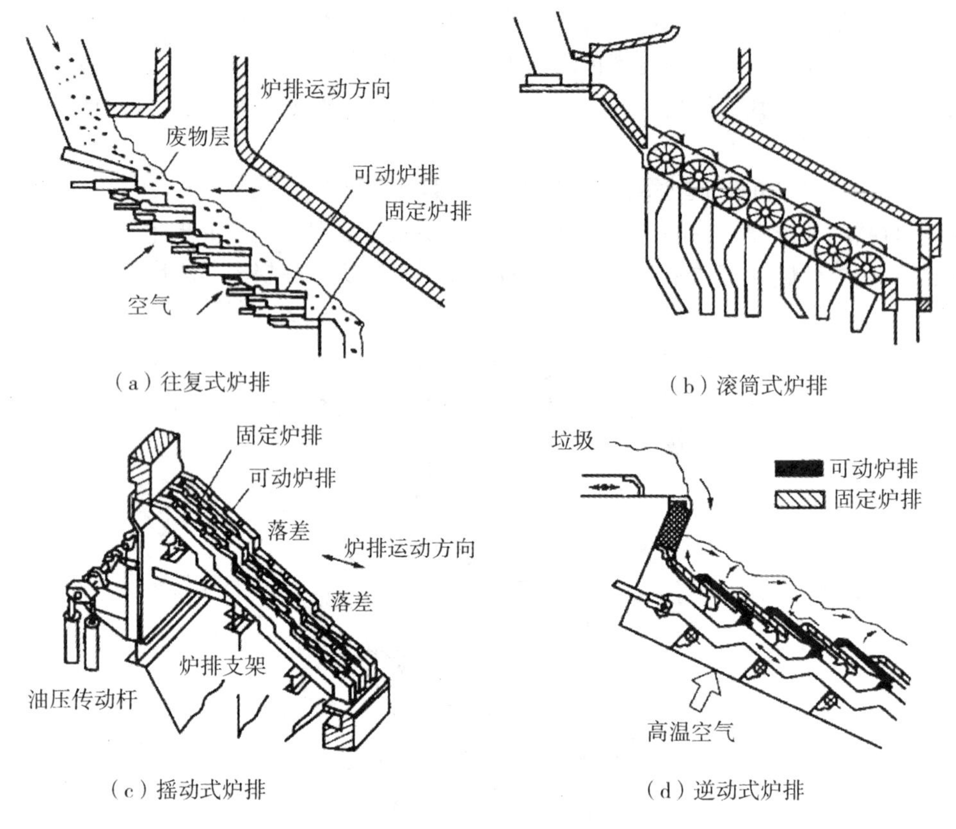

（a）往复式炉排　（b）滚筒式炉排

（c）摇动式炉排　（d）逆动式炉排

图 5-16　主要的机械炉排形式

些层板形成交错层，往复运动推动废物沿炉排表面前进，炉排一般近于水平，稍向下倾斜。摇动式炉排依靠液压式或机械式推杆推动炉排向上运动，使炉排上废物向前运动穿过焚烧炉，两排炉排之间相对起落高度为 5~10cm。

c. 炉膛温度控制。助燃空气通过两种方式供给，火焰下空气(underfire air)和火焰上空气(overfire air)，也称一次空气(primary air)和二次空气(secondary air)。一次空气由炉排下方吹入，其作用是提供废物燃烧所需的氧气。由于废物含水量较大，城市垃圾的含水率通常在 40%~60%，采用经预热的助燃空气不仅可以为废物干燥提供部分热量，而且有利于炉膛温度的提高。干燥垃圾的着火点为 200℃左右，向经干燥段干燥的垃圾层中通入 200℃的助燃空气，干燥垃圾即可自燃着火。一次空气的另一个作用是防止炉排过热，通常助燃空气的预热温度应控制在 250℃以下。二次空气从炉排上方吹入，其主要作用是使炉膛内气体产生扰动，造成良好的混合效果，同时为烟气中未燃尽可燃组分提供氧化分解所需的氧气。通常情况下，一次空气的供给量大于二次空气的量。

炉膛内的温度一般应为 700~1000℃，最好控制在 750~950℃。炉膛温度下限的设置主要考虑两个因素：一般认为在 700℃以上时恶臭物质的氧化分解比较完全；低温燃烧时容易产生剧毒物质二恶英，当温度高于 700℃时，二恶英则由生成转向分解。炉膛温度上限的确定主要考虑设备的腐蚀和灰渣的结焦(焚烧灰的熔融温度为 1100~1200℃)，同时

还可减少烟气中 NO_x的形成。

③废热回收子系统。此系统包括布置在燃烧室四周的锅炉炉管(即蒸发器)、过热器、节煤器、炉管吹灰设备、蒸汽导管、安全阀等装置，由于蒸发器排列像水管墙，故本型炉被称为热水墙式焚烧炉。锅炉炉水循环系统为封闭系统，炉水不断在锅炉管中循环，经由不同的热力学变化将能量释放给发电机。炉水每日需冲放以排出管内污垢，损失的水量可由水处理厂补充。

④发电子系统。锅炉产生的高温高压蒸汽，被导入发电机后，在急速冷凝的过程中推动发电机的涡轮叶片，产生电力，并将未凝结的蒸汽导入冷却水塔，冷却后贮存在凝结水贮槽，经由给水系统再打入锅炉炉管中，进行下一循环的发电工作。在发电机中的蒸汽，亦可中途抽出一小部分作次级用途，例如助燃空气预热等。给水处理厂送来的补充水，注入给水系统前的除氧器中，除氧器则以特殊的机械构造将溶于水中的氧去除，以防炉管腐蚀。根据大型垃圾焚烧发电厂的运行经验，有 20%～30%的电力用于焚烧厂的运行用电，多余的电力可以并入市政电网，是一种清洁的可再生能源。

⑤给水处理子系统。给水处理子系统主要用作处理外界送入的自来水或地下水，将其处理到纯水或超纯水的程度，再送入锅炉水循环系统，其处理方法为高级用水处理程序，一般包括活性炭吸附、离子交换及反渗透等单元。

⑥烟气处理子系统。废物焚烧产生的烟气由第二燃烧室出口进入烟气冷却装置冷却至一定温度后，再经除尘、淋洗等尾气处理设施，由烟囱排入大气。早期常使用静电除尘器去除悬浮微粒，再用湿式洗烟塔去除酸性气体(如 HCl、SO_x、HF 等)，近年来多采用干式或半干式洗烟塔去除酸性气体，配合布袋除尘器去除悬浮微粒及其他重金属等物质。

烟气冷却装置是为保护后续的尾气净化装置而设置的，其冷却效果(即冷却后烟气的温度)应根据尾气净化装置材质的特性确定，通常要求控制在 150～250℃。低于 150℃时，烟气中的 HCl 及 SO_x会在低温传热面上凝结为盐酸和硫酸，从而对设备造成严重的低温腐蚀；高于 300℃时，烟气中的 HCl 与堆积在传热面上的粉尘发生复杂反应，又会造成设备的高温腐蚀，管壁温度与腐蚀速度之间的关系如图 5-17 所示。

烟气的冷却方式有废热锅炉式、水冷式、空气混合式和间接空冷式等。其中废热锅炉式冷却装置对于处理高热值废物的大型焚烧炉应用较多，其主要优点在于可以有效地回收和利用废物焚烧产生的热量；水冷式主要用于小型焚烧炉；空气混合式和间接空冷式装置由于需要较大的通风设备，在实际装置中应用较少。

烟气在炉膛内的流动状态可以根据炉膛构造设计的不同分为：对流式(逆流式)、并流式(顺流式)、错流式(交流式)、二次回流式(复流式)四种情况(见图 5-18)。其目的都是使烟气与二次空气充分混合，在排出第二燃烧室之前，使烟气中的未燃尽组分完全燃烧。

⑦废水处理子系统。由锅炉排放的废水、员工生活废水、实验室废水或洗车废水所收集来的废水，可以综合在废水处理厂一起处理，达到排放标准后再排放或回收再利用。废水处理系统一般由不同功能的物理、化学及生物处理单元所组成。

⑧灰渣收集及处理子系统。由焚烧炉体产生的底灰及废气处理单元所产生的飞灰，由于含有不同种类的重金属或有机毒性物质，必须根据相应的法规标准进行处理以防止产生

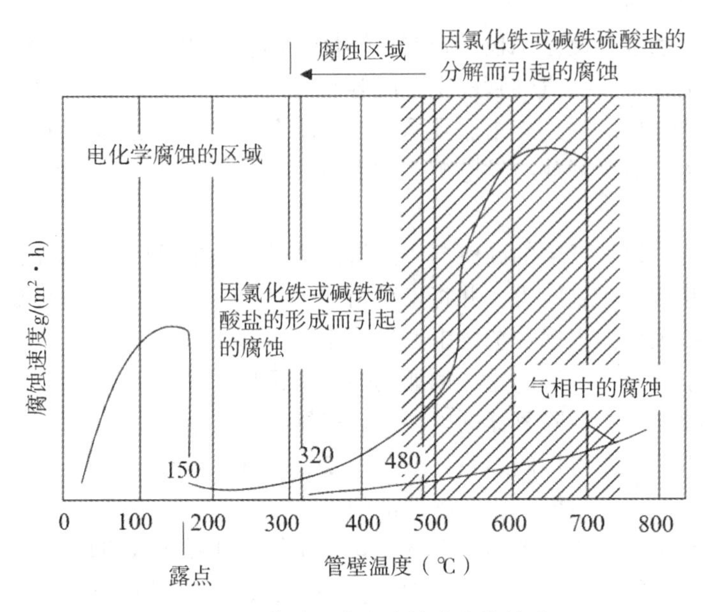

图 5-17　管壁温度和腐蚀速度的关系

图中露点温度因烟气中的水分含量和从 SO_x 转换为 SO_3（SO_3 浓度）的转换率不同而异，150℃是水分 20%、SO_3 浓度 20μl/L 的条件下的露点温度

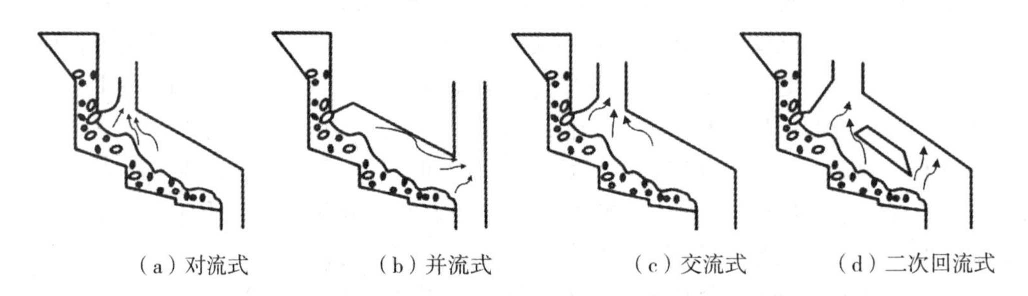

图 5-18　烟气在炉膛内的流动状态

二次污染。由于处理标准上的差异，有些厂采用合并收集方式，有些则采用分开收集方式。

3）焚烧炉设计指标

以固体废物为处理对象的焚烧系统不同于以煤为燃料的燃烧系统，其主要目的是使废物中的有机物完全燃烧，从而最大限度地实现废物的无害化。因此，在设计焚烧炉时必须充分考虑以下因素：①废物的燃料特性随季节和区域的不同而有较大的变化；②废物中含有较多的水分；③废物中混有燃烧特性不同的物料；④废物的性状、大小不一，燃烧速度有较大的差异。

作为衡量焚烧炉处理能力的重要指标，燃烧室热负荷和炉排燃烧率，在设计中要求必须给出。前者决定燃烧室的大小，其定义为：燃烧室单位容积、单位时间燃烧的废物所产生的热量(低热值)，单位是 kcal/(m^3 · h)。燃烧室的容积是指保温材料所包围的空间，以空炉时炉排上方的容积计，但对于第二燃烧室设置水冷壁的焚烧炉型，则只考虑水冷壁以下第一燃烧室的容积。当燃烧室热负荷设计过大时，燃烧室体积变小，炉膛温度升高，容易加速炉壁的损伤以及在炉排和炉壁上的结焦，同时，烟气在燃烧室的停留时间缩短，烟气中可燃组分燃烧不完全，甚至在后续烟道中再次燃烧造成事故；相反，当燃烧室热负荷设计过小时，燃烧室容积增大，炉壁的散热损失造成炉膛温度的降低，特别是当废物热值较低时，会使得燃烧不稳定，造成灰渣中热灼减量的增加。作为设计的参考值，对于间歇式焚烧炉其值通常取为(4~10)×10^4kcal/(m^3 · h)，对于连续式焚烧炉其值通常取为(8~15)×10^4kcal/(m^3 · h)。

炉排燃烧率 G 是指炉排单位面积、单位时间可以焚烧的废物量，即

$$G=\frac{W}{HA}[\mathrm{kg/(m^2 \cdot h)}] \tag{5-6}$$

式中：A 为炉排面积，m^2；H 为每天的运行时间，h/d；W 为废物焚烧量，kg/d。

根据上述定义，炉排燃烧率越大，说明焚烧炉的处理能力越强，焚烧炉的性能越好。而对于特定的焚烧炉(规格、大小一定)，则废物热值越高、灰渣的热灼减量越大、助燃空气温度越高，炉排燃烧率就应取得越大。作为设计的参考值，对于间歇式焚烧炉其值通常取为 120~160kg/(m^2 · h)，对于连续式焚烧炉其值通常取为 200kg/(m^2 · h)。

2. 旋转窑式焚烧炉

1)旋转窑式焚烧炉基本结构旋转窑炉的主体设备是一个横置的滚筒式炉体，通过炉体的缓慢转动，对废物起到搅拌和移送的作用。旋转窑式焚烧炉通常包括滚筒式炉体、后燃烧炉排和二次燃烧室。炉体通常是一个钢制滚筒，内衬耐火材料，筒体主轴沿废物移动方向稍微倾斜。废物在炉内的移动过程中完成干燥、燃烧和后燃烧。旋转窑式焚烧炉的燃烧室热负荷通常设计为(7~8)×10^4kcal/(m^3 · h)。

由于旋转窑式焚烧炉的结构简单，可以达到较高的炉膛温度，适于处理 PCBs 等危险废物和一般工业废物。用于处理城市生活垃圾时，则会由于动力消耗较大，而增加垃圾的处理成本。旋转窑式焚烧炉的构造示意图见图 5-19。

旋转窑式焚烧炉采用二段式燃烧，第一段类似水泥的水平圆筒式燃烧室，以定速旋转达到垃圾的搅拌，垃圾可以从前端送入窑中，进行焚烧，若采用多用途式设计，废液及废气可以从前段、中段、后段同时配合助燃空气送入，甚至于整桶装的废物(如污泥)，也可整桶送入第一燃烧室内燃烧。因此在备料及进料上较复杂，第一燃烧室燃烧完的废气及灰渣进入第二燃烧室，因废气中仍含有若干有机物，故须导入第二燃烧室，辅以助燃油及超量助燃空气达到完全燃烧的效果。经借助高温氧化进行二次燃烧后，再送入尾气污染控制系统，底灰及飞灰分别收集。旋转窑式焚烧炉系统工艺流程图如图 5-20 所示。

如果依照第一燃烧室的操作温度来区分，可以进一步将旋转窑式焚烧炉分成灰渣式旋转窑式焚烧炉(ashing rotary kiln incinerator)或熔渣式旋转窑式焚烧炉(slagging rotary kiln incinerator)。前者操作温度通常在 650~980℃之间，而后者的操作温度则在 1203~1430℃之间。在液体喷注时，须考虑其黏度与雾化效果，同时亦须考虑进料的相容性及腐蚀性，

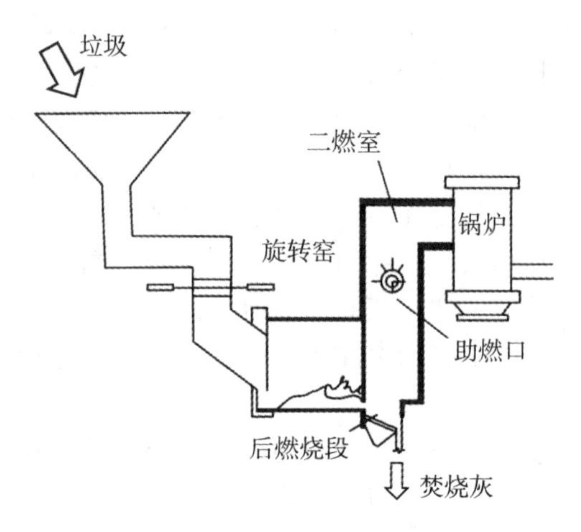

图 5-19　旋转窑式焚烧炉构造示意图

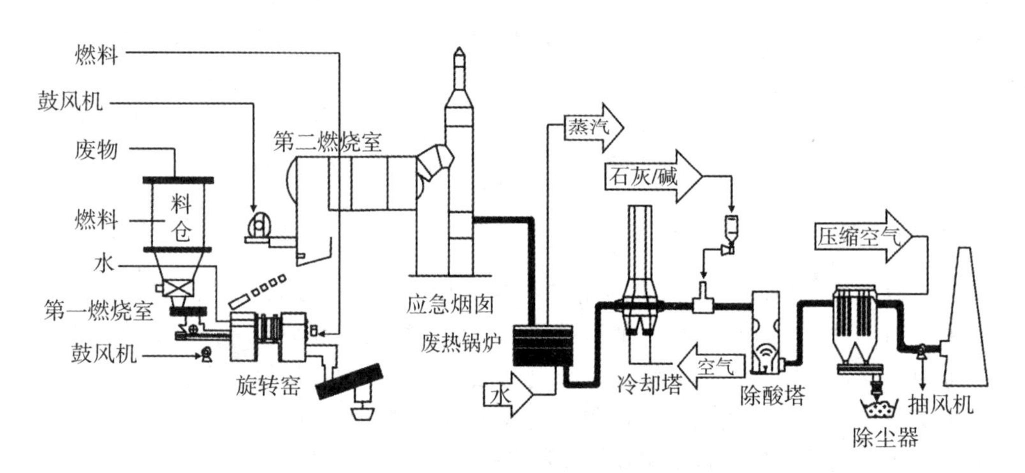

图 5-20　旋转窑式焚烧炉系统工艺流程图

固、液、气三相并存时的热平衡物料下滑，旋转窑的转速及长径比控制了垃圾的停留时间，长径比(L/D)值愈高，停留时间愈久，但成本也愈高。但长径比不足时，则垃圾不能达到完全燃烧的效果；当转速愈大时，垃圾愈易下滑翻滚，虽搅拌能力增强，但停留时间则缩短。

每一座旋转窑常配有 1~2 个燃烧器(见图 5-21)，可装在旋转窑的前端或后端，在启动时，经燃烧器将炉温升高到要求温度后才开始进料，其使用的燃料可包括燃料油、瓦斯或高热值的废液。进料方式多采用批式进料，以螺旋推进器配合旋转式的空气锁(air lock)。废液有时与垃圾混合后一起送入，或借助空气或蒸汽进行雾化后直接喷入。二次燃烧室通常也装有——到数个燃烧器，整个空间为第一燃烧室的 30%~60%左右。有时也设有若干阻挡板(baffles)配合鼓风机以提升送入助燃空气的搅拌能力。根据相关法规，若是焚烧危险废物时，二次燃烧室的温度应不低于 1100℃以及气体停留时间不少于 2s。高温烟道气在通过二次燃烧室后，可以使用废热回收装置回收能源，或者经过冷却系统(水

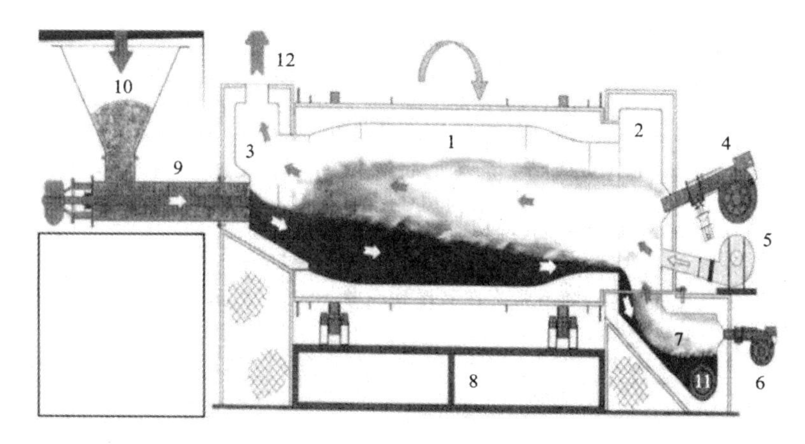

1—旋转窑炉；2—炉前端；3—炉后端；4—燃烧器；5——次风机；6—二次风机；
7—自动灰渣燃烧器；8—支架；9—进料器；10—固体、液体、污泥等危险废物进料斗；
11—灰渣槽；12—气体去第二燃烧室

图 5-21 配有两套燃烧器的逆向式旋转窑式焚烧炉

冷或气冷)冷却后再送入尾气污染控制系统处理。

底灰与飞灰须分别收集，若采用湿式洗烟，则飞灰多含在废水中，还须进一步絮凝沉淀后进行脱水处理。热灼减量的效果取决于垃圾的含水量及有机性挥发物质的含量，加大旋转窑的体积(即增大停留时间)对热灼减量有正面的效果。

2)旋转窑式焚烧炉类型

根据旋转窑本身的进料方式，可以分为同向式(cocurrent)旋转窑式焚烧炉[图 5-22(a)]和逆向式(counter current)旋转窑式焚烧炉[图 5-22(b)]。根据旋转窑内温度及灰渣状态，可以分为灰渣式旋转炉和熔渣式旋转窑焚烧炉。

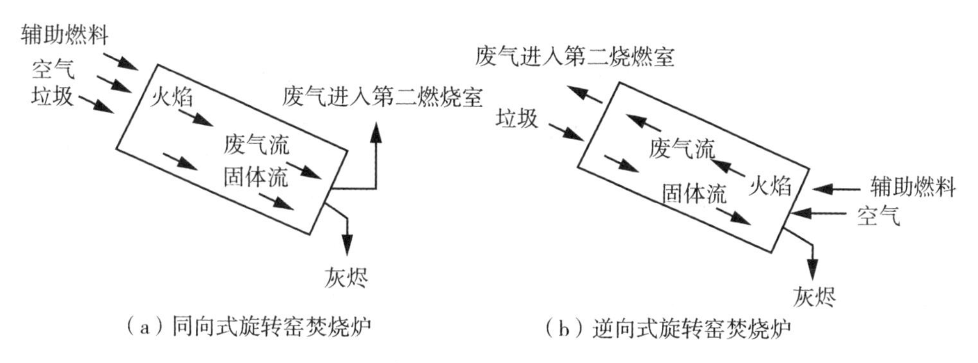

图 5-22 同向式与逆向式旋转窑焚烧炉原理图

同向表助燃空气、垃圾与辅助燃油均由旋转窑前方进入，逆向则代表助燃空气与辅助燃油由旋转窑后方加入。旋转窑式焚烧炉采用同向式操作，其干燥、挥发、燃烧及后燃烧的阶段性现象非常明显，废气的温度与燃烧残灰的温度在旋转窑的尾端趋于接近，如图

5-23 所示。逆向式的安排可以减少燃烧室内的“冷点”(coldend)，因此可增加燃烧效率，但烟气中的悬浮微粒将会增加，其温度分布如图 5-24 所示。

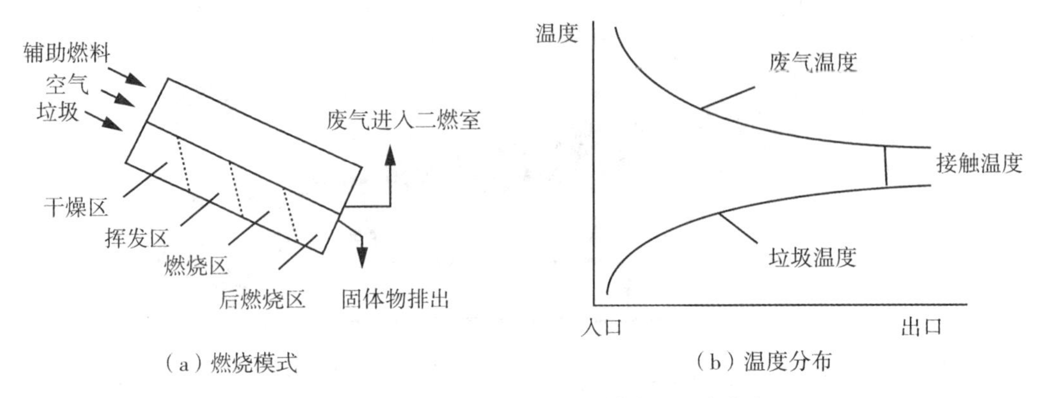

(a) 燃烧模式 (b) 温度分布

图 5-23 同向式转窑焚烧炉燃烧模式及温度分布

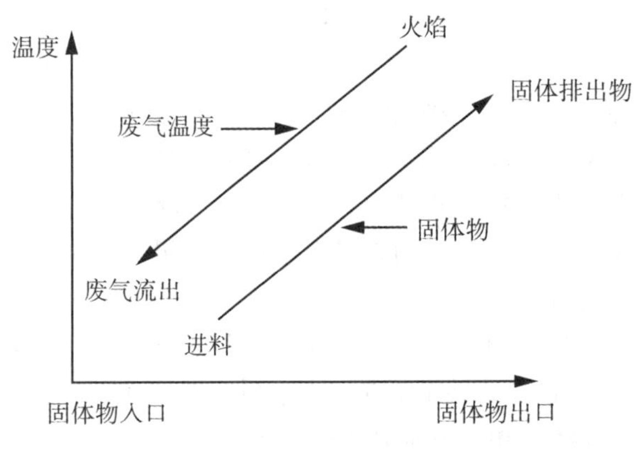

图 5-24 逆向式旋转窑焚烧炉温度分布

灰渣式旋转窑式焚烧炉通常在 650~980℃之间操作，废物尚未熔融而仍为灰渣的形式；而融渣式旋转窑式焚烧炉的操作温度则在 1203~1430℃之间，因此，废物中的惰性物质除高熔点的金属及其化合物外，都呈熔融状态而达到较完全的焚烧。后者的耐火砖及燃烧室之间的接缝设计须特别加强。若桶装危险废物占大多数时，则须将旋转窑设计成融渣式的状态，以达到完全燃烧的效果，但融渣式旋转窑式焚烧炉平时也可操作在灰渣式的状态。此外，若进料以批量式(batch)进行，则可称此种旋转窑为振动式旋转窑(rocking kilns)。

旋转窑式焚烧炉有时可以采用模组式来建造，所处理的对象可以包括废液、污泥及生活垃圾等，其进料器亦可采用螺旋进料器以便于输送。

3)旋转窑设计及操作参数

主要影响旋转窑式焚烧炉焚烧效率的因素有：温度、停留时间、含氧量及气体/固体混合程度。这些因素相互影响，如过剩空气量高可以加快燃烧速度及加强气体/固体混合程度，但会降低燃烧体温度及气体停留时间。旋转窑的转速降低会延长固体的停留时间，但也会影响固体、气体的接触，因此设计时须考虑这些因素的综合影响。以下分别介绍。

①温度。灰渣式旋转窑式焚烧炉的温度通常维持在650~980℃之间，如果温度过高，窑内固体易于熔融，温度太低，反应速率慢，燃烧不易完全。熔渣式旋转窑式焚烧炉的温度一般控制在1200℃以上，第二燃烧室气体的温度控制在1100℃以上，但不宜超过1400℃，以免过量的氮氧化物产生。

②氧含量。旋转窑所配置的废液燃烧器的过剩空气量一般控制在10%~20%之间，如果过剩空气量太低，火焰易产生烟雾，太高则火焰易被吹至喷嘴之外，有可能导致火焰中断。旋转窑中的总过剩空气量通常维持在100%~150%之间，以促进固体可燃物与氧气充分接触。第二燃烧室的过剩空气量一般在80%左右。

③固体停留时间。足够的固体停留时间也是保证废物完全燃烧的必要条件之一。如纸盒仅需5min即可烧完，一般垃圾约需15min，车胎约0.5h，而铁轨枕木则需1h。固体在旋转窑内的停留时间可用下列公式计算：

$$T=0.19\times\frac{L}{D}\times\frac{F}{NS} \tag{5-7}$$

式中：T为固体停留时间，min；L为旋转窑长度，m；D为旋转窑内直径，m；N为旋转窑每分钟转速，r/min；S为旋转窑倾斜度,%；F为常数，未配置拦阻坝的焚烧炉为1，配置拦阻坝的焚烧炉则大于1。

旋转窑焚烧炉的进料设计占内部总体积的5%~10%，其停留时间一般在1h以下。炉体倾斜度越大越有利于物质的传送。对进料量较小的焚烧炉其炉体转速为1~3r/min，对进料量较大的焚烧炉其炉体转速为0.5~1.0r/min。对于旋转窑炉体设计，有多种长度与直径比的组合，可实现设计停留时间的要求，如处理危险废物的旋转窑，其直径一般在1m以上，而长度与直径之比(L/D)通常在(30∶1)~(10∶1)之间。

④气体停留时间。一般有机蒸汽在870℃以上的温度下在1s内就可完全反应，而一些有机物，氯化物则需在1100℃下反应1s以上才可完全破坏，因此，一般旋转窑第二燃烧室体积设计须满足气体停留2s以上，这与焚烧尾气的流量有关，焚烧尾气的流量取决于燃料的燃烧、蒸气及其他化学反应所产生的气体。

3. 流化床式焚烧炉

1)流体化原理

当一流体由下往上通过固体颗粒层时，固体颗粒在流体的作用下呈现类似流体行为的现象，称之为流体化，应用此原理，以带有一定压强的气流通过粒子床，当气体的上浮力超过粒子本身的重量，将使粒子移动并悬浮于气流中，此型设计称为流化床(fluidization)，也称流体化床。

在流化床中，具有流体行为的固体粒子层会受到下方空气输送快慢的影响，而呈现不同的形态，当气体的流速极低时，粒子层呈静止态，气体从粒子的间隙通过，此操作区域称为固定层，或称为静床或固定床(fixed bed)，如图 5-25(a)所示。当气流速度逐渐增加，直到克服固体粒子本身重量时，粒子便开始移动并悬浮于气流中或随气体流动，使固体粒子具有流体行为，此时的流化床称为初期流化床，亦称为移动层，如图 5-25(b)所示。当速度超过流体化开始的速度时，密度较床密度小的物体会浮于床表面，将床管倾斜，并使床壁开孔，但床表面仍保持水平，此时床内粒子会像水一般喷出，造成炉床搅动增大，粒子间发生气泡，粒子层呈沸腾状态，称之为流动层，又称为气泡式流化床，如图 5-25(c)所示。当气流速度持续增加至高于粒子之终端速度时，粒子会被气体带离床面，随着气体飞散，床内的粒子行为如气相输送，所以称之为夹带层(entrained bed)或快速流化床(fast fluidized bed)，如图 5-25(d)及(e)所示。

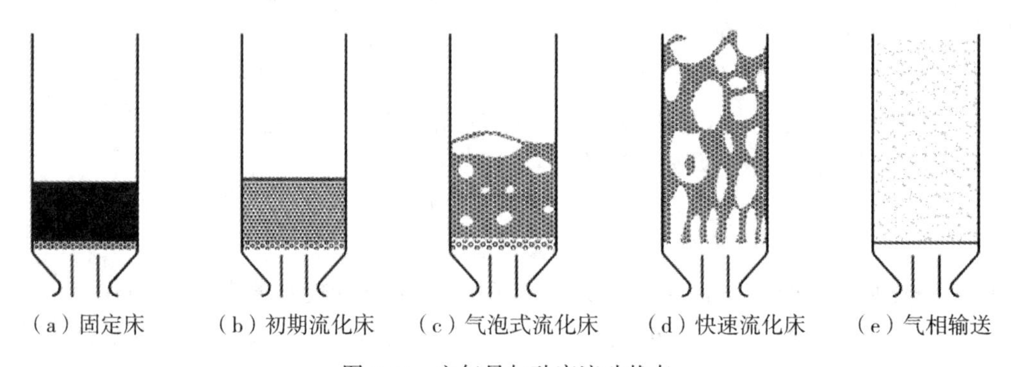

图 5-25　空气量与砂床流动状态

固定层、流动层及夹带层的形成与底部吹入的空气量有关，流体化速度与压力损失的关系可参考图 5-26。一般流化床式焚烧炉鼓风机的送风量由燃烧所需的空气量决定，通常送风量控制在不发生气相输送状态的范围内。在一般的操作情况下，砂层会保持固定的高

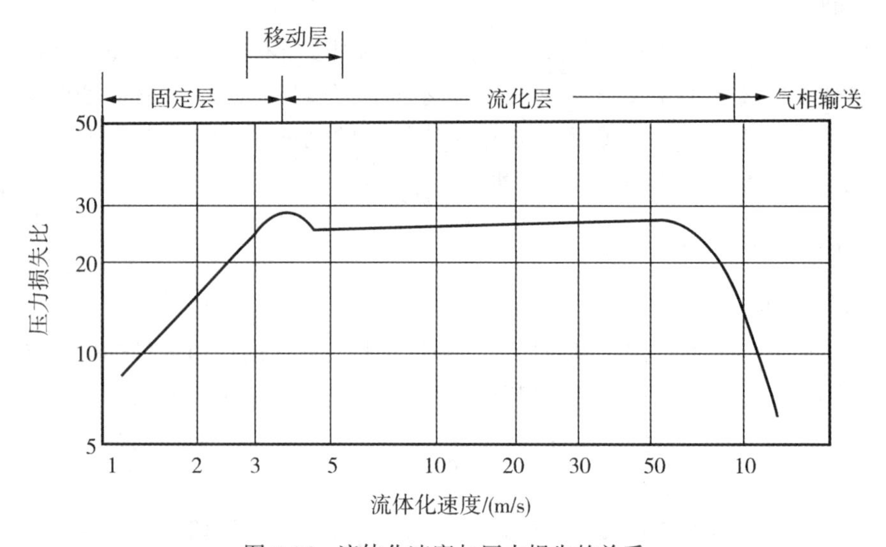

图 5-26　流体化速度与压力损失的关系

度，但有时随垃圾性质的变动，必须做适当的调整，此时可利用空气量的调节，达到维持砂床理想状态的目的。

2)流化床式焚烧炉的应用

流化床的燃烧原理是借助石英砂介质的均匀传热与蓄热效果以达到完全燃烧的目的，由于介质之间所能提供的空隙狭小，无法接纳较大的颗粒，因此处理固体废物，必须先将其破碎成小颗粒以利于燃烧反应。助燃空气多由底部送入，如图 5-27 所示。

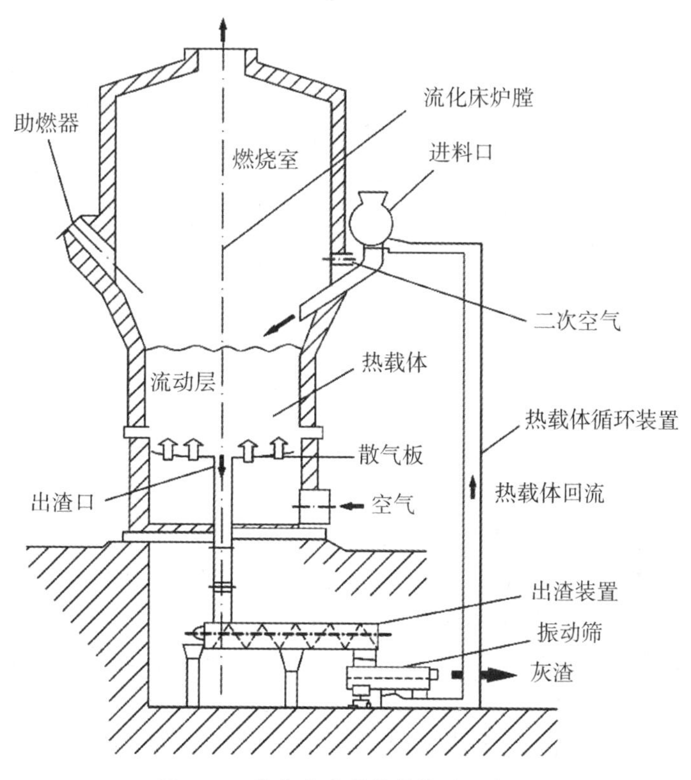

图 5-27 流化床式焚烧炉构造示意图

炉膛内可分为栅格区、气泡区、床表区及干舷区。向上的气流流速控制着颗粒流体化的程度如图 5-28 所示。有时气流流速过大，会造成介质被上升气流带入空气污染控制系统，故可以外装一旋风除尘器，将大颗粒的介质捕集再返送回炉膛内。下游的空气污染控制系统中，通常只需装置静电除尘器或滤袋除尘器进行悬浮微粒的去除即可；若欲去除酸性气体，可以在进料口加一些石灰粉或其他碱性物质，酸性气体可以在流化床内直接去除，此为流化床的另一优点。

对于流化床式焚烧炉来说，如何从流化床的流动载体中连续分离出不可燃灰渣是一个比较关键的问题，在焚烧炉设计中常采用以下几种方法解决：与热载体一起从底部取出，筛分后再将载体回流到炉内；在底部出渣口处，利用灰渣与载体密度的不同，采用气体分离的方式，将载体吹回炉内，使灰渣排出；采用旋流出渣方式，即将格板做成倾斜状，一

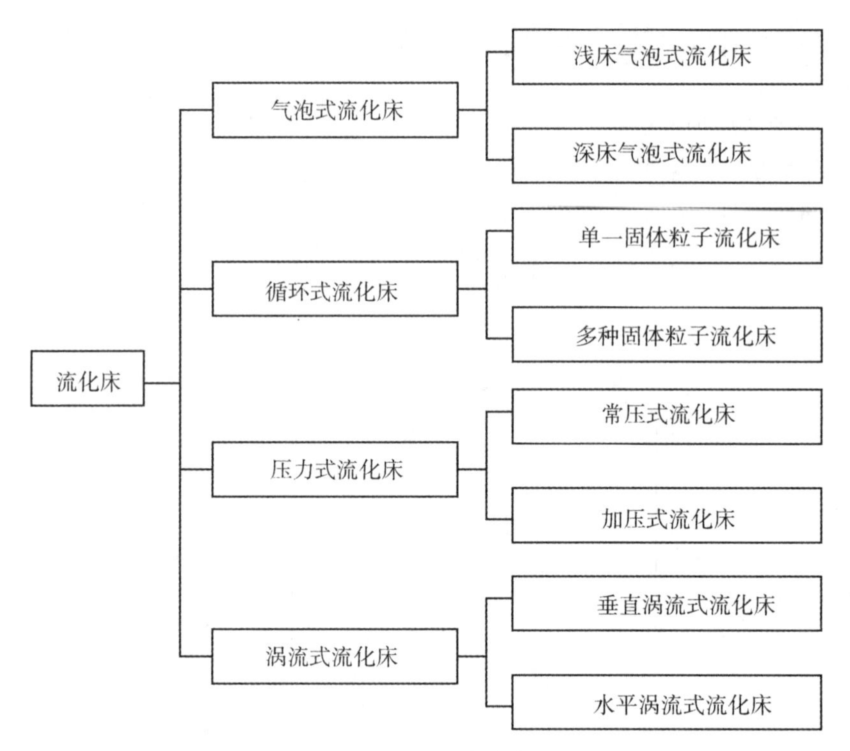

图 5-28　流化床种类

次空气分别从几个气室以不同的风速吹入炉内，靠近出料口处风速最大，进口处风速最小。从另一端吹入二次空气以加强回旋气流。载体和废物在气流的作用下，在炉内做回旋运动，密度较大的灰渣在这个过程中被分离出来。

目前流化床式焚烧炉的种类可分为四类，包括气泡式、循环式、压力式及涡流式(如图 5-28)，其中"气泡式流化床"与"循环式流化床"发展已臻成熟，这两种流化床式焚烧炉主要的差异在于后者的流化床空气流速较高，可将固体粒子吹出燃烧室，然后利用热旋风分离器使粒子与气体分离，再让固体粒子回流至燃烧室。压力式流式化床是气泡式流化床的改良式，在炉体结构及燃烧控制上没有多大的差异，其主要特点是能够提高总发电效率。涡流式流式化床焚烧炉则为近期开发的技术，也是气泡式流式化床式焚烧炉改良后的产品，已经证明有提高燃烧效率、降低载体流失等多项优点。

在实际操作过程中，无论采用哪种方式都不可能将载体和灰渣完全分开，加上摩擦损耗，炉内的载体量会不断减少，运行过程中应注意不断补充，以维持足够的流化层厚度。为了保证燃烧完全，流化层内的温度通常维持在 700～800℃，床层上空间的烟气温度通常为 750～850℃。为了防止载体的熔融黏结，应注意流化层内的温度不宜过高。

流化床式焚烧炉适于处理多种废物，如城市生活垃圾、有机污泥、有机废液、化工废物等。对于城市垃圾为了保证在炉内的流化效果，焚烧前应破碎至一定尺寸。因此，与前述机械炉相比，预处理费用将占一定的比例。但由于物料混合均匀、传热、传质和燃烧速度快，单位面积的处理能力大于机械式焚烧炉，灰渣的热灼减量可以几乎为零。

流化床式焚烧炉设计的重要参数：①燃烧室热负荷，$(8 \sim 15) \times 10^4$kcal/(m^3 · h)；②

炉排燃烧率(取流化床单位截面积)，400~600kg/(m^2·h)；③流化风速，通常取流化初始速度 u_{mf}的 2~8 倍，以空塔风速计在 0.5~1.5m/s 的范围。

4. 模组式固定床焚烧炉(控气式焚烧炉)

1)模组式固定床焚烧炉的基本结构

模组式固定床焚烧炉亦称控气式焚烧炉(controlled air incinerator)，或简称为模组式焚烧炉(modular incinerator)。该炉型先在工厂内铸造好，再运到现场组装后即可使用，因此，施工工期短，但单位造价高，且使用寿命较短。一般模组式焚烧炉单炉的处理容量均不大，由每日处理数百公斤到每日处理数十吨，其构造如图 5-29 所示。模组式固定床焚烧炉的进料方式可采用堆高机推送进料或采用槽车举升翻转方式，配合进料斗入料。其燃

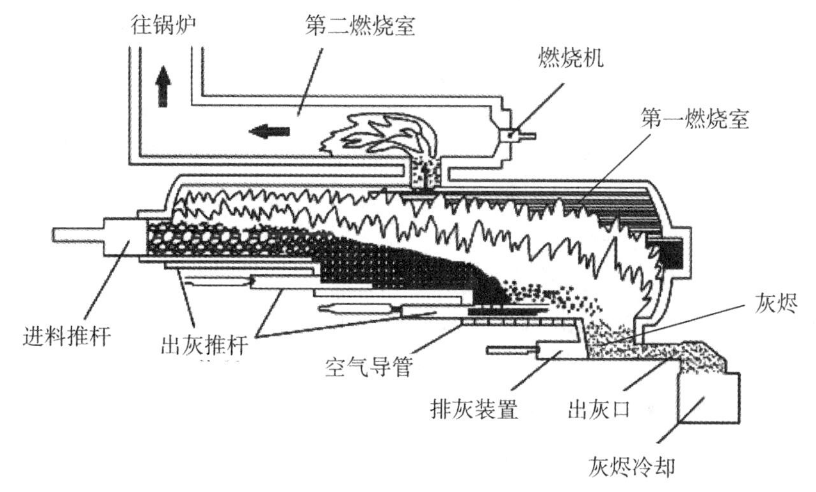

(a)模组式焚烧炉构造图

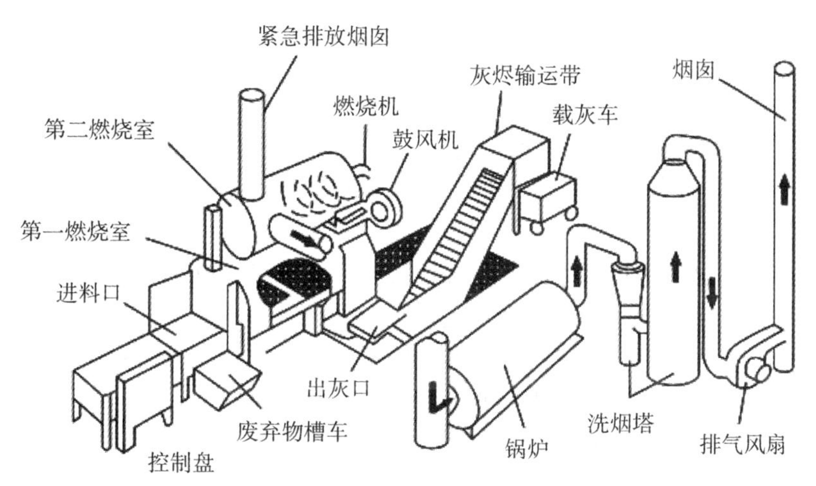

(b)模组式焚烧炉流程示意图

图 5-29　模组式焚烧炉的基本结构

烧过程一般可在两个燃烧室进行，第一燃烧室常设计为缺空气系统，而第二燃烧室则设计为过量空气系统。所谓缺空气即助燃空气未达理论需空气量，于是燃烧过程变成热解过程；而所谓超空气即供应的助燃空气超过理论需空气量，使进入第二燃烧室的废气能完全燃烧。模组式焚烧炉之所以要如此设计，主要是早期空气污染控制系统较不发达，且小型炉也不宜设置昂贵而复杂的空气污染控制系统，故在第一燃烧室先供以小风量在 700℃左右使垃圾热解，避免风量过大，将大量不完全燃烧的悬浮颗粒带入第二燃烧室中，在第二燃烧室再以辅助燃油及超量助燃空气将燃烧温度提升到 1000℃以上，以完全氧化不完全燃烧的碳氢化合物。另一方面，在第一燃烧室的炉床设计上，模组式焚烧炉采用可水平移动的半固定床，定时往前推移，搅拌能力不大，故残灰中的含碳量较高，其空气污染控制系统以粒状污染物控制为主。

此型焚烧炉的两个燃烧室均须用耐火砖砌筑，外围以碳素钢覆面，废气由第一燃烧室进入第二燃烧室也有两种状况，一为传统的直线式进入，二为改良的切线式进入，后一种形式进入时，可以增加废气的停留时间。

后期所发展的模组式焚烧炉也有两个燃烧室，均采用过量空气系统来设计。在进料方式上，有以螺旋推进器连续进料的，也有以推进臂配合进料斗进行批次进料的。出灰时可采用连续式出灰系统，以水封阻隔燃烧室与集灰坑。

2) 模组式焚烧炉的特点

概括来说，模组式焚烧炉的优缺点可以整理如下。

①优点。有能源回收的潜力；可以在不需大量辅助燃油的情况下进行垃圾焚烧；因为使用的助燃空气较少，故热效率较高；减少空气污染物的排放(例如悬浮颗粒)；将有机碳氢化合物转变为气体，使其易于焚烧；不需垃圾前处理；建造成本较低。

②缺点。因为在第一燃烧室采用氧气不足的方式燃烧，故在残渣中有较高的不完全燃烧的碳氢化合物；由于有不完全燃烧物的产生，若采用连续式进料，其产物易附着于炉壁，故一般均采用批式进料；对低热值的废液处理效果很差；如果进料的特性变化很大时，焚烧过程不易操控。

3) 模组式焚烧炉的应用

模组式焚烧炉一般多在小乡镇、岛屿、医院、工厂内使用，操作简便，但须重点考虑其建造成本较高(平均单位造价为大型炉的 1.5～2 倍)，操作年限较短(一般为 5～10 年)的特性。

在工程应用方面，模组式焚烧炉常用来处理乡镇垃圾及医疗垃圾，美国很多城市的医疗垃圾都采用模组式焚烧炉进行处理。焚烧厂接收到的医疗垃圾，多半已由塑胶桶封装或硬纸箱装好并密封，由于受到管理上的规定，每一个进料的桶或箱均有电脑条码，工作人员第一件事即检查电脑条码，以扫描器扫描并输入电脑，第二件事是检查是否有放射性物质，若探测器探测出有放射性物质则拒收退回。医疗废物进厂后，不立即处理的部分则贮存于冷冻库中，而立即进行处理部分则按序等待进料。在每批次进料后，即进行焚烧，第一燃烧室温度约控制在 800℃，第二燃烧室则控制在 1000℃，阶梯式固定床每隔 7～8min 即往前推进一次，燃烧出来的飞灰则送入洗涤塔，洗涤后的废水，因含有很多固体颗粒，则送入污水处理厂进行化学混凝沉淀处理，沉淀污泥脱水后会同底灰一并送去填埋。在处理乡镇垃圾时则多将倾倒于地板上的垃圾以堆高机定时推进第一燃烧室焚烧，再将废气导入第二燃烧室进行完全燃烧后，送往锅炉进行废热回收，然后再进行废气处理。

5.2.5 焚烧的主要参数及热平衡计算

1. 焚烧空气量及烟气量

设 1kg 燃料中含有碳 C(kg)、氢 H(kg)、氧 O(kg)、硫 S(kg)、氮 N(kg) 和水分 W(kg)，则该燃料完全燃烧可以由下列主要反应进行描述：

碳燃烧 $C+O_2 \longrightarrow CO_2 \quad C/12\times22.4(m^3)$ (5-8a)

氢燃烧 $H_2+1/2O_2 \longrightarrow H_2O \quad H/2\times(22.4/2)(m^3)$ (5-8b)

硫燃烧 $S+O_2 \longrightarrow SO_2 \quad S/32\times22.4(m^3)$ (5-8c)

燃料中的氧 $O \longrightarrow 1/2O_2 \quad O/16\times(22.4/2)(m^3)$ (5-8d)

1)理论需氧量

燃烧时理论需氧量可以表达如下：

①以体积表示

$$V_0=22.4\left(\frac{[C]}{12}+\frac{[H]}{4}+\frac{[S]}{32}-\frac{[O]}{32}\right)=\frac{22.4}{12}[C]+\frac{22.4}{4}\left([H]-\frac{[O]}{8}\right)+\frac{22.4}{32}[S](m^3/kg) \tag{5-9a}$$

②以质量表示

$$V_0=32\left(\frac{[C]}{12}+\frac{[H]}{4}+\frac{[S]}{32}-\frac{[O]}{32}\right)=\frac{32}{12}[C]+8[H]+[S]-[O](kg/kg) \tag{5-9b}$$

2)理论需空气量

空气中的氧含量若以体积计算为 21%，若以质量计算为 23%，所以燃烧的理论需空气量为：

①以体积表示

$$V_a=\frac{1}{0.21}\left\{1.867[C]+5.6\left([H]-\frac{[O]}{8}\right)+0.7[S]\right\}(m^3/kg) \tag{5-10a}$$

②以质量表示

$$V_a=\frac{1}{0.23}(2.67[C]+8[H]-[O]+[S])(kg/kg) \tag{5-10b}$$

如果在垃圾焚烧时使用了辅助燃料(如天然气等)，则可将其视为 CO、H_2、CH_4、C_2H_4、O_2等的混合气体，可补充分析如下：

$$C+O_2 \longrightarrow CO_2 \tag{5-11a}$$

$$H_2+1/2O_2 \longrightarrow H_2O \tag{5-11b}$$

$$CH_4+2O_2 \longrightarrow CO_2+2H_2O \tag{5-11c}$$

$$C_2H_4+3O_2 \longrightarrow 2CO_2+2H_2O \tag{5-11d}$$

理论需氧量为：

$$V_0=\frac{1}{2}[CO]+\frac{1}{2}[H_2]+2[CH_4]+3[C_2H_4]-[O_2](m^3/m^3) \tag{5-12a}$$

理论需空气量为：

$$V_a=\frac{1}{0.21}V_o(m^3/m^3) \tag{5-12b}$$

3）实际空气量

实际燃烧使用的空气量通常用理论空气量 V_a 的倍数 m 表示，称为空气比或过剩空气系数

$$V_a'=m\,V_a \tag{5-13}$$

废物完全燃烧的假设在仅供应理论需空气量的条件下是无法被满足的，因为氧化反应仅发生在垃圾的表面，需要充分的反应时间，因此需要超量供应助燃空气并加强搅拌能力。

过剩空气量通常占理论需氧量的 50%～90%，因此真正的助燃空气量为 $V_a'(1.5\sim1.9)V_a$。

4）烟气量

若不考虑辅助燃料的影响，废气中各生成组分的体积可根据上述化学反应加以推求如下：

$$V_{CO_2}=22.4\frac{[C]}{12}(m^3/kg)$$

$$V_{H_2O}=22.4\left(\frac{[H]}{2}+\frac{W}{18}\right)(m^3/kg)$$

$$V_{SO_2}=22.4\left(\frac{[S]}{32}\right)(m^3/kg)$$

$$V_{O_2}=0.21(m-1)V_a=0.21\,V_a-V_O(m^3/kg)$$

$$V_{N_2}=0.79m\,V_a+22.4\left(\frac{[N]}{28}\right)=0.79V_a'+22.4\left(\frac{[N]}{28}\right)(m^3/kg)$$

在上述方程式中，有几点假设，即物料中所有的 C 均氧化成 CO_2，所有的 S 均氧化成 SO_2，所有的 N 均以 N_2 形式存在于废气中，但实际情况并非如此，不完全燃烧将产生 CO，而少部分 N 会变成 NO_x，以及 Cl 有一部分会变成 HCl，在本估算中忽略其影响。

根据上述方程，总烟气量为：

$$V=V_{CO2}+V_{SO_2}+V_{H_2O}+V_{N_2}+V_{O_2}=(m-0.21)+\frac{22.4}{12}\left(C+6H+\frac{2}{3}W+\frac{3}{8}S+\frac{3}{7}N\right)(m^3/kg) \tag{5-14}$$

若不考虑烟气中的含水量，则总干烟气量为：

$$V_d=V_{CO2}+V_{SO_2}+V_{N_2}+V_{O_2} \tag{5-15}$$

若使用辅助燃料时，则每立方米的气态燃料在 $V_a'=m\,V_a$ 的助燃空气供应下，会产生废气，组成如下：

$$V_{O_2}=0.21(m-1)V_a+[O_2](m^3/m^3)$$

$$V_{N_2}=0.79m\,V_a(m^3/m^3)$$

$$V_{CO2}=[CO_2]+[CO]+[CH_4]+2[C_2H_4](m^3/m^3)$$

$$V_{H_2O}=[H_2]+2[CH_4]+2[C_2H_4](m^3/m^3)$$

则辅助燃料的总废气产量为：

$$\begin{aligned}V&=V_{CO_2}+V_{H_2O}+V_{N_2}+V_{O_2}\\&=\{[CO_2]+[CO]+[CH_4]+2[C_2H_4]\}+\{[H_2]+2[CH_4]+2[C_2H_4]\}+\\&\quad(m-0.21)V_a+(N_2)(m^3/m^3)\end{aligned}\tag{5-16}$$

通常空气污染防治法规对排放浓度标准均是以标准状态作为基准，因此要根据所求的废气中污染物浓度，并与相关法规比较，并进一步将实际量测的值作如下校正：

$$V[t(℃),\ p(mmHg)]=V(m^3)\left(\frac{273+t}{273}\right)\left(\frac{760}{p}\right)(m^3)\tag{5-17}$$

式中：t 及 p 分别表示废气的温度及压力；V 为废气的体积。

(5)过剩空气系数 m

在实际操作中，为了掌握燃烧状况，常常通过测定烟气组分求算过剩空气系数 m。烟气中各种组分的分量用$[CO_2]$、$[CO]$、$[N_2]$、$[O_2]$、$[SO_2]$表示，则实际供氧量V_0'和理论供氧量 V_0可以用不参与燃烧反应的 N_2为基准由下式给出：

$$V_0'=\frac{0.21}{0.79}\left\{[N_2]-\frac{n}{14}\times\frac{22.4}{2V}\right\}V$$

$$V_0=V_0'-\{[O_2]-[O_2']\}V$$

式中：V 为 1kg 燃料燃烧产生的烟气量；$\frac{n}{14}\times\frac{22.4}{2}$为燃料中的氮燃烧产生的氮气量；$[O_2']$为烟气中未燃尽组分燃烧所需氧的分量，通常取$[O_2']=1/2(CO)$。

因此：

$$m=\frac{V_a'}{V_a}=\frac{V_0'}{V_0}=\frac{\frac{0.21}{0.79}\left[[N_2]-\frac{0.8n}{V_d}\right]}{\frac{0.21}{0.79}\left\{[N_2]-\frac{0.8n}{V_d}\right\}-\{[O_2]-[O_2']\}}=\frac{[N_2]-\frac{0.8n}{V_d}}{[N_2]-3.77\left\{[O_2]-\frac{1}{2}[CO]\right\}-\frac{0.8n}{V_d}}$$

燃料中氮含量较少时，$0.8n/V_d$可以忽略不计。

$$m=\frac{1}{1-\frac{3.77\left\{[O_2]-\frac{1}{2}[CO]\right\}}{[N_2]}}$$

正常燃烧情况下，可以假设$[CO]\approx0$，$[N_2]\approx0.79$，则：

$$m\approx\frac{0.21}{0.21-(O_2)}\tag{5-18}$$

[例 5-1] 若已知某垃圾样品的三成分分析及元素分析资料如表 5-8 和表 5-9 所示，试求理论上每单位质量垃圾的需空气量及燃烧后总烟气量。

解：若仅计对可燃分 B，则理论需空气量为：

$$V_a=\frac{1}{0.21}\left\{1.867C+5.6\left[[H]-\frac{[O]}{8}\right]+0.7S\right\}$$

$$=\frac{1}{0.21}\left[1.867\times0.539+5.6\times\left(0.074-\frac{0.365}{8}\right)+0.7\times0.001\right]=5.55(\mathrm{m^3/kg})$$

所以，针对单位垃圾样品，理论需空气量为：

$$V_a=5.55\frac{B}{100}=0.0555\mathrm{B}(\mathrm{m^3/kg})$$

实际需空气量为：

$$V_a'=\mathrm{m}\,V_a=0.0555mB(\mathrm{m^3/kg})$$

因此，当 $m=1$ 时，各种理论需空气量的状况可计算如下：

$$B=42.3,\quad V_a=0.0555\times42.3=2.35(\mathrm{m^3/kg})$$

$$B=37.5,\quad V_a=0.0555\times37.5=2.14(\mathrm{m^3/kg})$$

$$B=33.75,\quad V_a=0.0555\times33.75=1.87(\mathrm{m^3/kg})$$

烟气量可由下式计算

$$V=(m-0.21)V_a+\frac{22.4}{12}\left([\mathrm{C}]+6[\mathrm{H}]+\frac{2}{3}W+\frac{3}{8}[\mathrm{S}]+\frac{3}{7}[\mathrm{N}]\right)$$

所以：$V_a=0.0555\mathrm{B}$，若 $B=37.5$，$m=1$，$W=49.1$

$$C=0.539\left(\frac{B}{100}\right),\ H=0.074\left(\frac{B}{100}\right),\ S=0.001\left(\frac{B}{100}\right),\ N=0.012\left(\frac{B}{100}\right)$$

所以：

$$V=(m-0.21)0.0555B$$
$$+\frac{22.4}{12}\left\{\left[\left(0.539+6\times0.074+\left(\frac{3}{8}\right)\times0.001+\left(\frac{3}{7}\right)\times0.012\right)\right]\frac{B}{100}+\frac{2}{3}\times\frac{W}{100}\right\}$$
$$=2.55(\mathrm{m^3/kg})$$

表 5-8　**垃圾样品三成分分析表**

项　　目	高	中	低
可燃分 B/%	42. 3	37. 5	33. 7
灰分 A/%	16. 0	15. 9	12. 4
水分 W/%	41. 0	49. 1	50. 4
低位发热量/(kcal/kg)	1942	1672	1405

表 5-9　**垃圾样品元素分析表**

元　　素	全样品/%	可燃分/%
C	20. 33	53. 9
H	2. 80	7. 4
N	0. 45	1. 2
S	0. 02	0. 1

续表

元　　素	全样品/%	可燃分/%
Cl	0.34	0.9
O	13.76	36.5
总计	37.5	100

2. 烟气温度

燃料燃烧产生的热量绝大部分贮存在烟气中，因此掌握烟气的温度无论对于了解燃烧效率还是进行余热利用都是十分重要的。燃料与空气混合燃烧后，在没有任何热量损失的情况下，燃烧烟气所能达到的最高温度称为“绝热火焰温度”，决定火焰温度的关键因素是燃料的热值。由于燃烧过程中必然伴随部分热量损失，实际烟气温度总是低于绝热火焰温度。但它可以给出理论上可以达到的最高烟气温度(即炉膛温度)。

理论燃烧温度(绝热火焰温度)可以通过下列近似方法求得：

$$H_L = V C_{pg}(T-T_0) \tag{5-19}$$

式中：H_L为燃料的低热值，kJ/kg；C_{pg}为废气在 T 及 T_0 间的平均比热容，在 0~100℃范围内，$C_{pg} \approx 1.254$kJ/(kg·℃)；T_0 为大气或助燃空气温度,℃；T 为最终废气温度,℃；V 为燃烧产生的废气体积，m^3。

此时 T 可当成是近似的理论燃烧温度(绝热火焰温度)，式(5-19)可以变换为：

$$T=\frac{H_L}{VC_{pg}}+T_0 \tag{5-20}$$

若系统总热损失为 ΔH，则实际燃烧温度可由下式估算：

$$T=\frac{H_L-\Delta H}{V C_{pg}}+T_0 \tag{5-21}$$

[例 5-2]　若采用以下假设：①空气比 $m=2$；②废气平均比热 $C_{pg}=0.333$kcal/(m^3·℃)；③大气温度为 20℃；④$H_1=1488$kJ/kg。化学元素分析资料为：[C]=0.194kg/kg、[H]=0.027kg/kg、[S]=0.0004kg/kg、[O]=0.131kg/kg、W=0.5kg/kg、[N]=0.004kg/kg。试求烟气量及燃烧温度。

解：理论需空气量为：

$$V_a=\frac{1}{0.21}\left\{1.867C+5.6\left([H]-\frac{[O]}{8}\right)+0.7S\right\}$$

$$=\frac{1}{0.21}\left\{1.867\times0.194+5.6\times\left(0.027-\frac{0.131}{8}\right)+0.7\times0.0004\right\}$$

$$=2.01(m^3/kg)$$

烟气量可计算如下：

$$V=(m-0.21)V_a+\frac{22.4}{12}\left([C]+6[H]+\frac{2}{3}W+\frac{3}{8}[S]+\frac{3}{7}[N]\right)=V$$

$$=(2-0.21)\times 2.01+\frac{22.4}{12}\left(0.194+6\times 0.027+\frac{2}{3}\times 0.5+\frac{3}{8}\times 0.0004+\frac{3}{7}\times 0.004\right)$$

$$=3.60+1.29=4.89(m^3/kg)$$

已知：$H_1=1488kcal/kg$；$V=4.89m^3/kg$；$C_{pg}=0.333kcal/(m^3\cdot ℃)$；$T_1=20℃$

则理论燃烧温度为：

$$t_2=\frac{H_1}{V\ C_{pg}}+t_1=T=\frac{1488}{4.89\times 0.333}+20=934(℃)$$

3. 焚烧系统热平衡计算

固体废物焚烧系统中，输入系统的热量总和应等于输出系统的热量总和，此即热量平衡。在进行固体废物焚烧热量平衡计算时，需要确定基准温度，这个基准温度可以取为0℃，也可以取为环境大气温度。

1)热量输入组成

①燃料发热量 H_{i1}；

采用高热值时，$H_{i1}=H_h(kcal/kg)$；

采用低热值时，$H_{i1}=H_1(kcal/kg)$。

②燃料显热 H_{i2}；

$$H_{i2}=C_f(\theta_f-\theta_0) \tag{5-22}$$

③助燃空气显热 H_{i3}；

$$H_{i3}=A\ C_a(\theta_a-\theta_0) \tag{5-23}$$

式中：A 为助燃空气量，kg/kg 或 m^3/kg；C_a 为空气的等压比热容，kJ/(kg·℃)或 kcal/(kg·℃)；θ_a 为空气入口温度,℃。

2)热量输出组成

①烟气带走的热量 H_{o1}。以低热值计算：

$$H_{o1}=V_dC_g(\theta_g-\theta_0)+(V-V_d)C_S(\theta_g-\theta_0) \tag{5-24}$$

式中：C_g 为烟气平均等压比热；C_s 为水蒸气平均等压比热；θ_g 为烟气温度。

以高热值计算：

$$H_{oh}=V_dC_g(\theta_g-\theta_0)+(V-V_d)[C_S(\theta_g-\theta_0)+r] \tag{5-25}$$

式中：r 为水的蒸发潜热。

②不完全燃烧造成的热损失 H_{o2}。该部分热损失主要包括底灰不完全燃烧造成的热损失和飞灰不完全燃烧造成的热损失，其计算分别见式(5-26)和式(5-27)。

$$H'_{o2}=6000\ I_g a(kcal/kg) \tag{5-26}$$

式中：a 为灰分，kg/kg；I_g 为底灰中残留可燃物分量，约等于热灼碱量；“6000”为底灰中残留可燃物的热值，kcal/kg。

$$H''_{o2}=8000\ dC_d(kcal/kg) \tag{5-27}$$

式中：d 为飞灰量，kg/kg；C_d 为飞灰中可燃物分量；“8000”为飞灰中残留可燃物的热值，kcal/kg。

③焚烧灰带走的显热 H_{o3}；

$$H_{o3}=a\ C_{as}(\theta_{as}-\theta_0) \tag{5-28}$$

式中：C_{as}为焚烧灰的比热容，kcal/kg，约等于 0.3；θ_{as}为焚烧灰出口温度。

④炉壁散热损失 H_{o4}。通常由入热和出热的差值计算，需要单独计算时，单位时间炉壁的散热量可以表示为：

$$H'_{o4}=\sum h_e(\theta_s-\theta_a)F+4.88\varepsilon\left[\left(\frac{T_s}{100}\right)^4-\left(\frac{T_a}{100}\right)^4\right]F \tag{5-29}$$

式中：h_e为对流传热系数；θ_s为炉外壁表面温度,℃；T_s为炉外壁表面温度，K；θ_a为环境大气温度,℃；T_a为环境电器温度，K；F 为炉外壁面积，m^2；ε 为炉外壁表面辐射率。

H'_{o4}也可以由下式求得：

$$H'_{o4}=\frac{\lambda(\theta_i-\theta_s)}{L}F(\mathrm{kcal/h}) \tag{5-30}$$

式中：λ 为炉壁的热导率；θ_i为炉内壁温度；L 为壁厚，m。

换算成 1kg 燃料：

$$H_{o4}=\frac{H'_{o4}}{M} \tag{5-31}$$

式中：M 为单位时间的投料量，kg/h。

[例 5-3] 已知垃圾样品的元素分析及三成分分析数据列于表 5-10。若焚烧系统中重要参数也已得到列于下表。假设焚烧厂内没有废热回收及冷却设备，试求各种热源及热损失的大小。

解：

①热源。

a. 由垃圾的低位发热量所带来的热焓：

$$H_1=1400\times8000=11200000(\mathrm{kcal/h})$$

b. 由预热空气带来的热焓：

$$H_2=m\ V_a t_1 C_{pg} F=2.2\times1.74\times180\times0.35\times8000=1708800(\mathrm{kcal/h})$$

总进入热源=11200000+1708800=12908800(kcal/h)

②热损失。

a. 废气余热排放所带走的热焓：

$$H_3=V\ t_2 C_{pg} F=4.74\times900\times0.35\times8000=11944800(\mathrm{kcal/h})$$

b. 灰烬余热所带走的热焓：

已知灰烬温度 300℃，产量为垃圾进料量的 10%，比热容为 0.2kcal/kg℃，则：

$$H_4=0.1\times0.2\times300\times8000=48000(\mathrm{kcal/h})$$

c. 辐射热损失：

假设辐射热损失为总进入热源的 5%，则：

$$H_5=12908800\times0.05=645440(\mathrm{kcal/h})$$

d. 灰烬残碳所带走的热焓：

已知碳的热值为 8100kcal/kg

表 5-10　　　**垃圾成分分析表**

热值 H_1(kcal/kg)	元素分析(%)						可燃分(%)	灰分(%)	水分(%)
1400	C 47.04	O 43.65	H 6.95	N 1.35	S 0.12	Cl 0.89	38	10	52
焚烧系统的重要设计及操作参数									
项目	符号	单位	数值	项目			符号	单位	数值
进料速率	F	t/h	8	废气产率			V	m^3/kg	4.74
空气预热温度	t_1	℃	180	废气的平均定压比热容			C_{pg}	kcal/(m^3·℃)	0.35
空气比	M	—	2.2	灰烬温度			t_a	℃	300
燃烧温度	t_2	℃	900	灰烬产量比例			K	%	10
灰烬中残碳量	n	%	1.00	灰烬比热容			S	kcal/(kg·℃)	0.2
理论需空气量	V_a	m^3/kg	1.74						

$$H_6 = 8100 \times 8000 \times 0.01 = 648000(\text{kcal/h})$$

e. 废气中 CO 排放所带走的热焓：因题目中未说明 CO 的浓度，已知燃烧碳变成 CO 与变成 CO_2 所产生的热焓的大小差异为 5954kcal/kg，假设燃烧的垃圾含碳量为 15.68%，而 CO 占 CO_2 约 1%，则废气中 CO 排放所带走的热焓为：

$$H_7 = 0.01 \times (0.1568 - 0.01) \times 5954 \times 8000 = 69924(\text{kcal/h})$$

因此，可以统计出总热损失：

总热损失 $= H_3 + H_4 + H_5 + H_6 + H_7 = 11944800 + 48000 + 648000 + 69924 = 12710724(\text{kcal/h})$

入热与出热的差额可视为其他次要损失(小于总进入热量的 2%)。

所以，其他次要热损失 = 12908800 − 12710724 = 198076(kcal/h)

[例 5-4]　如果已知垃圾的低位发热量为 $H_L = 1500$kcal/kg，预热空气带来的热焓为未知数 X，但辐射热损失比率为 5%，损失热量为 90kcal/kg，假设该厂没有废热回收，预热空气温度为 200℃，假设主要热损失为辐射热，并假设大气温度为 20℃ 及废气平均定压比热 0.35kcal/(m^3/℃)，废气产量为 5m^3/kg，试推求预热空气带来的热焓及燃烧温度。

解：

已知辐射热损失为 90kcal/kg，占 5%，则总进入的热源为：

$$90/0.05 = 1800(\text{kcal/h})$$

因此由预热空气带来的热焓为 300kcal/kg。

可依简化的热平衡来计算燃烧温度如下：

$$1800 = 90 + (5)(0.35)(T - 20)$$

$$T = 996(℃)$$

[例 5-5]　若已知空气比为 $m = 2$，烟气平均定压比热为 0.333kcal/(m^3·℃)，各种热损失(ΔH)共约 145kcal/kg，助燃空气温度为 20℃，垃圾样品的元素分析及成分分析资

料如表5-11，试求垃圾的低位发热量，废气产率及燃烧温度。

表5-11 **垃圾样品的元素分析**

元素分析/%					可燃分/%	水分/%
C	H	O	N	S		
17.89	2.57	12.11	0.55	0.04	34.54	49.97

解：

①求低位发热量。

垃圾元素主要的燃烧反应如下：

$C+O_2 \longrightarrow CO_2+97200(cal/mol)(8100kcal/kg)$

$C+\frac{1}{2}O_2 \longrightarrow CO+29620(cal/mol)$

$CO+\frac{1}{2}O_2 \longrightarrow CO_2+67580(cal/mol)$

$H_2+\frac{1}{2}O_2 \longrightarrow H_2O_{(f)}+68500(cal/mol)(34000kcal/kg)$

$H_2+\frac{1}{2}O_2 \longrightarrow H_2O_{(g)}+57750(cal/mol)$

$S+O_2 \longrightarrow SO_2+70860(cal/mol)(2200kcal/kg)$

因此高位及低位发热量亦可表达为：

$$H_H=8100C+34000\left([H]-\frac{[O]}{8}\right)+2200S(kcal/kg)$$

$$H_L=H_H-600(W+9H)(kcal/kg)$$

则：

$$H_H=8100\times0.1789+34000\times\left(0.0257-\frac{0.1211}{8}\right)+2200\times0.0004=1890(kcal/kg)$$

$$H_L=H_H-600(W+9H)=1890-600\times(0.4997+9\times0.0257)=1451(kcal/kg)$$

②求废气产率。

$$V_a=\frac{1}{0.21}\left[1.867\times0.1789+5.6\times\left(0.0257-\frac{0.1211}{8}\right)+0.7\times0.0004\right]=1.87(m^3/kg)$$

$$V=(2-0.21)\times1.87+\frac{22.4}{12}\left(0.1789+6\times0.0257+\frac{2}{3}\times0.4997+\frac{3}{8}\times0.0004+\frac{3}{7}\times0.0055\right)$$

$$=4.60(m^3/kg)$$

③求燃烧温度。

$$t=\frac{H_1-\Delta H}{V\,C_{pg}}+20=T=\frac{1451-145}{4.60\times0.333}+20=873(℃)$$

习题与思考题

1. 影响固体废物焚烧处理的主要因素有哪些？这些因素对固体废物焚烧处理有何重要影响？为什么？

2. 在进行生活垃圾焚烧处理过程中，对空气进行预热有何实际意义？预热空气的温度对焚烧处理过程的技术－经济性有什么影响？

3. 在垃圾焚烧处理过程中，如何控制二恶英类物质(PCDDs)对大气环境的污染？

4. 试分析生活垃圾中的硫、氮、氯、废塑料、水分等成分，在垃圾焚烧处理过程中可能发生的物理化学变化，它们对垃圾焚烧效果及烟气治理有何影响？

5. 目前，固体废物焚烧炉有哪些主要炉型？它们各有何特点？

6. 有 100kg 混合垃圾，其物理组成是食品垃圾 25kg、废纸 40kg、废塑料 13kg、破布 5kg、废木材 2kg，其余为土、灰、砖等。求混合垃圾的热值。(食品垃圾热值：4650kJ/kg；废纸热值：16750kJ/kg；废塑料热值：32570kJ/kg；破布热值：17450kJ/kg；废木材热值：18610kJ/kg；土、灰、砖热值：6980kJ/kg)

7. 何谓固体废物的热解？

8. 热解与焚烧的区别是什么？

9. 固体废物热解的特点有哪些？

10. 固体废物的热解工艺是如何分类的？

11. 城市生活垃圾的热解工艺主要有哪些类型？

第 6 章　固体废物最终处置

6.1　概述

6.1.1　固体废物处置的定义

对固体废物实行污染控制的目标是尽量减少或避免其产生，并对已经产生的废物实行资源化、减量化和无害化管理。但是，就目前世界各国的技术水平来看，采用任何先进的污染控制技术，都不可能对固体废物实现百分之百的回收利用，最终必将产生一部分无法进一步处理或利用的废物。为了防止日益增多的各种固体废物对环境和人类健康造成危害，需要给这些废物提供一条最终出路，即解决固体废物的处置问题。

对于“处置”的概念，不同时期、不同文件其定义也不尽相同。其关键在于与“处理”一词的关系。在我国已出版的许多著作中认为，“处理”(treatment)是指通过物理、化学或生物的方法，将废物转化为便于运输、贮存、利用和处置形式的过程。换言之，处理是再生利用或处置的预处理过程；而对“处置”(disposal)的理解基本上等同于最终处置。

《控制危险废物越境迁移及其处置巴塞尔公约》将处置分为两部分。A 部分是指那些不能导致资源回收、再循环、直接利用或其他用途的作业方式，包括填埋、生物降解、注井灌注、排海、永久贮存等，同时也包括为此进行的部分预过程，如掺混、重新包装、暂存等；B 部分是指可能导致资源回收、再循环、直接利用或其他用途的作业方式，包括作为燃料、溶剂、金属和金属化合物、催化剂等形式的回收利用以及废物交换等。这两部分都不包括对固体废物的减量、减容、减少或消除其危险成分的处理手段。

我国 2005 年修订后的《固体法》对“处置”的定义为：处置，是指将固体废物焚烧和用其他改变固体废物的物理、化学、生物特性的方法，达到减少已产生的固体废物数量、缩小固体废物体积、减少或者消除其危险成分的活动，或者将固体废物最终置于符合环境保护规定要求的填埋场的活动。根据这个定义，处置的范围实际上包括了大多数人过去所理解的处理与处置的全部内容。本章主要讨论固体废物的最终处置。

6.1.2　固体废物最终处置原则

固体废物最终处置的目的是使固体废物最大限度地与生物圈隔离，阻断处置场内废物与生态环境相联系的通道，以保证其有害物质不对人类及环境的现在和将来造成不可接受的危害。从这个意义上来说，最终处置是固体废物全面管理的最终环节，它解决的是固体废物最终归宿的问题。固体废物最终处置原则主要如下。

1. 分类管理和处置原则

固体废物种类繁多，危害特性和方式、处置要求及所要求的安全处置年限各有不同。就固体废物最终处置的安全要求而言，可根据所处置的固体废物对环境危害程度的大小和危害时间的长短进行分类管理，一般可分为以下六类：对环境无有害影响的惰性固体废物，如建筑废物、相对熔融状态的矿物材料等，即使在水的长期作用后对周围环境也无有害影响；对环境有轻微、暂时影响的固体废物，如矿业固体废物、粉煤灰等，废物对周围环境的污染是轻微的、暂时的；在一定时间内对环境有较大影响的固体废物，如生活垃圾，其有机组分在稳定化前会不断产生渗滤液和释放有害气体，对环境有较大影响；在较长时间内对环境有较大影响的固体废物，如大部分工业固体废物；在很长时间内对环境有严重影响的固体废物，如危险废物；在很长时间内对环境和人体健康有严重影响的废物，如特殊废物、高水平放射性废物等。

2. 最大限度与生物圈相隔离原则

固体废物特别是危险废物和放射性废物，其最终处置的基本原则是合理地最大限度地使其与自然和人类环境隔离，减少有毒有害物质释放进入环境的速率和总量，将其在长期处置过程中对环境的影响减至最低程度。

3. 集中处置原则

《固体法》把推行危险废物的集中处置作为防治危险废物污染的重要措施和原则。对危险废物实行集中处置，不仅可以节约人力、物力、财力，利于监督管理，也是有效控制乃至消除危险废物污染危害的重要形式和主要的技术手段。

6.1.3　填埋处置技术的历史与发展

1. 历史沿革

固体废物的土地填埋是从传统的废物堆填发展起来的一项最终处置技术。早在公元前3000—前1000年古希腊米诺文明时期，克里特岛的首府康诺索斯就曾把垃圾填入低凹的大坑中，并进行分层覆土。第一个城市垃圾填埋场于1904年在美国伊利诺伊州的香潘市建成，其后俄亥俄州的丹顿(1906年)、艾奥瓦州的达文波特(1916年)等地也相继建成和运行了城市垃圾填埋场。这些垃圾填埋场的建设和运行奠定了土地填埋处置的最早期技术基础。其经验证明，将垃圾埋入地下会大大减少因垃圾敞开堆放所带来的滋生害虫、散发臭气等问题。但是，这种早期的土地填埋方式也引起一些其他的环境问题，如：由于降水的淋洗及地下水的浸泡，垃圾中的有害物质溶出并污染地表水和地下水；垃圾中的有机物在厌氧微生物的作用下产生以 CH_4 为主的可燃性气体，从而引发填埋场的火灾或爆炸等。

这些问题逐渐为人们所认识。美国纽约州的腊芙河谷由于历史上不合理填埋危险废物而导致了严重公害事件以后，美国开始逐渐抛弃和改进上述传统的填埋方式。从20世纪60年代后，美国及其他一些国家相继制定法律、法规强化固体废物的管理，改进废物的土地填埋处置技术。例如，美国在 1976 年修订并颁布了《资源保护和回收法》，正式禁止继续使用传统的填埋方法。英国也于 1977 年实行了《填埋场地许可标准法》，用以促进传统填埋方法的完善和改进。目前填埋处置在大多数国家仍旧是固体废物最终处置的主要方式。在技术上已经逐渐形成了国际上较为公认的准则。根据被处置废物的种类所导致的技术要求上的差异，逐渐形成目前通常所指的两大类土地填埋技术和方式：即以生活垃圾类废物为对象的"土地卫生填埋"和以工业废物及危险废物为对象的"土地安全填埋"。

2. 土地填埋技术的发展

目前各国固体废物填埋场的设计标准不尽相同。对于卫生填埋场与安全填埋场的设计各自的要求也不完全一致。这些差别主要反映在对于防渗层、覆盖层的要求以及对渗滤液的收集与处理方面的差别上。大体上可以认为安全填埋是卫生填埋的改进和严格化。例如，天然土壤防渗层的渗透系数由卫生填埋的 10^{-7}cm/s 提高为安全填埋的 10^{-8}cm/s，安全填埋对防渗系统的设计要求全部采用双层人工合成材料防渗和双渗滤液收集与排放系统等。然而，几十年的运转经验证明，安全土地填埋也仍然不是绝对安全的。这是因为，所有的防渗层或防渗材料都有一定的工作寿命。例如，当以土壤作为天然防渗层时，在其吸附和离子交换能力饱和并被有害物质穿透以后，就基本失去了作为屏障的作用。而使用高分子合成材料(如高密度聚乙烯)作为防渗材料时，由于各种因素所导致的老化作用，会使得材料的机械性能逐渐恶化，最终出现渗漏。各国在提高合成材料的工作寿命方面做了大量的工作。

城市垃圾的卫生填埋可以使用厌氧方式，也可以使用好氧方式。在以往所进行的卫生填埋大多数属于厌氧填埋。其主要优点是结构简单、操作方便，可以回收一部分可燃性气体。但由于传统厌氧分解的速率很慢，通常在封场以后需要经过很长的时间(例如 30～40 年)，废物中的有机物才能降解完毕。在此期间，很难对土地充分利用。与之相反，好氧填埋是利用改良填埋场的设计和采用人工通风的方法，使垃圾进行好氧分解，从而在封场以后的很短的数年时间以内，即可以将有机物降解完毕，从而大大提高土地的利用率。该反应与堆肥化相近，因此可以产生 60℃以上的高温，对于消灭大肠杆菌等致病细菌十分有利。由于可以减少降解产生的水分，对地下水污染的威胁也较小。不过由于要进行人工通风，使得填埋场的结构较为复杂，造价和运行费用过高，不利于填埋场的大型化。因此，到目前尚未得到广泛应用。近年来，出现了一种在此二者之间的准好氧填埋方式。它是在设计填埋场时，有意识地提高渗滤液收集和排放系统的砾石排水层和管路的尺寸，从而形成管道中渗滤液的半流状态。通过较强的空气扩散作用使填埋的垃圾得到近似的好氧分解环境。该法的分解速率处于好氧分解和厌氧分解之间，由于取消了人工通风，所以比好氧填埋大大降低了运行费用。其缺点是需要留出部分空间贮存空气，所以在一定程度上减小了废物填埋场的利用率。该法在当前世界上所有大城市的土地都逐步趋向紧张的形势下，已经受到注意。

3. 土地填埋处置在固体废物管理中的地位

土地填埋作为固体废物的常用处置方法，在 20 世纪初就已开始使用。虽然在早些时间，人们曾认为处置城市固体废物的主要方法有焚烧、堆肥和土地填埋三种，但从近代的观点看来，这些废物在经过焚烧和堆肥化处理以后，仍然产生为数相当大的灰分、残渣和不可利用的部分需要在最终进行填埋。随着人们对土地填埋的环境影响认识的不断加深，废物的填埋实际上已经成为唯一现实可行的、可以普遍采用的最终处置途径。

由于技术、经济和国土面积等的差异，土地填埋在每个国家的废物处置中所占的比例不同，但对于所有国家，包括那些人口密度极大的工业发达国家在内，废物的填埋处置都是不可避免的。

6.1.4 填埋处置的意义

1. 填埋处置的主要功能

废物经适当的填埋处置后，尤其是对于卫生填埋，因废物本身的特性与土壤、微生物的物理及生化反应，形成稳定的固体(类土质、腐殖质等)、液体(有机性废水、无机性废水等)及气体(甲烷、二氧化碳、硫化氢等)等产物，其体积则逐渐减少而性质趋于稳定。因此，填埋法的最终目的是将废物妥善贮存，并利用自然界的净化能力，使废物稳定化、卫生化及减量化。因此，填埋场应具备下列功能：①贮存功能。具有适当的空间以填埋、贮存废物。②阻断功能。以适当的设施将填埋的废物及其产生的渗滤液、废气等与周围的环境隔绝，避免其污染环境。③处理功能。具有适当的设备以有效且安全的方式使废物趋于稳定。④土地利用功能。借助填埋利用低洼地、荒地或贫瘠的农地等，以增加可利用的土地。

2. 固体废物填埋处置的特点

填埋处理法与其他方法比较，其优缺点可以概括为以下几个方面。

①土地填埋有以下优点：a. 与其他处理方法比较，只需较少的设备与管理费，如推土机、压实机、填土机等，而焚烧与堆肥，则需庞大的设备费及维持费；b. 处理量较具有弹性，对于突然的废物量增加，只需增加少数的作业员与工具设备或延长操作时间；c. 操作很容易，维持费用较低，在装备上和土地方面不会有很大的损失；d. 比露天弃置所需的土地少，因为垃圾在填埋时经压缩后体积只有原来的30%～50%，而覆盖土量与垃圾量的比是1∶4，所以所需土地较少；e. 能够处理各种不同类型的垃圾，减少收集时分类的需要性；f. 比其他方法施工期较短；g. 填埋后的土地，有更大的经济价值，如作为运动或休憩场所。

②土地填埋有以下缺点：a. 需要大量的土地供填埋废物用，这在高度工业化地区或人口密度大的都市，土地取得明显很困难，尤其在经济运输距离之内更不易寻得合适土地；b. 填埋场的渗滤液处理费极高；c. 填埋地在城市以外或郊区，则常受到行政辖区因素限制，故运输费用往往是此处理法的缺点之一；d. 冬天或不良气候，如雨季操作较困难；e. 需每日覆土，若覆土不当易造成污染问题，如露天弃置；f. 良质覆土材料不易取得。

6.1.5 生物反应器填埋场及其发展

生物反应器填埋场是对传统填埋场运行方式的改进，它通过控制填埋场内部湿度和营养状况，提高场内微生物活性，从而控制垃圾稳定化进程。根据操作方式不同，生物反应器填埋场可分为厌氧型(anaerobic)、好氧型(aerobicoraerox)、混合型(hybridoranaerobic-aerobic)、兼氧型(facultative)，以及准好氧型(semi-aerobic)即福冈模式(Fukuoka Method)等若干种。图 6-1 所示为生物反应器填埋场概念图。

目前广泛采用的是操作简便的厌氧型生物反应器填埋场。该模式主要包括：可控制的渗滤液收集、存储、回灌及后续处理系统；填埋场防渗系统；填埋气体收集、净化或综合利用系统；以及环境监测、填埋作业、覆盖、排水系统等几部分。

好氧生物反应器填埋场在回灌渗滤液的同时鼓入空气，使填埋场内部保持有氧反应的状态，可以加快填埋场的稳定化进程。但其能耗和成本很高，也没有对垃圾中有机组分的生物质能进行利用，因而应用和研究得相对较少。

混合型生物反应器填埋场综合了厌氧型操作的简便性和好氧型快速降解垃圾的特点，即向最上层垃圾鼓入空气，下层垃圾注入渗滤液等液体并收集填埋气体加以利用，这种序批式的处理方法，可以有效地减轻或消除厌氧条件下有机酸累积对产甲烷菌的危害，同时有利于去除垃圾中的挥发性有机物。

准好氧填埋场的设计思想又有所不同：不用动力供氧，而是利用渗滤液收集管道的不满流(50%)设计，使空气在垃圾堆体发酵产生温差的推动下自然通入，使填埋场内部存在一定的好氧区域，可以加快填埋垃圾和渗滤液的降解、稳定速度。

出于脱氮的考虑，兼氧型生物反应器填埋场应运而生，即在厌氧填埋的基础上，将渗滤液预先硝化处理后再回灌，如图 6-1(c)所示，以硝态氮充当电子供体，促进氨氮转化为无害的 N_2，加速垃圾体和渗滤液的稳定化。

早在 1970 年，Pohland 等提出了利用渗滤液回灌控制填埋场稳定化进程的方法，并通过实验室试验验证了回灌的效果。从 20 世纪 80 年代开始，这种方法得到了广泛重视，由实验室规模实验走向中试规模实验和全规模实验，并开始得到实际应用，截至 1993 年，在美国、德国、英国和瑞典，已经有接近 20 个生物反应器填埋场。根据北美固体废弃物组织 1997 年的调查结果，在美国境内，已经有超过 130 个填埋场实行了渗滤液回灌，积累了相当丰富的运行管理经验。

此外，欧盟也在 1999 年提出，建设生物反应器填埋场是实现废物最优化处置的可行策略之一。现在很多其他地区的国家也开始关注这一技术，澳大利亚、加拿大、南美、南非、日本和新西兰等都有关于生物反应器填埋场的研究报道。

我国从 1990 年末也开始对生物反应器填埋技术进行相关研究，如渗滤液回灌过程中的水质变化规律或垃圾填埋层对渗滤液的处理效果、加速 LFG 或 CH_4产出和垃圾稳定化的效果及影响因素、好氧/准好氧操作方式或填埋场空气状况对含氮物质降解和垃圾稳定化过程的促进或影响以及回灌出水中 NH_4^+-N、难降解有机物的深度处理工艺等，但大多局限于试验室规模，缺乏现场规模的试验数据和工程应用。

国内外众多研究和实践证明，渗滤液或其他水分的引入能加大生物反应的活度，以厌

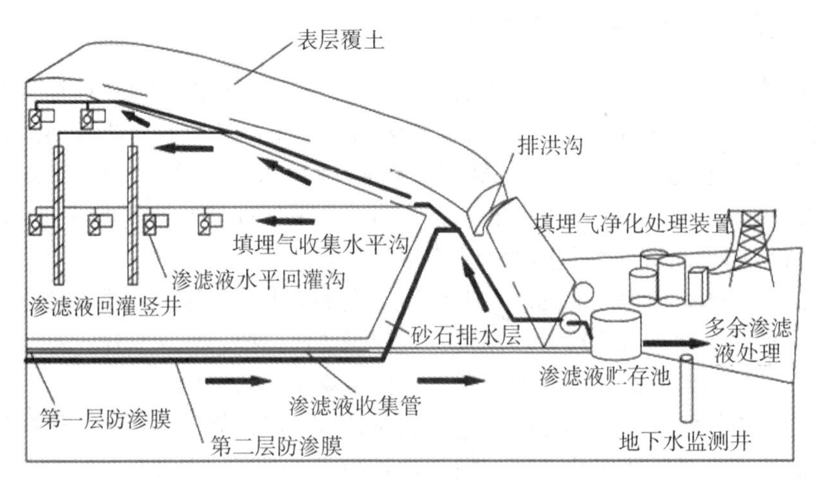

（a）厌氧型生物反应器填埋场概念图

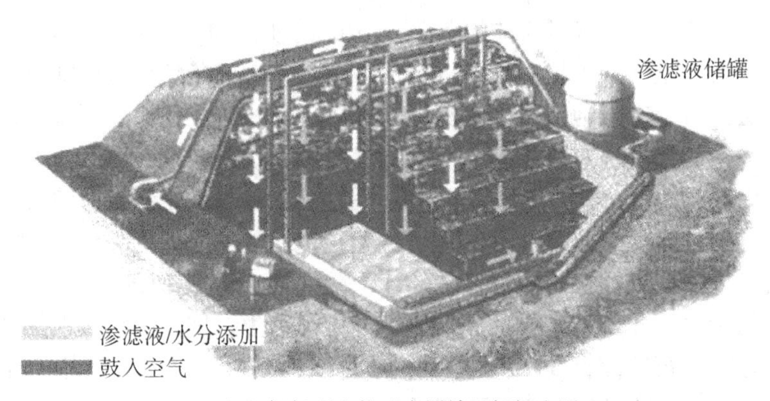

（b）好氧型生物反应器填埋场概念图

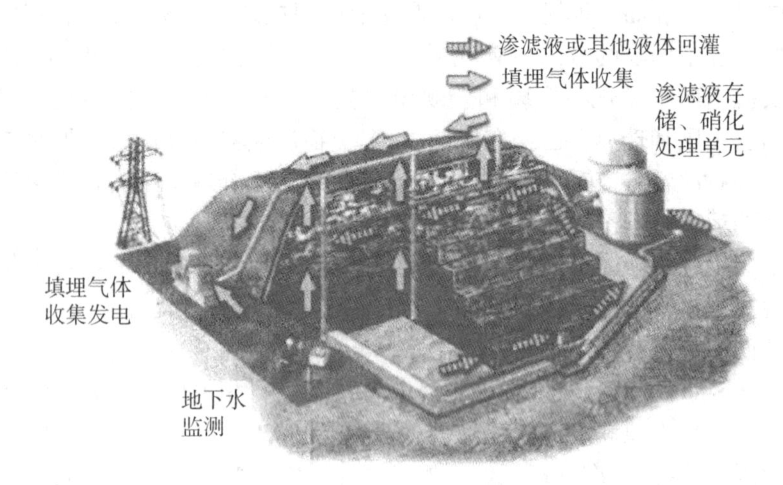

（c）兼氧型生物反应器填埋场概念图

图 6-1　生物反应器填埋场概念图

氧型生物反应器填埋场为例，如果操作得当，相对于传统卫生填埋场，主要有以下一些优势。

①减少了渗滤液处理负担。通过简单的回灌，能够使渗滤液中的有机物浓度更快降低，减少了渗滤液贮存和处理的负荷及成本。

②增大了填埋气体产生速率。使填埋气体的产生在有控制的条件下进行，改善了填埋气体的质量，充分利用了渗滤液中的有机物质，使填埋气体的利用更具经济性。

③减小了环境影响。通过对渗滤液、填埋气体的有效控制、收集和净化，减少了对地下水、地表水和周围环境的影响，并可降低温室气体的排放。

④提高了填埋场的空间利用率和使用寿命。利用生物反应器工艺，填埋场一般能增加15%~50%的库容，提高了土地利用效率和填埋场寿命。

⑤减小了填埋场长期潜在隐患和封场维护。生物反应器填埋场能在比较短的时间内达到深层次的稳定状态，缩短了填埋场封场维护期和长期的监测负担。

但目前，生物反应器填埋场仍存在着一些或有些潜在问题需要解决，如有机酸或氨氮的累积、未知的填埋气体释放和臭气的增加、填埋场防渗衬垫系统的失效、填埋场或垃圾堆体的不稳定性等。

我国在应用渗滤液回灌技术时，尤其要做好充分的技术和管理准备。例如，国内填埋场很少采用双衬层结构，防渗层的安全性不够，对防渗层上水位也往往缺乏监测，再加上操作不当对底层防渗的破坏作用，如果盲目地进行渗滤液回灌，极易污染地下水，因而存在极大的风险性。目前，我国已经有一些填埋场在进行渗滤液回灌的试验，如上海老港垃圾填埋场、北京北神树垃圾填埋场、深圳下坪垃圾填埋场和广州李坑垃圾填埋场，但均没有严格地按照生物反应器填埋场的方法来设计和运行，其长期性能有待进一步验证或提高。

6.2 填埋处置技术分类

到目前为止，土地填埋仍然是应用最广泛的固体废物的最终处置方法。现行的土地填埋技术有不同的分类方法，例如，根据废物填埋的深度可以划分为浅地层填埋和深地层填埋；根据处置对象的性质和填埋场的结构形式可以分为惰性填埋、卫生填埋和安全填埋等。但目前被普遍承认的分类法是将其分为卫生填埋和安全填埋两种。前者主要处置城市垃圾等一般固体废物，而后者则主要以危险废物为处置对象。这两种处置方式的基本原则是相同的，事实上安全填埋在技术上完全可以包含卫生填埋的内容。对于一般工业固体废物贮存和处置场的建设，根据产生的工业固体废物的性质差异，又可以分为Ⅰ类和Ⅱ类贮存和处置场。

6.2.1 惰性填埋法

惰性填埋法指将原本已稳定的废物，如玻璃、陶瓷及建筑废料等，置于填埋场，表面覆以土壤的处理方法。本质上惰性填埋法着重其对废物的贮存功能，而不在于污染的防治（或阻断）功能。

由于惰性填埋场所处置的废物都是性质已稳定的废物，因此该填埋方法极为简单。图 6-2 所示为惰性填埋场的构造示意图，其填埋所需遵循的基本原则如下：

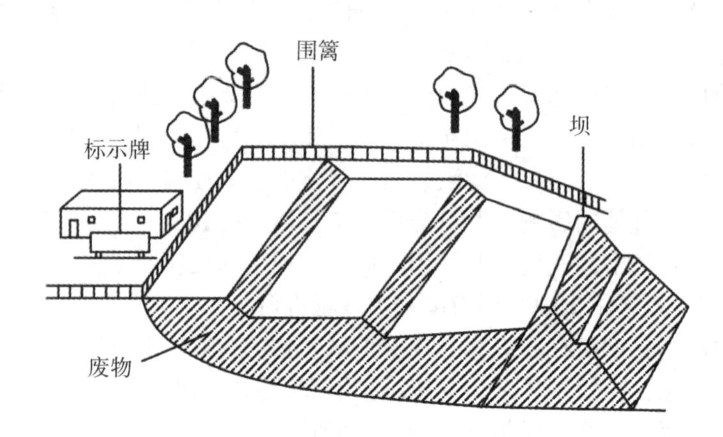

图 6-2　惰性填埋场的构造示意图

①根据估算的废物处理量，构筑适当大小的填埋空间，并须筑有挡土墙。

②于入口处竖立标示牌，标示废物种类、使用期限及管理人。

③于填埋场周围设有转篱或障碍物。

④填埋场终止使用时，应覆盖至少 15cm 的土壤。

6.2.2　卫生填埋法

卫生填埋法指将一般废物(如城市垃圾)填埋于不透水材质或低渗水性土壤内，并设有渗滤液、填埋气体收集或处理设施及地下水监测装置的填埋场的处理方法，通常填埋处置无需稳定化预处理的非稳定性的废物，最常用于城市垃圾填埋。此法也是最普遍的填埋处理法。

1. 卫生填埋场基本结构

图 6-3(a)与图 6-3(b)是卫生填埋场构造示意图。

卫生填埋场填埋方法所需遵循的基本原则如下：

①根据估算的废物处理量，构筑适当大小的填埋空间，并须筑有挡土墙。

②于入口处竖立标示牌，标示废物种类、使用期限及管理人。

③于填埋场周围设有转篱或障碍物示意图。

④填埋场须构筑防止地层下陷及设施沉陷的措施。

⑤填埋场应铺设进场道路。

⑥应有防止地表水流入及雨水渗入设施。

⑦卫生填埋场防渗层要求见下。

⑧须根据场址地下水流向在填埋场的上下游各设置一个以上监测井。

⑨除填埋物属不可燃者外，须设置灭火器或其他有效消防设备。

⑩应有收集或处理渗滤液的设施。

⑪应有填埋气体收集和处理设施。

⑫填埋场于每工作日结束时，应覆盖15cm以上的黏土，予以压实；于终止使用时，覆盖50cm以上的细土。

卫生填埋场基本结构图如图6-3所示。

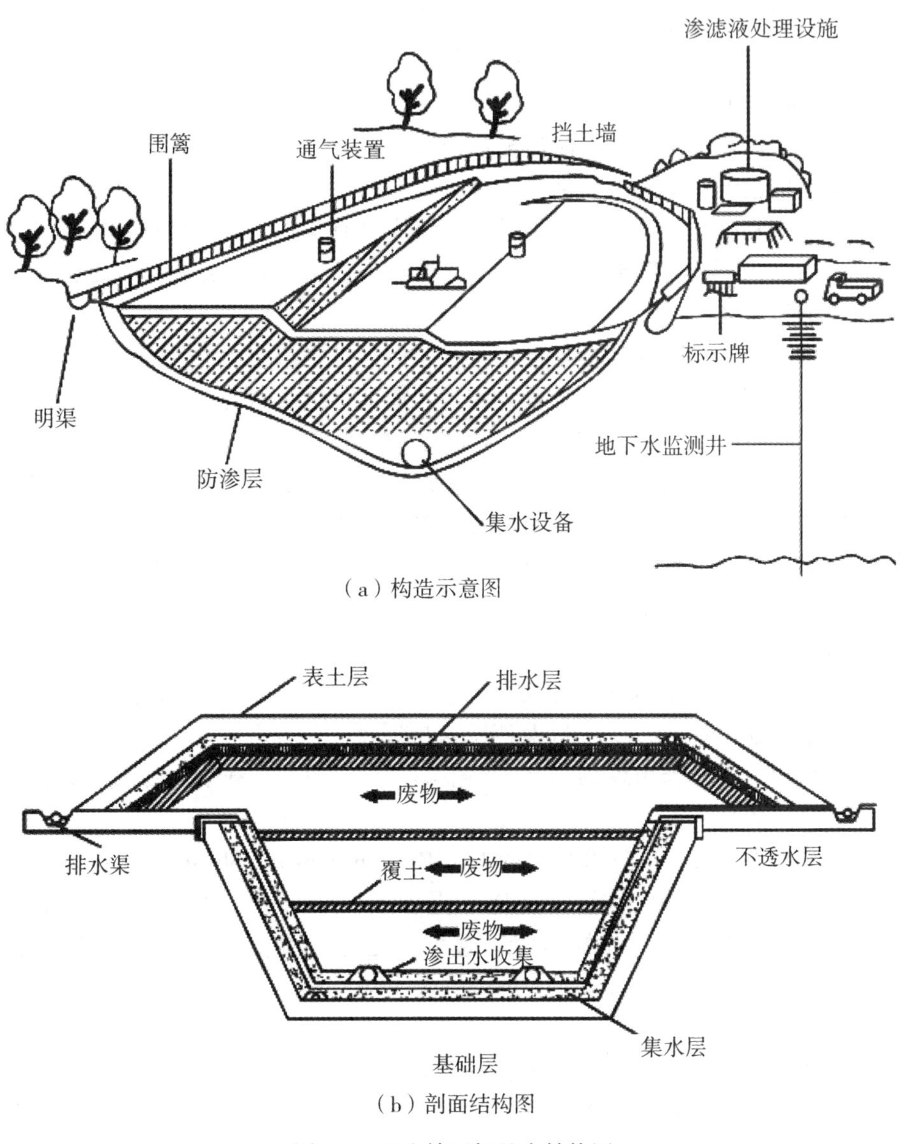

（a）构造示意图

（b）剖面结构图

图6-3　卫生填埋场基本结构图

2. 卫生填埋场防渗结构

为保证生活垃圾卫生填埋场(以下简称“卫生填埋场”)防渗系统工程的建设水平、可靠性和安全性，防止垃圾渗滤液渗漏对周围环境造成污染和损害，中华人民共和国住房和城乡建设部先后颁布了行业标准《生活垃圾卫生填埋技术规范(CJJ 17—2004)》和《生活垃圾卫生填埋场防渗系统工程技术规范》(CJJ 113—2007)，对卫生填埋场防渗系统工程的设计、施工、验收及维护等进行了规定，要求卫生填埋场基础必须具有足够的承载能力，且应采取有效措施防止基础层失稳，卫生填埋场的场地和四周边坡必须满足整体及局部稳定性的要求，防渗系统工程应在填埋场的使用期限和封场后的稳定期限内有效地发挥其功能。在进行防渗系统工程设计时应依据填埋场分区进行设计，填埋场场底的纵、横坡度不宜小于2%，垃圾填埋场渗滤液处理设施必须进行防渗处理。

《生活垃圾卫生填埋场防渗工程技术规范》(CJJ 113—2007)要求卫生填埋场防渗系的设计应符合下列要求：选用可靠的防渗材料及相应的保护层；设置渗滤液收集导排系统；垃圾填埋场工程应根据水文地质条件的情况，设置地下水收集导排系统，以防止地下水对防渗系统造成危害和破坏；地下水收集导排系统应具有长期的导排性能。防渗结构的类型应分为单层防渗结构、复合防渗结构和双层防渗结构，复合防渗结构是目前最常采用的卫生填埋场防渗结构形式。

无论采用单层防渗层结构还是复合防渗层结构，其防渗结构并无显著差异，只是防渗的性能有所不同，其结构层次从上至下分别为：渗滤液收集导排系统、防渗层(含防渗材料及保护材料)、基础层、地下水收集导排系统。根据所使用的防渗材料的不同，可以分为天然黏土防渗和人工材料防渗；根据起防渗作用的材料层而言，采用一层防渗材料的形成单层防渗层，采用两层或几层紧密接触的防渗材料的形成复合防渗层。而双层防渗结构是在单层防渗结构基础上又增加了一个防渗层和一个渗漏检测层。双层防渗结构中的主防渗层和次防渗层分别可以是单层防渗层或复合防渗层。

①单层防渗层结构。

a. 压实黏土单层防渗。采用黏土类衬层(自然防渗)的填埋场，天然黏土类衬层的渗透系数不应大于1.0×10^{-7}cm/s，场底及四壁衬层厚度不应小于2m；或者改良土衬层性能应达到黏土类防渗性能。当填埋场不具备黏土类衬层或改良土衬层防渗要求时，宜采用自然和人工结合的防渗技术措施。

b. HDPE膜单层防渗。该防渗结构的HDPE(high density polyethlene)膜上应采用非织造土工布(geo-textile)作为保护层，规格不得小于600g/m^3，HDPE膜的厚度不应小于1.5mm并应具有较大延伸率，膜的焊(粘)接处应通过试验、检验；HDPE膜下应采用压实土壤作为保护层，压实土壤渗透系数不得大于1×10^{-5}cm/s，厚度不得小于750mm。

②复合防渗层结构。

a. HDPE膜和压实土壤的复合防渗层。HDPE膜上应采用非织造土工布作为保护层，规格不得小于600g/m^3，HDPE膜的厚度不应小于1.5mm；压实土壤渗透系数不得大于1×10^{-7}cm/s，厚度不得小于750mm。

b. HDPE膜和GCL的复合防渗层。HDPE膜上应采用非织造土工布作为保护层，规格不得小于600g/m^3，HDPE膜的厚度不应小于1.5mm；GCL(geo-clayliner)渗透系数不得大于5×10^{-9}cm/s，规格不得低于4800g/m^3，GCL下应采用一定厚度的压实土壤作为保护层，压实土壤渗透系数不得大于1×10^{-5}cm/s。

③双层防渗结构。该层次从上至下为渗滤液收集导排系统、主防渗层(含防渗材料及保护材料)、渗漏检测层、次防渗层(含防渗材料及保护材料)、基础层、地下水收集导排系统。双层防渗结构的防渗层设计应符合下列规定：主防渗层和次防渗层均应采用HDPE膜作为防渗材料，HDPE膜厚度不应小于1.5mm；主防渗层HDPE膜上应采用非织造土工布作为保护层，规格不得小于600g/m^3，HDPE膜下宜采用非织造土工布作为保护层；次防渗层HDPE膜上宜采用非织造土工布作为保护层，HDPE膜下应采用压实土壤作为保护层，压实土壤渗透系数不得大于1×10^{-5}cm/s，厚度不宜小于750mm；主防渗层和次防渗层之间的排水层宜采用复合土工排水网(geo-net)。

④填埋场基础层。基础层应平整、压实、无裂缝、无松土，表面应无积水、石块、树根及尖锐杂物。防渗系统的场底基础层应根据渗滤液收集导排要求设计纵、横坡度，且向边坡基础层平缓过渡，压实度不得小于93%。防渗系统的四周边坡基础层应结构稳定，压实度不得小于90%。边坡坡度陡于1∶2时，应做出边坡稳定性分析。场底地基应是具有承载能力的自然土层或经过辗压、夯实的平稳层，且不应因填埋垃圾的沉陷而使场底变形、断裂。场底应有纵、横坡度。纵、横坡度宜在2%以上，以利于渗滤液的导流。黏土表面经辗压后，方可在其上铺设人工衬层。铺设人工衬层材料应焊接牢固，达到强度要求，局部不应产生下沉拉断现象。在大坡度斜面铺设时，应设锚定平台。

3. 卫生填埋场的封场

①卫生填埋场的封场工作应按设计进行施工，并应在专业人员现场监督指导下进行。

②卫生填埋场最后封场应在填埋场上覆盖黏土或人工合成材料。黏土的渗透系数应小于1.0×10^{-7}cm/s，厚度为20~30cm；其上再覆盖20~30cm的自然土，并均匀压实。采用HDPE膜人工材料覆盖，厚度不应小于1mm；膜下采用黏土保护层，膜上采用粗粒或多孔材料保护、排水，厚度宜在20~30cm。

③填埋场封场后应覆盖植被。根据种植植物的根系深浅来选定。覆盖营养土层厚度，不应小于20cm，总覆盖土应在80cm以上。

④填埋场封场应充分考虑堆体的稳定性和可操作性。封场坡度宜为5%。

⑤封场应考虑地表水径流、排水防渗、覆盖层渗透性和填埋气体对覆盖层的顶托力等因素，使最终覆盖层安全长效。

6.2.3　安全填埋法

安全填埋法指将危险废物填埋于抗压及双层不透水材质所构筑的填埋场，并设有阻止污染物外泄及地下水监测装置的一种处理方法。安全填埋场专门用于处理危险废物，危险废物进行安全填埋处置前需经过稳定化固化预处理。

1. 安全填埋场结构

安全填埋主要用于处理危险废物，因此不单填埋场地构筑上较前两种方法复杂，且对处理人员的操作要求也更加严格。图6-4所示为安全填埋场的构造示意图，其填埋方法所应遵循的基本原则如下：

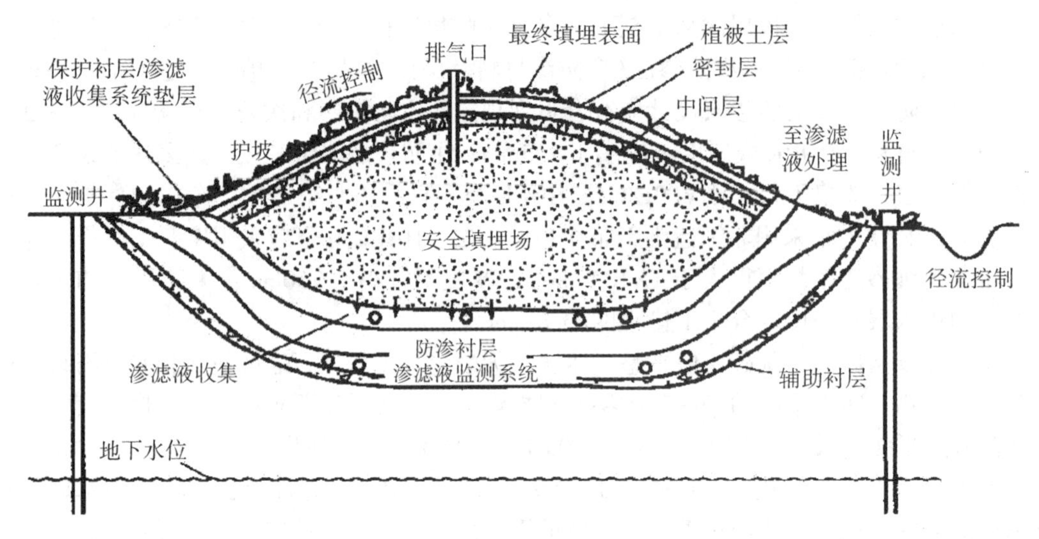

图 6-4　安全填埋场的构造示意图

①根据估算的废物处理量，构筑适当大小的填埋空间，并须筑有挡土墙。

②于入口处竖立标示牌，标示废物种类、使用期限及管理人。

③于填埋场周围设转篱或障碍物。

④填埋场须构筑防止地层下陷及设施沉陷的措施。

⑤须根据场址地下水流向在填埋场的上下游各设置一个以上监测井。

⑥除填埋物属不可燃者外，须设置灭火器或其他有效消防设备。

⑦填埋场应有抗压及抗震的设施。

⑧填埋场应铺设进场道路。

⑨应有防止地表水流入及雨水渗入的设施。

⑩按不同级别危险废物的种类、特性及填埋场土壤性质，采取防腐蚀、防渗漏措施。

⑪设置填埋场衬层系统。

⑫应有收集或处理渗滤液的设施。

⑬当填埋场处置的废物数量达到填埋场设计容量时，应实行填埋封场，封场要求见危险废物封场设计。

需要强调的是，有些国家要求安全填埋场将废物填埋于具有刚性结构的填埋场内，其目的是借助此刚性体保护所填埋的废物，以避免因地层变动、地展或水压、土压等应力作用破坏填埋场，而导致废物的失散及渗滤液的外泄。刚性结构安全填埋场构造示意图如图 6-5 所示。采用刚性结构的安全填埋场其刚性体的设计需遵循以下设计要求。

①材质。人工材料如混凝土、钢筋混凝土等结构；自然地质可资利用的天然岩磐或岩石。

②强度。应具有单轴压缩强度在 245kgf/cm^{2}以上。

③厚度。作为填埋场周围的边界墙厚度至少达 15cm；单体间的隔墙厚度至少达 10cm。

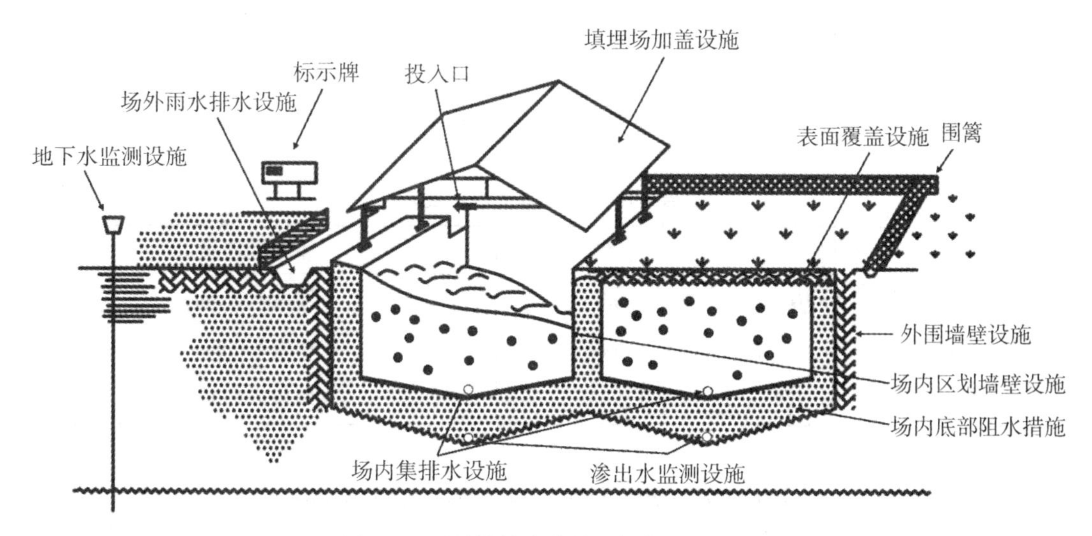

图 6-5 刚性结构安全填埋场构造示意图

④面积。每单体的填埋面积以不超过 $50m^2$ 为原则。

⑤体积。每一单体的填埋容积以不超过 $250m^3$ 为原则。

⑥在无遮雨设备的条件下，废物在实施安全填埋作业时，以一次完成一个填埋单体为原则；为避免产生巨大冲击力，填埋时应以抓吊方式作业，当贮存区饱和后，即实施刚性体的封顶工程。

2. 安全填埋场防渗层结构

根据《危险废物填埋污染控制标准》(GB 18598—2001)，安全填埋场防渗层的结构设计根据现场条件分别采用天然材料衬层、复合衬层或双人工衬层等类型，不同种类衬层结构设计的要求如下。

①安全填埋场防渗层所选用的材料应与所接触的废物相容，并考虑其抗腐蚀性。

②安全填埋场天然基础层的饱和渗透系数不应大于 1.0×10^{-5}cm/s，且其厚度不应小于 2m。

③安全填埋场应根据天然基础层的地质情况分别采用天然材料衬层、复合衬层或双人工衬层作为其防渗层。

④如果天然基础层饱和渗透系数小于 1.0×10^{-7}cm/s，且厚度大于 5m，可以选用天然材料衬层。天然材料衬层经机械压实后的饱和渗透系数不应大于 1.0×10^{-7}cm/s，厚度不应小于 1m。

⑤如果天然基础层饱和渗透系数小于 1.0×10^{-6}cm/s，可以选用复合衬层。复合衬层必须满足下列条件：

a. 天然材料衬层经机械压实后的饱和渗透系数不应大于 1.0×10^{-7}cm/s，厚度应满足表 6-1 所列指标，坡面天然材料衬层厚度应比表 6-1 所列指标大 10%；

b. 人工合成材料衬层可以采用高密度聚乙烯(HDPE)材料，其渗透系数不大于 10^{-12} cm/s，厚度不小于 1.5mm。HDPE 材料必须是优质品，禁止使用再生产品。

⑥如果天然基础层饱和渗透系数大于 1.0×10^{-6}cm/s，则必须选用双人工衬层。双人工衬层必须满足下列条件：

a. 天然材料衬层经机械压实后的渗透系数不大于 1.0×10^{-7}cm/s，厚度不小于 0.5m；

表 6-1　**复合衬层下衬层厚度设计要求**

基础层条件	下衬层厚度
渗透系数≤1.0×10^{-7}cm/s，厚度≥3m	厚度≥0.5m
渗透系数≤1.0×10^{-6}cm/s，厚度≥6m	厚度≥0.5m
渗透系数≤1.0×10^{-6}cm/s，厚度≥3m	厚度≥1.0m

b. 上人工合成衬层可以采用 HDPE 材料，厚度不小于 2.0mm；

c. 下人工合成衬层可以采用 HDPE 材料，厚度不小于 1.0mm；

d. 衬层要求的其他指标同上条。

(3)封场结构要求

安全填埋场的最终覆盖层应为多层结构，应包括下列部分。

①底层(兼作导气层)。厚度不应小于 20cm，倾斜度不小于 2%，由透气性好的颗粒物质组成。

②防渗层。天然材料防渗层厚度不应小于 50cm，渗透系数不大于 1.0×10^{-7}cm/s；若采用复合防渗层，人工合成材料层厚度不应小于 1.0mm，天然材料层厚度不应小于 30cm。其他设计要求同衬层。

③排水层及排水管网。排水层和排水系统的要求同底部渗滤液及排水系统，设计时采用的暴雨强度不应小于 50 年。

④保护层。保护层厚度不应小于 20cm，由粗砥性坚硬鹅卵石组成。

⑤植被恢复层：植被层厚度一般不应小于 60cm，其土质应有利于植物生长和场地恢复；同时植被层的坡度不应超过 33%。在坡度超过 10%的地方，须建造水平台阶；坡度小于 20%时，标高每升高 3m，建造一个台阶；坡度大于 20%时，标高每升高 2m，建造一个台阶。台阶应有足够的宽度和坡度，要能经受暴雨的冲刷。

⑥封场后还应继续进行以下工作，并持续到封场后 30 年：维护最终覆盖层的完整性和有效性；维护和监测检漏系统；继续进行渗滤液的收集和处理；继续监测地下水水质的变化。

⑦当发现场址或处置系统的设计有不可改正的错误，或发生严重事故及发生不可预见的自然灾害使得填埋场不能继续运行时，填埋场应实行非正常封场。非正常封场应预先做出相应补救计划，防止污染扩散。

6.2.4　一般工业固体废物贮存、处置场

一般工业固体废物根据其特性又可分为第Ⅰ类一般工业固体废物和第Ⅱ类一般工业固

体废物。第Ⅰ类一般工业固体废物是指按照 GB 5086 规定方法进行浸出试验而获得的浸出液中，任何一种污染物的浓度均未超过 GB 8978 最高允许排放浓度，且 pH 值在 6~9 范围之内的一般工业固体废物。第Ⅱ类一般工业固体废物是指按照 GB 5086 规定方法进行浸出试验而获得的浸出液中，有一种或一种以上的污染物浓度超过 GB 8978 最高允许排放浓度，或者是 pH 值在 6~9 范围之外的一般工业固体废物。堆放第Ⅰ类一般工业固体废物的贮存、处置场为第一类，简称Ⅰ类场。堆放第Ⅱ类一般工业固体废物的贮存、处置场为第二类，简称Ⅱ类场。

1. 场址选择

根据《一般工业固体废物贮存、处置场污染控制标准》(GB 18599—2001)的要求，一般工业固体废物贮存、处置场所选场址应符合当地城乡建设总体规划要求；应选在工业区和居民集中区主导风向下风侧，厂界距居民集中区 500m 以外；应选在满足承载力要求的地基上，以避免地基下沉的影响，特别是不均匀或局部下沉的影响；应避开断层、断层破碎带、溶洞区，以及天然滑坡或泥石流影响区；禁止选在江河、湖泊、水库最高水位线以下的滩地和洪泛区；禁止选在自然保护区、风景名胜区和其他需要特别保护的区域。此外，Ⅰ类场应优先选用废弃的采矿坑、塌陷区。Ⅱ类场应避开地下水主要补给区和饮用水源含水层，应选在防渗性能好的地基上，天然基础层表面距地下水位的距离不得小于 1.5m。

2. 贮存、处置场结构要求

一般工业固体废物贮存、处置场的建设类型，必须与将要堆放的一般工业固体废物的类别相一致。贮存、处置场应采取防止粉尘污染的措施。为防止雨水径流进入贮存、处置场内，避免渗滤液量增加和滑坡，贮存、处置场周边应设置导流渠。应设计渗滤液集排水设施。为防止一般工业固体废物和渗滤液的流失，应构筑堤、坝、挡土墙等设施。为保障设施、设备正常运营，必要时应采取措施防止地基下沉，尤其是防止不均匀或局部下沉。

含硫量大于 1.5%的煤矸石，必须采取措施防止其自燃。为加强监督管理，贮存、处置场应按标准要求设置环境保护图形标志。

特别地，对于Ⅱ类场的建设，当天然基础层的渗透系数大于 1.0×10^{-7}cm/s 时，应采用天然或人工材料构筑防渗层，防渗层的厚度应相当于渗透系数 1.0×10^{-7}cm/s 和厚度 1.5m 的黏土层的防渗性能。必要时应设计渗滤液处理设施，对渗滤液进行处理。另外，为监控渗滤液对地下水的污染，贮存、处置场周边至少应设置三口地下水质监控井。一口沿地下水流向设在贮存、处置场上游，作为对照井；第二口沿地下水流向设在贮存、处置场下游，作为污染监视监测井；第三口设在最可能出现扩散影响的贮存、处置场周边，作为污染扩散监测井。当地质和水文地质资料表明含水层埋藏较深，经论证认定地下水不会被污染时，可以不设置地下水质监控井。

3. 贮存、处置场关闭和封场

当贮存、处置场服务期满或因故不再承担新的贮存、处置任务时，应分别予以关闭或封场。关闭或封场时，表面坡度一般不超过 33%。标高每升高 3~5m，须建造一个台阶。台阶应有不小于 1m 的宽度、2%~3%的坡度和能经受暴雨冲刷的强度。

关闭或封场后，仍需继续维护管理，直到稳定为止。以防止覆土层下沉、开裂，致使渗滤液量增加，防止一般工业固体废物堆体失稳而造成滑坡等事故。关闭或封场后，应设置标志物，注明关闭或封场时间，以及使用该土地时应注意的事项。

对于 Ⅰ 类场，为利于恢复植被，关闭时表面般应覆一层天然土壤，其厚度视固体废物的颗粒度大小和拟种植物的种类确定。

对于 Ⅱ 类场，为防止固体废物直接暴露和雨水渗入堆体内，封场时表面应覆土两层，第一层为阻隔层，覆盖 20~45cm 厚的黏土，并压实，防止雨水渗入固体废物堆体内；第二层为覆盖层，覆天然土壤，以利植物生长，其厚度视栽种植物种类而定。Ⅱ 类场封场后，渗滤液及其处理后的排放水的监测系统应继续维持正常运转，直至水质稳定为止。地下水监测系统应继续维待正常运转。

6.3 填埋场总体规划及场址选择

6.3.1 填埋场总体规划

在对填埋场进行规划与设计时，首先应该考虑以下基本问题。

①相关的环境法规。必须满足所有相关的环境法规。

②城市总体规划。填埋场的规划与设计必须注意与城市的总体规划保持一致，以保证城市社会经济与环境的协调发展。

③场址周围环境。应对选定场址周围的环境进行充分的调查，其中包括场址及周围地区的地形、周围地区的土地处置情况、现有的排水系统及今后的布局、植被生长情况、建筑和道路情况等。

④水文和气象条件。要全面了解当地详细的水文和气象条件，如地表水及地下水的流向和流速、地下水埋深及补给情况、地下水水质、现有排水系统的容量、对附近水源保护区的影响、降水量、蒸发量、风向及风速等。这些条件直接影响渗滤液的产生，进而影响填埋场构造的选择与设计。

⑤入场废物性质。应充分掌握入场废物的性质，以在设计过程中确定必要的环境保护措施。对于进入安全填埋场的危险废物必须经过一定的预处理程序，以达到所要求的控制限值后才能进入填埋场处置，经处理后的废物不再具有反应性和易燃性，其含水率不得高于 85%，浸出液 pH 值应在 7.0~12.0 之间，浸出液中任何一种有害成分的浓度不应超过如表 6-2 所示的限值(表列各项目的控制限值仅适用于采用 GB 5086—1997 的浸出试验方法测得的浸出浓度)。

表 6-2 危险废物允许进入填埋场的控制限值

序号	项　目	稳定化控制限值/(mg/L)
1	有机汞	0.001
2	汞及其化合物(以总汞计)	0.25
3	铅(以总铅计)	5
4	镉(以总镉计)	0.50
5	总铬	12
6	六价铬	2.50
7	铜及其化合物(以总铜计)	75
8	锌及其化合物(以总锌计)	75
9	铍及其化合物(以总铍计)	0.20
10	钡及其化合物(以总钡计)	150
11	镍及其化合物(以总镍计)	15
12	砷及其化合物(以总砷计)	2.5
13	无机氟化物(不包括氟化钙)	100
14	氰化物(以 CN^- 计)	5

⑥工程地质条件。应对选定场址的岩层位置与特性、现场土壤的土质及分布情况、周围可能的土源分布等工程地质条件进行详细的调查，为填埋场的构造设计提供依据。

⑦封场后景观恢复及土地利用规划。应在设计之前对填埋场封场后的景观恢复和土地利用情况进行规划，提出合理的土地利用方案，实现环境设施与城市发展的协调。

6.3.2 填埋场选址的依据、原则和要求

1. 填埋场选址依据

填埋场选址是建设填埋场最重要的一步，一般情况下很难得到各种条件最优的填埋场，因此填埋场的选址一般采用综合评定方法。选址是一个涉及多学科的课题，因此在做决定和调查研究时应由不同学科的专业人员组成选址小组。小组中应有地质家、水文学家、土木工程师、交通专家、风景园林建筑师、垃圾处理专家以及管理学专家等方面的代表参加。

填埋场作为固体废物消纳场地，直接为城市或企业服务。因此，填埋场的选址要符合城市总体规划、环境卫生专业规划以及环境规划的要求，并满足国家标准《生活垃圾填埋场污染控制标准》(GB 16889—2008)、《危险废物填埋污染控制标准》(GB 18598—2001)、《生活垃圾卫生填埋技术规范》(CJJ 17—2004)、《城市生活垃圾卫生填埋处理工程项目建设标准》《危险废物安全填埋处置工程建设技术要求》中对不同类型填埋场选址作出具体规

定的要求。

2. 填埋场选址应遵循的原则

场址的选择是填埋场全面规划设计的第一步。影响选址的因素很多，主要遵循以下几条原则。

①环境保护原则。环境保护原则是填埋场选址的基本原则，应确保其周边生态环境、水环境、大气环境以及人类的生存环境等的安全，尤其是防止垃圾渗滤液的释出对地下水的污染，是场址选择时考虑的重点。

②经济原则。合理、科学地选择，能够达到降低工程造价、提高资金使用效率的目的。但是，场地选择的经济问题是一个比较复杂的问题，它涉及场地的规模、征用费用、运输费等多种因素。

③法律及社会支持原则。场址的选择，不能破坏和改变周围居民的生产、生活基本条件，要得到公众的大力支持。

④工程学及安全生产原则。必须综合考虑场址的地形、地貌、水文与工程地质条件、场址抗震防灾要求等安全生产各要素，以及交通运输、覆盖土土源、文物保护、国防设施保护等因素。

3. 填埋场选址的基本要求

在进行填埋场的场址选择时，主要应从社会、环境、工程和经济等几个方面的因素来考虑。

①社会因素。

a. 立法/法规。要同时满足国家和地方的所有法规及标准。

b. 公众/政治。要征得地方政府和公众的同意。

c. 文化/生态。要避开珍贵动植物保护区和国家自然保护区；要避开公园、风景区、游览区、文物古迹区，考古学、历史学和生物学研究考察区；避开军事要地、基地，军工基地和国家保密地区。

②环境因素。

a. 地表水/地下水。场址要选择在百年洪泛区之外，不直接与通航水体和饮用水源连通，填埋场底部必须在地下水位之上。卫生填埋场距离河流和湖泊宜在 50m 以上，安全填埋场距离地表水水域不应低于 150m。填埋场还应位于地下水饮用水水源地主要补给区范围之外，且下游无集中供水井；对于安全填埋场地下水位应在防渗层 3m 以下。

b. 空气/噪声。尽量避开人口密集区、公园和风景区，减少气体的无组织排放和恶臭对周围的影响，严格控制运输及施工机械的噪声。卫生填埋区域距居民居住区或人畜供水点应在 500m 以上，安全填埋场的选址应距居民区在 800m 以上，并保证在当地气象条件下对附近居民区大气环境不产生影响。

c. 土地处置。要结合城市的总体规划，综合考虑封场后的景观恢复和土地处置，使之与城市的发展保持协调一致。

③工程因素。

a. 工程规模。要保证有足够的容积，以容纳规划区域内在填埋场有效服务期间所产生的所有废物。对于卫生填埋场其使用年限宜在10年以上，特殊情况下，不应低于8年。对于安全填埋场场址必须有足够大的可使用面积以保证填埋场建成后具有10年或更长的使用期，在使用期内能充分接纳所产生的危险废物。

b. 场地的力学特性。场址要具有良好的力学特性，填埋场选址应避开下列区域，以保证在施工和运行、管理过程中，填埋场设施及填埋废物保持良好的稳定性：破坏性地震及活动构造区；海啸及涌浪影响区；湿地和低洼汇水处；地应力高度集中，地面抬升或沉降速率快的地区；石灰岩溶洞发育带；废弃矿区或塌陷区；崩塌、岩堆、滑坡区；山洪、泥石流地区；活动沙丘区；尚未稳定的冲积扇及冲沟地区；高压缩性淤泥、泥炭及软土区以及其他可能危及填埋场安全的区域。

c. 施工特性。要充分利用当地的自然条件，确保取土和弃土地点，减少土石方运输量，并保证土木机械的施工效率。

d. 交通道路。要保证拥有全天候公路，并有足够的车辆通行能力，不易发生交通堵塞。

④经济因素。

a. 运输费用。在符合有关法规和保证环境安全的前提下，尽量靠近废物产生源，以减少管理和运输费用。

b. 施工费用。包括挖掘、平整、筑路、设施建设及其他施工费用。

c. 运行费用。劳务费、管理费、维修费、能源消耗及其他费用。

d. 征地费用。实际土地费用加上其他相关费用。

在填埋场规划和设计之前必须充分考虑以上这些因素，并尽量保证所选场址能够满足这些条件。如果由于当地的自然、社会、经济等条件的限制，不能充分满足这些条件时，必须采取相应的工程措施加以弥补，并应对其措施加以严格地论证。在实际工程应用方面，填埋场选址还应满足不同类型填埋场的相关标准和规范。

6.3.3 填埋场选址步骤

填埋场场址选择要分以下几个阶段进行。

①阐明填埋场场址的鉴定标准依据，给每项标准规定出适当的等级以及场址排除在外的条件(排除标准)。

②把所有那些按入选标准不适于选作填埋场的地址登记在册(否定法)。例如，属于排除的地点有地下水保护区、居民区、自然保护区等。

③在采用否定法筛选剩余下来的地点中，根据环境条件找出有可能适合的地址(肯定法)。环境条件是指比如道路连接情况、地域大小、地形情况等。

④根据其他环境条件(如与居民区的距离)或者说是根据初评的最重要标准审视选出

的场址。

⑤把初评出来的 2~3 个地址作为备选的填埋场场址加以进一步的评估，其间需要做专门的工作，比如地形测量、工程地质与水文地质勘察、社会调查等。

⑥对备选场址根据初步勘探、社会调查的结果编写场址可行性报告，并通过审查。

6.4　填埋场防渗系统

6.4.1　填埋场防渗技术类型

防渗工程是固体废物填埋场最重要的工程之一，其作用是将填埋场内外隔绝，防止渗滤液进入地下水；阻止场外地表水、地下水进入垃圾填埋体以减少渗滤液产生量；同时也有利于填埋气体的收集和利用。

根据《生活垃圾卫生填埋技术规范》(CJJ 17—2004)的要求，“填埋场必须进行防渗处理，防止对地下水和地表水的污染，同时还应防止地下水进入填埋区”。无论是天然的还是人工的，其水平、垂直两个方向的渗透率均必须小于 1.0×10^{-7} cm/s；防渗方式有多种，一般分为天然防渗和人工防渗，人工防渗又分为垂直防渗和水平防渗。以下分别介绍。

1. 天然防渗

所谓天然防渗是指在填埋场填埋库区，具有天然防渗层，其隔水性能完全达到填埋场防渗要求，不需要采用人工合成材料进行防渗，该类型的填埋场场地一般位于黏土和膨润土的土层中。

许多土壤天然具有相对的不透水性。黏土状土壤就是天然不透水材料的很好例子。由于黏土矿物的微小颗粒和表面化学特性，环境里的黏土堆积物极大地限制了水分迁移的速率。天然的黏土堆积物有时被用作填埋场防渗层。然而，在大多数卫生填埋场，黏土衬层的建造是通过添加水分和机械压实以改变黏土结构来满足其最佳工程特性的。

很多特性都使得压实黏土符合于作为填埋场防渗系统的材料。这些特性包括黏土的力学特性例如剪力强度，但最重要的是黏土对水的低渗透性。描述多孔介质对水流的渗透性的工程参数是水力传导率(hydraulic conductivity)。大多数工程黏土衬层必须满足水力传导率小于 10^{-7} cm/s 的基本要求。压实黏土的水力传导率和其他一些参数，必须在土壤衬层建设期间作例行测定。

2. 人工防渗

当填埋场不具备黏土类衬里或改良土衬里防渗要求时，宜采取自然和人工结合的防渗技术措施。大多数填埋场的地理、地质条件都很难满足自然防渗的条件，现在的卫生填埋场一般都采用人工防渗。填埋场的人工防渗措施一般有垂直防渗、水平防渗和垂直与水平防渗相结合三类，具体采用何种防渗措施(或上述几种的结合)，则主要取决于填埋场的工程地质和水文地质以及当地经济条件等。

水平防渗主要有压实黏土、人工合成材料衬垫等；垂直防渗主要有帷幕灌浆、防渗墙和 HDPE 膜垂直帷幕防渗。根据《生活垃圾卫生填埋技术规范》(CJJ 17—2004)的规定，填埋场必须防止对地下水的污染，不具备自然防渗条件的填埋场和因填埋垃圾可能引起污染地下水的填埋场，必须进行人工防渗，即场底及四壁用防渗材料作防渗处理。防渗层的渗透率不大于 10^{-7}cm/s。这也是世界上绝大多数国家的最低标准。

①垂直防渗技术。垂直防渗技术是在填埋场区为一相对独立的水文地质单元的前提下，采用的一种比较经济且施工简便的防渗工程措施，也适合于废弃物简易堆放场地的污染阻断。该技术通常是在场区地下水径流通道出口处设置垂直的防渗设施，即将防渗帷幕(如防渗墙、防渗板、灌浆帷幕等)布置于上游垃圾坝轴线附近，自谷底向两岸延伸来阻拦渗滤液向下游的渗漏，从而达到防止污染下游地下水的目的。通常，垂直防渗工程设施的设计漏失量(或单位吸水量)必须小于有关技术标准或规范所规定的允许值，即漏失量小于场区防渗层渗透系数为 1.0×10^{-7}cm/s、厚度为 2m 时渗滤液的漏失量；单位吸水量小于 0.1MPa 压力作用下 1m 长钻孔的吸水量？

垂直防渗工程设施采用比较多的是灌浆帷幕，其长度和深度应根据填埋场区的工程地质和水位地质条件来确定。灌浆孔一般由单排或双排灌浆孔构成，为保证灌浆质量，通常在帷幕的顶部设 2~3m 厚的灌浆盖层。灌浆采用的浆液主要有水泥浆、黏土加水泥浆、化学药剂加水泥浆、膨润土加水泥浆等。

帷幕灌浆在施工时钻孔和灌浆通常在坝体内特设的廊道内进行，靠近岸坡处也可在坝顶、岸坡或平洞内进行，平洞还可起到排水的作用，有利于岸坡的稳定。钻孔方向一般垂直于基岩面，必要时也可有一定斜度，以便穿过主节理裂隙，但角度不宜太大，一般在 10°以内，以便施工。

施工可采用固结灌浆法，即孔距与排距一般从 10~20m 开始，采用内拖逐步加密的方法，最终为 1.5~4m，孔深 8~15m。帷幕上游区孔深一般为 15~30m，甚至达 50 m。根据防渗要求和坝轴处基岩的工程地质、水文地质情况可确定帷幕的深度，通常为坝高的 0.3~0.7 倍，要求单位吸水量值应符合要求。当相对隔水层距地面不远时，帷幕应伸入岸坡与该层相衔接。当相对隔水层埋藏很深时，可以伸到原地下水位线与垃圾堆体最高水位的交点处。

②水平防渗技术。水平防渗技术是目前国内外使用最广泛也是最有效的填埋场防渗技术，主要包括场地平整、防渗衬里材料的选择和防渗层结构设置等内容。同时，还要考虑与其上部的渗漏导排系统以及下部的地下水导排系统的结合问题。以下相关内容主要介绍填埋场水平防渗技术。

6.4.2 国内外填埋场防渗层典型结构

1. 我国填埋场防渗层典型设计

封闭型填埋一般采用垂直防渗(帷幕灌浆)或水平防渗(符合要求的自然黏土层和人工合成材料隔离层)。垂直防渗的造价较低，在国内较多的填埋场中已得到应用。

人工水平防渗在国外是较为先进和成功的技术，水平防渗层是以极低渗水性的化学合成材料(如 HDPE 膜)为核心，组成全封闭的非透水隔离层；在隔离防渗层的上面进行垃圾渗滤液的收集和排放，隔离层之下进行地下水的导排，即实现清污分流，避免地下水位上升而造成隔离层的失效。我国《生活垃圾卫生填埋技术规范》(CJJ 17—2004)和《危险废物填埋污染控制标准》(GB 18598—2001)对卫生填埋场和安全填埋场的防渗层结构分别有相应规定。

HDPE膜必须具有相当的承载能力，并有抗压性、抗拉性、抗刺性、抗蚀性、耐久性，且不因负荷而发生沉陷、变形、破损等特性，其主要性能指标见表6-3 HDPE防渗膜物理力学性能指标。

表6-3　**HDPE防渗膜物理力学性能指标**

性能指标		单　位	标准值	检验标准
物理特性	厚度	mm	2.0	ASTM D1593
	密度	g/ml	0.94	ASTM D1505
	熔化指标	g/10min	≤1.0	ASTM D1238-E
	尺寸稳定性	%	≤±2	ASTM D1204
	炭黑含量	%	2.5	ASTM D1603
力学特性	极限抗拉强度	N/mm	≥50	ASTM D638
	屈服抗拉强度	N/mm	≥36	ASTM D638
	极限伸长率	%	≥700	ASTM D638
	屈服伸长率	%	>13	ASTM D638
	弹性模量	MPa	≥600	ASTM D638
	撕裂强度	N	>300	ASTM D1004
	刺破强度	N	>500	FTMS101
	环境应力断裂	h	>2500	ASTM D1693
水学特性	渗透系数	cm/s	$\leq 2.2\times10^{-10}$	ASTM E96
	水吸附性	%	≤0.1	ASTM D570
幅宽		m	≥10.5	

设计者必须首先知道垃圾压实后的容重(这与压实力学性能以及垃圾成分有关)、垃圾的填埋高度、垃圾最终沉降量、HDPE膜的容重、屈服抗拉强度、屈服延伸率、断裂抗拉强度、断裂延伸率、撕裂强度和抗穿刺强度，以及HDPE膜与支持层之间的摩擦力，才能选择合适厚度的HDPE膜。一般来说垃圾填埋高度不大时可采用厚度为1.5mm厚的HDPE膜，垃圾填埋高度较大时宜选用2.0~2.5mm厚的HDPE膜，顶部封场时可采用厚度为0.5mm的HDPE膜。

2. 国外填埋场防渗层的结构设计

国外常用的人工水平防渗层的几种结构设计类型如图6-6所示，其中每个衬层都具有其特殊的作用，分别说明如下。

图6-6(a)中的黏土层和高密度聚乙烯膜组成了防止渗滤液的渗漏和气体迁移的复合

隔离层，它比采用单一衬层具有较好的阻水作用。砂、石层的作用是收集和排放垃圾体中产生的渗滤液；无纺土工布是为了分隔砂、石和土层，使其不致混合，降低砂石的渗透系数，无纺土工布织物性能指标见表6-4；最上面的黏土层起到保护砂石层和隔离层的作用，使之不被长条尖锐物刺穿，也不会被填埋作业机械损坏。

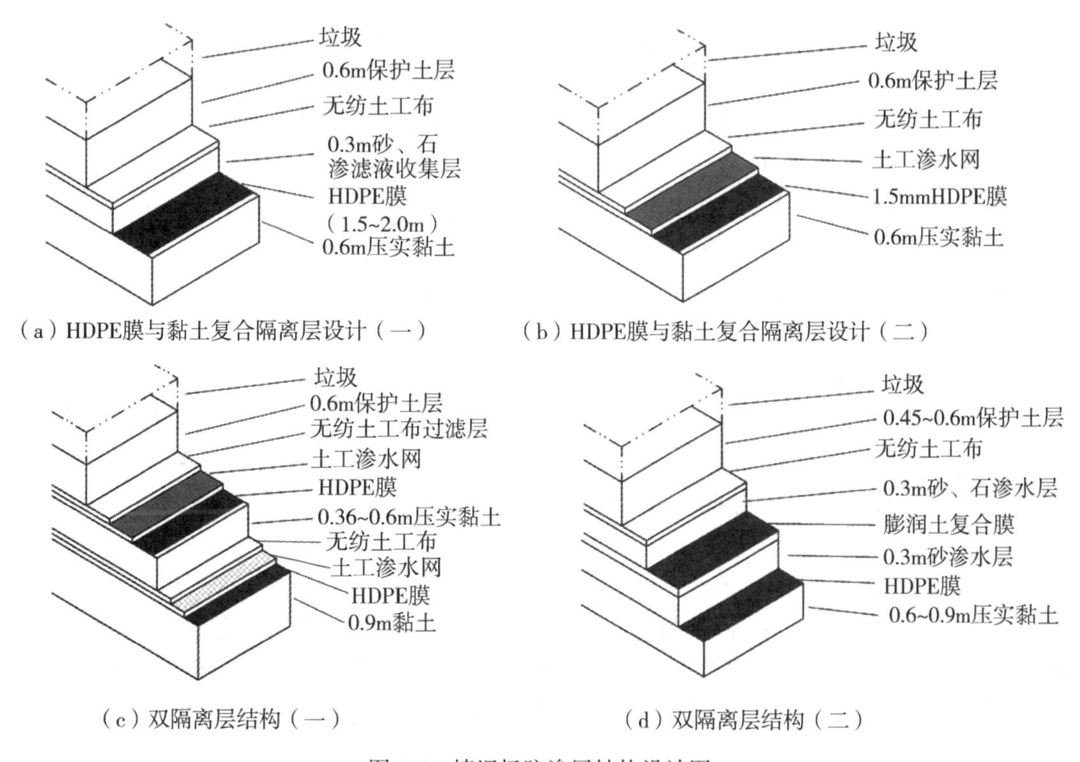

图6-6 填埋场防渗层结构设计图

图6-6(b)的防渗层是一种特别的设计，在夯实的黏土层上依次是高密度聚乙烯膜、土工塑料渗水网、无纺土工布和保护土层。由无纺土工布和土工塑料网组成的渗水层，把渗滤液排到收集系统中。这种结构的渗水性和粗砂层相同，但存在被阻塞的可能，很多设计者更喜欢采用砂或者碎石作为渗水层。

图6-6(c)是一种双隔离防渗层。第1层HDPE膜的主要作用是隔离并收集渗滤液，第2层HDPE膜是强化防渗和检查第1层的渗漏情况。这是一种改进的复合防渗层，与图6-6(b)一样，由土工塑料网代替了砂层排放渗滤液。

图6-6(d)也是一种双隔离层结构。与图6-6(c)不同的是，第1隔离层被高密度聚乙烯。

6.4.3 填埋场防渗层铺装及质量控制

填埋场防渗层的铺设安装有着严格的质量要求，其中人工材料HDPE土工膜和膨润土防渗卷材GCL是人工水平防渗技术采用的关键性材料，在施工过程中，除需保证其焊接质量外，在与其相关层进行施工时，还须注意保护，避免对其造成损坏。其铺装程序和要求如下。

1. 施工前的检查

场地基础层应平整、压实、无裂缝、无松土，表面应无积水、石块、树根及尖锐杂物。

用于填埋场防渗系统工程的 HDPE 膜厚度不应小于 1.5mm、膜的幅宽不宜小于 6.5m，膜平直、无明显锯齿现象，不允许有穿孔修复点、气泡和杂质，不允许有裂纹、分层和接头，无机械加工划痕，糙面膜外观均匀，不应有结块、缺损等现象。

用于填埋场防渗工程的 GCL 材料应表面平整，厚度均匀，无破洞、破边现象，针刺类产品针刺均匀密实，应无残留断针，GCL 单位面积总质量不应小于 $4800g/m^2$，其中单位面积膨润土质量不应小于 $4500g/m^2$。

土工布各项性能指标应符合国家现行相关标准的要求，应具有良好耐久性能，土工布用作 HDPE 膜保护材料时，应采用非织造土工布，规格不应小于 $600g/m^2$，土工布用于盲沟和渗滤液收集导排层的反滤材料时，规格不宜小于 $150g/m^2$。

用于填埋场防渗系统的土工复合排水网各项性能指标应符合国家现行相关标准的要求，土工复合排水网的土工网宜使用 HDPE 材质，纵向抗拉强度应大于 8kN/m，横向抗拉强度应大于 3kN/m，土工网和土工布应预先黏合，且黏合强度应大于 0.17kN/m。

2. 土工布的铺设

当 HDPE 膜采用土工布作保护层时，应合理布局每片材料的位置，力求接缝最少，并合理选择铺设方向，减少接缝受力。一般，织造土工布和非织造土工布采用缝合连接时，其搭接宽度为 75mm±15mm，而非织造土工布采用热黏连接时，其搭接宽度为 200mm±25mm。

3. 防渗膜的铺设

铺膜及焊接顺序是从填埋场高处往低处延伸，HDPE 土工膜采用热压熔焊接(热熔焊接)时其搭接宽度以 100mm±20mm 为宜，采用双轨热熔焊接(挤出焊接)时其搭接宽度以 75mm±20mm 为宜。GCL 材料一般采用自然搭接，其搭接宽度以 250mm±50mm 为宜。HDPE 土工膜接头必须干净，不得有油污、尘土等污染物存在；焊接时天气应当良好，下雨、大风、雾天等不良天气不得进行焊接，以免影响焊接质量。两焊缝的交点应采用手提热压焊机加强(或加层)焊补。

4. 防渗膜的锚固

为保证防渗膜在边坡的稳定，垃圾填埋场四周边坡的坡高与坡长有限值要求，边坡坡度一般在 1∶2~1∶5 之间，限制坡高一般为 15m，限制坡长在 40~55m 之间，达到限制要求时需要设置锚固沟，HDPE 膜的锚固有三种方法，即沟槽锚固、射钉锚固和膨胀螺栓锚固。

采用沟槽锚固时应根据垫衬使用条件和受力情况计算锚固沟的尺寸，锚固沟距离边坡边缘不宜小于 800mm，防渗系统工程材料转折处不得存在直角的刚性结构，均应做成弧形结构，锚固沟断面应根据锚固形式，结合实际情况加以计算，并不宜小于800mm×800mm。典型锚固沟结构形式见图6-7。

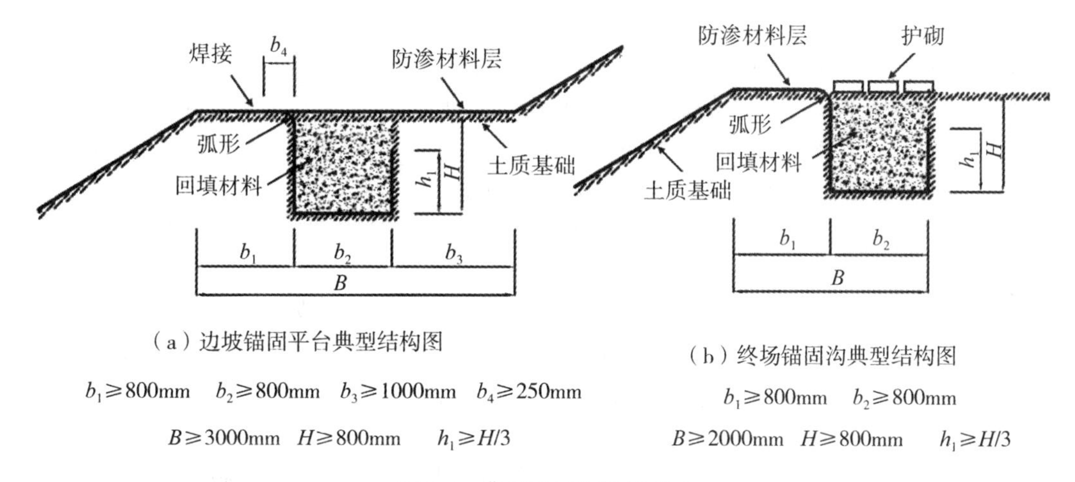

图6-7 典型锚固沟结构形式

采用射钉锚固时，压条宽度不得小于20mm，厚度不得小于2mm，橡皮垫条宽度应与压条一致，厚度不小于1mm，射钉间距应小于400m，压条和射钉应有防腐能力，一般情况下采用不锈钢材质。

采用膨胀螺栓锚固时，螺栓直径不得小于4mm，间距不应大于500mm，膨胀螺栓材质为不锈钢。

5. 防渗膜的焊接

高密度聚乙烯膜的焊接方式主要有热压熔焊结(又分为挤压平焊和挤压角焊)和双轨热熔焊接(又称热梁焊)两种(见图6-8)。其中挤压平焊应用最广，这种方法具有较大的剪切强度和拉伸强度，焊接速度较快，焊缝均匀，温度、速度和压力易调节，易操作，可实现大面积快速自动焊接等优点。为有效控制质量，一方面宜挑选焊接经验丰富的人员施工；另一方面在每次焊接(相隔时间为2~4h)之前进行试焊。同时必须对焊缝进行破坏性检测和非破坏性检验。

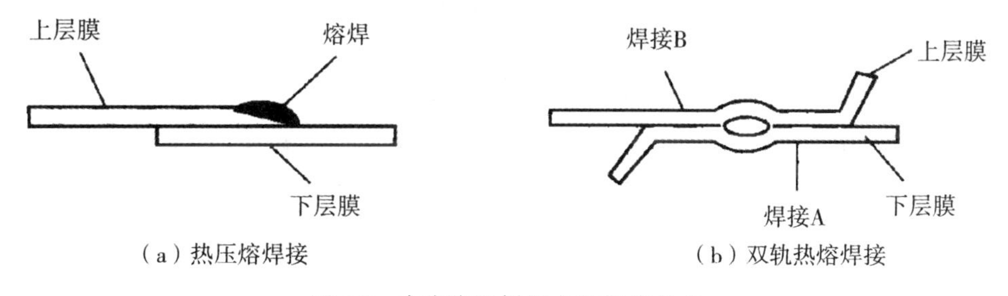

图6-8 高密度乙烯的主要焊接方式

非破坏性检验是对已施工的每条焊缝进行气压试验和真空皂泡试验。在进行气压检验时，先将双轨热熔焊缝的两端孔封闭，用气压泵对焊接形成的空隙加压 207~276kPa。若其气压在 5~10min 内下降不超过 34kPa，则焊缝合格。真空皂泡试验是在热压熔焊表面涂上皂液后用真空箱抽气，抽气压力在 16~32kPa。若 5~10min 内焊缝表面不产生气泡则可认为焊缝合格。当检验发现焊缝不合格时，必须重焊，并重做检测试验。

破坏性检验是指对已施工的焊缝每 600m 取一个样，送往专业检测单位进行剥离强度和剪切强度测试。若剥离强度低于 30N/mm 或剪切强度低于 34N/mm，则该试样对应的焊缝为不合格，需对其进行重新焊接，并重新取样测试。

6. 防渗膜焊接的质量

检查焊接结束后，应严格检查焊缝质量，如有漏焊、小洞或虚焊等现象，应坚决返工，不得马虎。根据国外 20 多年的实践经验，防渗层的泄漏或破坏现象，大多出现在接缝上，因此应用真空气泡测试薄膜之间的黏接性，用破坏性试验测试焊缝强度，每天每台机至少测试一次，以保证合格的施工质量。

为了保证 HDPE 土工膜长用久安，保证不受填埋垃圾的损伤，薄膜上面必须铺盖一层土工布。也可以铺 300~500mm 的黏土，铺平拍实，作为防渗保护衬层；而在大斜坡面上可铺设一层废旧轮胎或砂包。

6.5　渗滤液的收集与处理

6.5.1　渗滤液的产生及其特征

废物渗滤液是指废物在填埋或堆放过程中因其有机物分解产生的水或废物 中的游离水、降水、径流及地下水入渗而淋滤废物形成的成分复杂的高浓度有机 废水。大量资料表明，降水、地表径流和地下水入渗是废物渗滤液产生的主要原 因。渗滤液的水质取决于废物组分、气候条件、水文地质、填埋时间及填埋方式 等因素。表 6-4 给出了深圳和上海的垃圾填埋场渗滤液主要污染指标浓度范围。

表 6-4　**深圳和上海垃圾填埋场渗滤液主要污染指标浓度**

地点	深圳		上海	
时间 项目	建场最初 5 年	建场 5 年后	建场初期	建场 10 年后
COD_{Cr}/(g·L^{-1})	20~60	3~20	10~32	0.5~1.5
BOD_5/(g·L^{-1})	10~36	1~10	3~16	0.1~0.2
NH_3-N/(mg·L^{-1})	400~1500	500~1000	400~2000	700~2200
TP/(mg·L^{-1})	10~70	10~30	—	—
SS/(mg·L^{-1})	1000~6000	100~3000	750~3500	150~2000
pH	5.6~7	6.5~7.5	6.8~7.7	7.3~8.2
BDO_5/COD_{Cr}(典型值之比)	0.43	0.04	0.40	0.15

由该表结合其他资料可知，渗滤液具有以下基本特征：①有机污染物浓度高，特别是5年内的“年轻”填埋场的渗滤液；②氨氮含量较高，在“中老年”填埋场渗滤液中尤为突出；③磷含量普遍偏低，尤其是溶解性的磷酸盐含量更低；④金属离子含量较高，其含量与所填埋的废物组分及填埋时间密切相关；⑤溶解性固体含量较高，在填埋初期(0.5~2.5年)呈上升趋势，直至达到峰值，然后随填埋时间增加逐年下降直至最终稳定；⑥色度高，以淡茶色、暗褐色或黑色为主，具较浓的腐败臭味；⑦水质历时变化大，废物填埋初期，其渗滤液的pH值较低，而COD、BODs、TOC、SS、硬度、金属离子含量较高；而后期，上述组分的浓度则明显下降。

6.5.2 渗滤液的收集系统

1. 收集系统的功能

渗滤液收集系统的主要功能是将填埋场内产生的渗滤液迅速汇聚收集，并通过输水管、集水池等输送至指定地点，如渗滤液处理站或城市污水处理厂进行处理，避免渗滤液在填埋场内的长时间蓄积。

渗滤液在填埋场衬里上的蓄积可能引起以下问题：

①场内水位升高会使更多废物浸在水中，导致有害物质更强烈地浸出，从而增加渗滤液净化处理的难度；

②场内壅水会使底部衬里之上的静水压力增加，增大水平防渗系统失效及渗滤液下渗污染土壤和地下水的风险；

③场内废物含水过量，影响填埋场的稳定性。

正因如此，美国在填埋场的有关规范中明确规定，填埋场衬里或场底以上渗滤液水位不得超过30cm。尽管我国目前尚未对填埋场内渗滤液水位做出明确规定，但在可能的情况下，应尽量控制其水位高度。

2. 收集系统的构成

渗滤液收集系统主要由汇流系统和输送系统两部分组成。汇流系统的主体是一位于场底防渗衬层上的、由砾卵石或碎(渣)石构成的导流层。该层内设有导流沟和穿孔收集管等。导流层设置的目的是保证场内的渗滤液通畅、及时地将其导入导流沟内的收集管中。渗滤液的输送系统多由集水槽(池)、提升多孔管、潜水泵、输送管道和调节池等组成。条件允许时，可利用地形条件让渗滤液从高处自流到贮存或处理设施内，省掉集液池和提升系统。典型的填埋场渗滤液收集系统由以下几部分构成。

1)导流(排水)层

导流(排水)层的厚度应等于或大于30cm，主要由粗沙砾或卵石组成，需覆盖整个填埋场底部衬里上，其水平渗透系数应大于1×10^{-3}cm/s，纵、横坡度大于2%。导流层与废物之间宜设土工织物等人工过滤层，以免细粒物质堵塞导流层，影响其正常排水功能的发挥。

2)导流盲沟与导流管

导流盲沟也称导流沟，设置在导流层的底部，并贯穿整个填埋场底部，其断面常为等腰梯形。山谷型填埋场有主、支沟之分，位于填埋场底部中轴线上的为主沟，在主沟上按间距 30～50m 设置支沟，两者夹角的度数多采用 15 的倍数(一般采用 60 为宜)。导流盲沟中填充卵砾石或碎石，粒径上大、下小以形成反滤，通常颗粒粒径上部为 40～60mm，下部为 25～40mm。导流管按照敷设位置分为干管和支管，分别埋设在导流盲沟的主沟和支沟中。导流管的管径需根据填埋场的具体条件按水力学相关公式计算确定，通常主管管径不应小于 250mm，支管管径不应小于 200mm。管材目前多采用高密度聚乙烯(HDPE)。导流管需预先制孔，孔径 15～20mm，孔距 50～100mm，开孔率应保证其刚度和强度要求，一般为 2%～5%。同时在管道安装和初期填埋作业时，应注意避免管道受到挤压破坏。典型渗滤液导流系统断面图如图 6-9 所示。

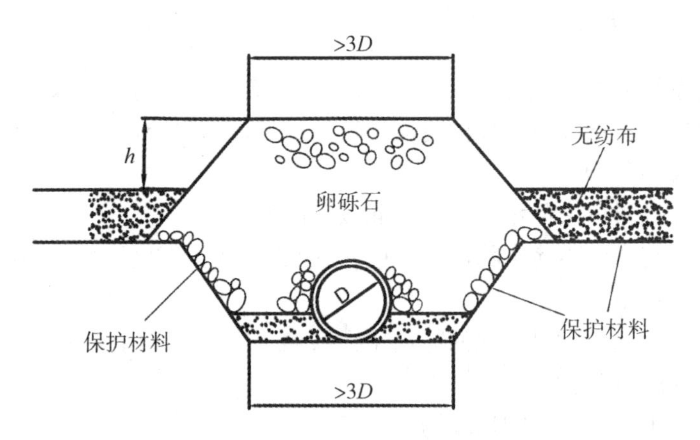

图 6-9　典型渗滤液导流系统断面图

3)集液池及提升系统

平原型填埋场因渗滤液无法借助重力从场内导出，需采用集液池和提升系统。集液池多在废物坝前最低洼处下凹形成，其容积视对应的填埋单元面积而定，一般为 5m×5m×1.5m，集液池坡度为 1∶2，池内用卵砾石堆填以支撑上覆废物等荷载，堆填卵砾石的空隙率介于 30%～40%之间。提升系统包括提升多孔管和提升泵。提升管按安装形式可分为竖管和斜管，后者因能大大减小负向摩擦力的作用，且可避免竖管带来的诸多操作问题，故采用较普遍。斜管常采用高密度聚乙烯管，半圆开孔，管径一般为 800mm，以便于潜水泵的放入和取出。潜水泵连接提升斜管安放于贴近池底部位，其作用是将渗滤液抽送入调节池。典型斜管提升系统断面图见图 6-10。

对于山谷型填埋场，通常可利用自然地形坡降采用渗滤液收集管直接穿过废物坝的方式将渗滤液导出坝外，此时可省去集液池和提升系统。

4)调节池

调节池是渗滤液收集系统的最后一个环节。它既可作为渗滤液的初步处理设施，又起到渗滤液水质和水量调节的作用，从而保证渗滤液后续处理设施的稳定运行和减小暴雨期间渗滤液外泄污染环境的风险。调节池常采用地下式或半地下式，其池底和池壁多用

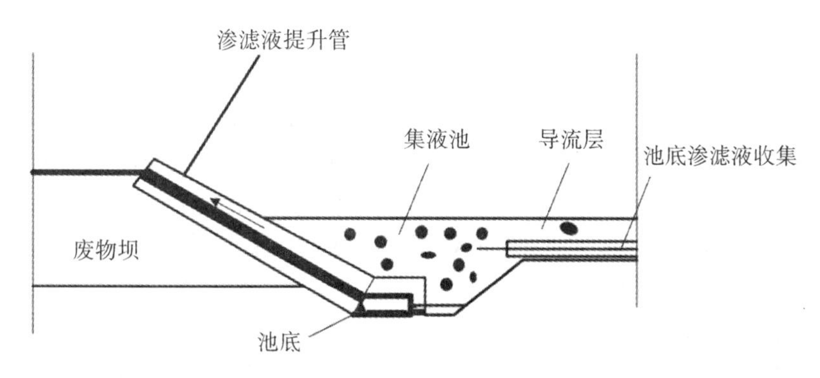

图 6-10 典型斜管提升系统断面图

HDPE 膜进行防渗，膜上采用预制混凝土板保护。

6.5.3 渗滤液的处理

由于渗滤液的水量水质波动大、组分复杂和污染强度高等特点，渗滤液处理一直是填埋场运行管理最突出的难题，也是制约卫生填埋场进一步推广应用的重要因素之一。渗滤液的达标处理，既要保证在技术上可行，又得考虑经济方面的合理性和环境的承载能力。只有在技术、经济和环境方面均可行的基础上确定出的渗滤液处理方案，才是科学而合理的。

归纳起来，国内外渗滤液处理的主要工艺方案有合并处理和单独处理两种。

1. 合并处理

合并处理是指将渗滤液直接或经预处理后引入填埋场就近的城市生活污水处理厂进行处理。该方案利用了污水处理厂对渗滤液的缓冲、稀释和调节营养等作用，可以减少填埋场投资和运行费用，最具经济性。但该方案的应用有一定的前提条件：一是必须有城市生活污水处理厂，且距填埋场较近，否则，由于填埋场远离污水处理厂，渗滤液的输送将造成较大的经济负担。其二，由于渗滤液特有的水质及其变化特点，如果不加控制地采用此法，易造成对污水处理厂的冲击负荷，影响污水处理厂的正常运行。国内研究认为输送的渗滤液的体积不超过生活污水体积的 0.5%是比较安全的，而国外研究表明视不同的渗滤液浓度该比例可以提高到 4%～10%，最终的控制标准取决于污水处理系统的污泥负荷，只要加入渗滤液后污泥负荷不超过 10%就是可以接受的。

一般情况下，由于污水管道的纳管标准远远低于渗滤液原水的污染物指标，因此渗滤液往往需要，先在现场进行预处理，降低渗滤液中的 COD、BOD 和 SS 等，以避免对污水处理厂的冲击。现场预处理宜采用以生物处理为主的工艺，最好采用生物脱氮工艺。

2. 单独处理

渗滤液单独处理方案按工艺特点又可分为土地处理法、生物法和物化法等，利用一种或其组合工艺(常以生物法为主)，在填埋场区处理渗滤液，达标后直接排放，该方案的应用较广。

1)土地处理法

土地处理法是人类最早采用的污水处理技术，其原理是利用土壤中的微生物降解作用使渗滤液中的有机物和氨氮发生转化，通过土壤中有机物和无机胶体的吸附、络合，螯合，颗粒的过滤、离子交换吸附和沉淀等作用去除渗滤液中的悬浮固体和溶解成分，通过蒸发作用减少渗滤液的产生量。用于土地处理法的处理系统主要有填埋场回灌处理系统和土壤植物处理(S-P)系统两种形式。

(1)填埋场回灌处理系统

废物填埋场渗滤液的回灌处理主要利用填埋废物层类似于"生物滤床"的吸附、降解作用以及填埋场覆盖层的土壤净化作用、最终覆盖后填埋场地表植物的吸收作用和蒸发作用将渗滤液减质减量化。回灌法的主要优点是能减少渗滤液的处理量、降低其污染物浓度；加速填埋场的稳定化进程、缩短其维护监管期，并能产生明显的环境效益和较大的间接经济效益，尤其适用于干旱和半干旱地区。据估计，英国约50%的填埋场进行了回灌处理。但回灌法往往不能完全消除渗滤液，通常只能作为预处理方式与其他处理方式相结合。此外，反复回灌易造成厌氧填埋场渗滤液中氨氮的不断积累，影响其后续处理。

(2)土壤植物处理系统

近年来土壤植物处理系统发展迅速，其处理过程和机理分为三种：①通过吸附、离子交换和沉淀等作用，土壤颗粒从渗滤液中将悬浮固体过滤掉，并将溶解性固体组分吸附在颗粒上；②利用土壤中的微生物转化和稳定渗滤液中的有机物，并转化有机氮；③植物利用渗滤液的各种营养物生长，可保持和增加土壤的渗入容量，并通过蒸腾作用减少渗滤液量。

瑞典某填埋场在现场建立了大规模的S-P系统进行实验。该系统占用填埋场面积$400m^2$，其中$120m^2$种植柳树，$280m^2$种植各种草本植物，渗滤液从收集池经过喷水器提升到土壤植物处理系统中。实验表明，该法不仅能减少渗滤液量，而且能降低渗滤液的浓度，例如氨氮浓度平均下降了约60%，从194mg/L降低到83mg/L。

2)生物处理

生物处理是废物渗滤液的主要处理方式。生物法包括好氧生物处理、厌氧生物处理及两者的结合。

(1)好氧生物处理

好氧生物处理包括活性污泥法、稳定塘法、生物转盘和滴滤池等方法。好氧生物处理法可有效地降低BOD、COD和氨氮，还可除去铁、锰等金属，因而得到较多的应用，特别是活性污泥法。活性污泥法对易降解有机物具有较高的去除率，对新鲜的废物渗滤液，保持泥龄为一般城市污水泥龄的2倍，负荷减半，可达到较好的去除效果。但是活性污泥法处理废物渗滤液的效果受温度影响较大，对"中老龄"渗滤液的去除效果不理想。低氧、好氧两段活性污泥法及SBR法等改进型活性污泥处理流程因其能保持较高的运转负荷，而且污泥停留时间短，处理效果好，比常规活性污泥法更有效。然而改进型活性污泥法的工程投资大，运行管理费用高，常成为其应用的限制因素。

与活性污泥法相比，尽管稳定塘降解速率低，停留时间长，占地面积大，但由于其工艺较简单，投资省，管理方便，且能够把好氧塘和厌氧塘相结合，分别发挥好氧微生物和厌氧微生物的优势，在土地资源允许的条件下，是最经济的废物渗滤液好氧生物处理方法，因而宜优先考虑。

与活性污泥法相比，生物膜法具有抗水量和水质冲击负荷的优点，而且生物膜上能生长世代较长的硝化菌，有利于渗滤液中氨氮的硝化。

(2)厌氧生物处理

用于渗滤液处理的厌氧生物处理包括上流式厌氧污泥床、厌氧淹没式生物滤池、混合反应器等。厌氧生物处理的优点是投资及运行费用低，能耗少，产生污泥量少，一些复杂的有机物可在厌氧条件下被细菌胞外酶水解生成小分子可溶性有机物，再进一步降解。它的缺点主要是水力停留时间长，污染物的去除率相对较低，对温度的变化较敏感。但已有的研究表明厌氧系统产生的气体可以满足系统的能量要求，若能将该部分能量加以合理利用，可保证厌氧工艺稳定的处理效果。近 20 年来，厌氧技术有了较快的发展，不断有新的厌氧处理工艺开发出来，比如厌氧接触法、分段厌氧消化及上流式厌氧污泥床，这些工艺克服了传统工艺有机负荷低等缺点，使其在处理高浓度(BOD_5>2000mg/L)有机废水方面取得了良好的效果，是一种宜优先选择的生物预处理工艺。

(3)厌氧与好氧结合方式

在生物法处理渗滤液的工程中，由于渗滤液中的 COD 和 BOD 较高，单纯采用好氧法或单纯采用厌氧法处理渗滤液均较为少见，也很难使渗滤液处理后达标排放。实践表明，采用厌氧-好氧处理工艺既经济合理，处理效率又高。A/O、A^2/O 和 SBR 等具有脱氮功能的组合工艺具有较好的效果。这些技术用于处理废物渗滤液与常规污水处理技术的不同主要体现在有机负荷、污泥浓度和停留时间等参数的选取以及处理工艺的运行效果上。此外，由于渗滤液中磷含量偏低，在生化处理时应投加一定量的磷盐，以保证 BOD_5 : P = 100 : 1。

3)物化处理

物化法尽管也用来处理新鲜渗滤液，但更多的是用来处理老龄渗滤液，是渗滤液后处理中最常用的方法。物化处理包括混凝沉淀、化学氧化、吸附、膜分离、氨氮吹脱、过滤等方法。

物化法是对生物法和土地处理法的必要而有益的补充，可以去除渗滤液中难以生化降解的污染物，使渗滤液达标排放。但是由于物化方法操作较复杂，运行费用较高，目前国内填埋场使用较少。

6.6 垃圾填埋气体的收集与利用

6.6.1 垃圾填埋气体的产生过程及其对环境的影响

1. 垃圾填埋气体的产生过程

垃圾填埋气体又称填埋气(landfill gas，即 LFG)。填埋气的产生过程是一个复杂的生物、化学、物理的综合过程，其中生物降解是最重要的。目前普遍认为填埋气产生过程可分为以下五个阶段，见图 6-11。

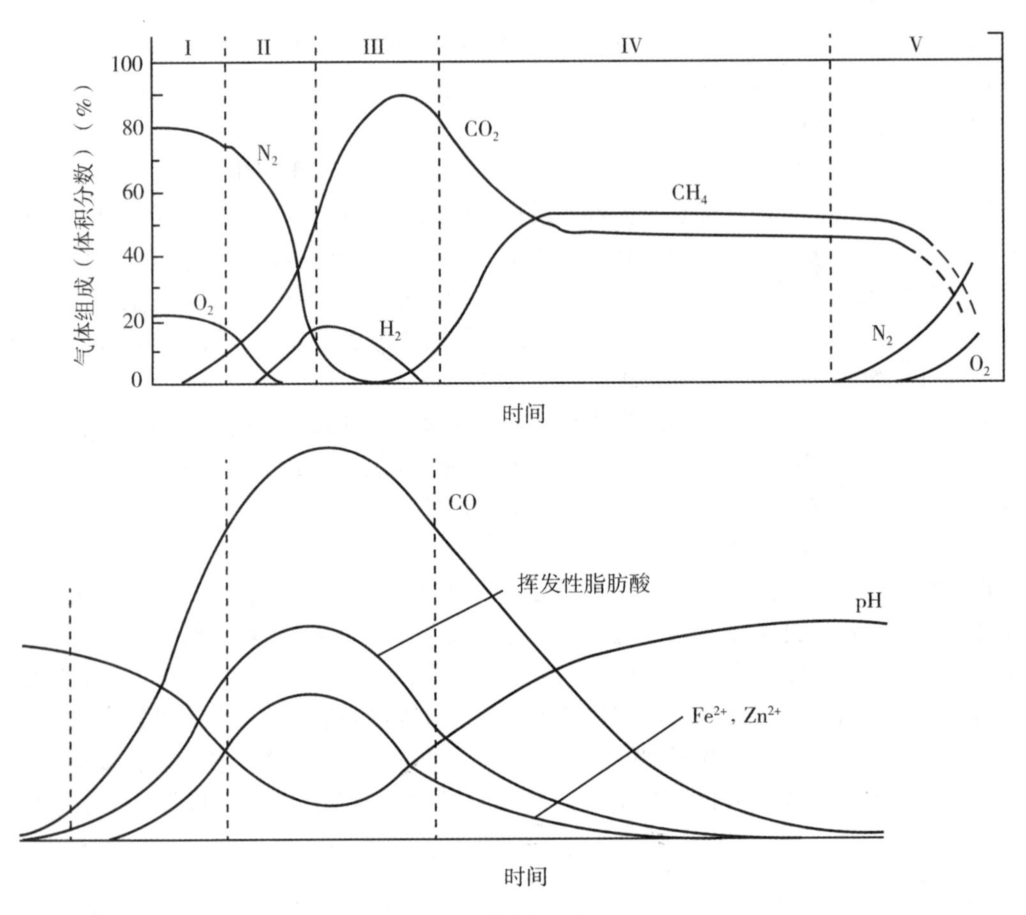

图 6-11　填埋场产气阶段

第一阶段——好氧分解阶段：

废物进入填埋场后首先经历好氧分解阶段，它的持续时间比较短。复杂的有机物通过微生物胞外酶分解成简单有机物，并进一步转化为小分子物质和。CO_2这一阶段由于微生物进行好氧呼吸，有机质被彻底氧化分解而释放热能，垃圾的温度可能升高 10℃ ~ 15℃。

第二阶段——好氧至厌氧的过渡阶段：

这一阶段，随着氧气的逐渐消耗，厌氧条件逐步形成。作为电子受体的硝酸盐和硫酸盐开始被还原为氮气和硫化氢。

第三阶段——酸发酵阶段：

复杂有机物，如糖类、脂肪、蛋白质等在微生物作用下水解至基本结构单位(比如单糖、氨基酸)，并进一步在产酸细菌的作用下转化成挥发性脂肪酸(VFA)和醇。

第四阶段——产甲烷阶段：

在产甲烷细菌的作用下，VFA 转化成 CH_4和 CO_2。该阶段是能源回用的黄金时期。一般废物填埋 180~500d 后进入稳定产甲烷阶段。该阶段的主要特征是：①产生大量的 CH4；②H_2和 CO_2的量逐渐减少；③浸出液 COD 下降，pH 值维持在 6.8~8.0，且金属离子 Fe^{2+}、Zn^{2+}浓度降低。

第五阶段——填埋场稳定阶段：

当第四阶段中大部分可降解有机物转化成 CH_4和 CO_2后，填埋场释放气体的速率显著降低，填埋场处于相对稳定阶段。该阶段几乎没有气体产生，浸出液及废物的性质稳定。

干填埋气主要由 CH_4、CO_2、N_2、O_2、硫化物、NH_3、H_2、CO 及其他微量化合物等组成，见表 6-5。通常 CH_4的体积分数为 45%~60%，CO_2为 40%~50%。此外还有不少于 1%的其他挥发性有机物，主要是包括烷烃、环烷烃、芳香烃、卤代化合物等在内的挥发性有机物(VOCs)。填埋气体是在多种微生物代谢作用下形成的，因而不同的填埋场构造、不同的填埋废物和气候条件，所产生的气体的组成也会有一定的差别。

表 6-5 **干填埋气组成**

组　分	体积分数/%
CH_4	45~60
CO_2	40~50
N_2	0~10
O_2	0~2
硫化物	0~1
NH_3	0.1~1.0
H_2	0~0.2
CO	0~0.2
微量化合物	0.01~0.6

2. 垃圾填埋气体对环境的影响

如果不采用适当的方式进行填埋气收集，则填埋气会在填埋场中累积并透过覆土层和侧壁向场外释放，可能造成以下危害。

1)爆炸和火灾

甲烷是一种无色、无味、相对密度较低的气体，在其向大气逸散过程中，容易在低洼处或建筑物内聚集。在有氧存在的条件下，甲烷的爆炸极限是 5%~15%，最强烈的爆炸发生在 9.5%左右。1995 年发生在北京市昌平阳坊镇的填埋沼气爆炸事件就是典型的代表，此外我国的上海、重庆、岳阳等城市都发生过填埋气体爆炸和火灾事故。

2)对水环境的影响

在填埋场内部压力作用下填埋气迁移透过垃圾层和土壤层进入地下水中，其中二氧化碳极易溶解于地下水，造成地下水 pH 值下降，导致周围岩层中更多的盐类溶入地下水，从而使地下水的含盐量升高。

3) 对大气环境的影响

填埋气中的甲烷是一种温室气体，其对温室效应的贡献相当于相同质量的二氧化碳的21倍。而城市垃圾产生的甲烷排放量占全球甲烷排放量的6%～18%，在控制全球性气候变暖的过程中是一个不容忽视的污染源。垃圾填埋场还会产生氨、硫化氢等恶臭气体和其他挥发性有害气体。

此外，填埋气中的一氯甲烷、四氯化碳、氯仿、二氯乙烯等微量气体会对人体的肾、肝、肺和中枢神经系统造成损害。

6.6.2　填埋气的收集

为了控制填埋气对环境的不利影响并对其进行资源化利用，需要改变填埋气的散排状态并加以人为收集。填埋气体的收集系统分为被动收集系统和主动收集系统两种。前者是在填埋场内靠填埋气体自身的压力沿着设计的管道流动而收集，而后者是利用抽真空的办法来收集气体。填埋气体的被动收集系统适用于垃圾填埋量不大、填埋深度浅、产气量较低的小型城市垃圾填埋场(容积小于$4\times10^4m^3$)，被动收集系统包括被动排放井和管道、水泥墙和截留管等。在大型填埋场中往往采用主动收集系统来收集填埋气体，系统包括抽气井、集气/输送管道、抽风机、冷凝液收集装置、气体净化设备及填埋气利用系统(如发电系统)。

1. 集气系统

通常填埋气收集系统有两类：竖井集气系统和水平集气系统。图6-12表示了利用竖井集气的填埋气回收系统。从竖井的集气效果来看，深层垃圾要比浅层垃圾集气效果好，一般垃圾层厚度大于3m时，竖井间距为30～70m，一般选择50m。竖井分边井和中部井

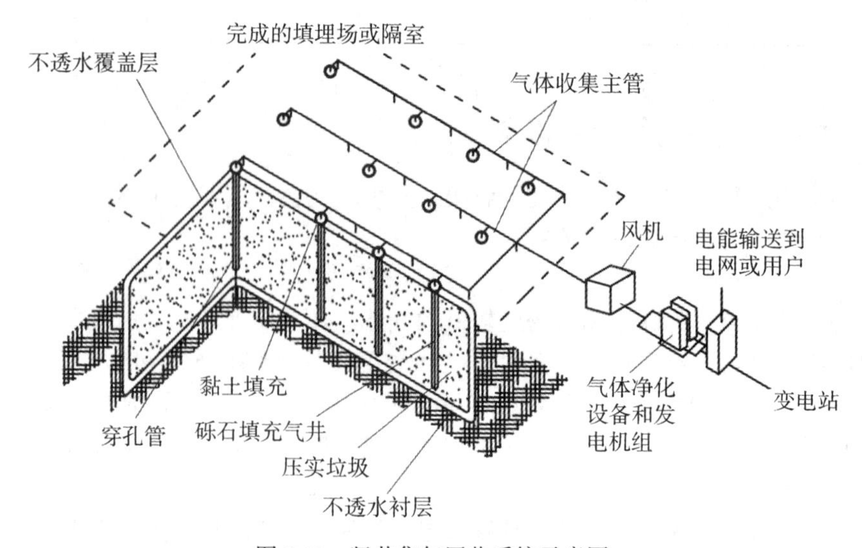

图 6-12　竖井集气回收系统示意图

两大类，边井井间距较小，而中部井的井间距适当大一些。一般认为，距填埋区边缘 20m 以内的井为边井。边井的主要作用在于控制沼气不外溢，以保护环境为主，因而抽气量较大，填埋气体中的甲烷含量较低。从纵面上，中部井也分为浅层井和深层井，浅层井的作用和边井相同，用以控制边层填埋气的扩散，深层井的气体质量较边井和浅层井好，甲烷含量较高。这样分区、分层的设置将产生富甲烷填埋气和贫甲烷填埋气。利用集气管道收集后，送往不同的利用系统。

为了优化竖井的布置和确定有效的产气范围，抽气井按照等边三角形的形式来布置，井间距离要根据抽气井的影响半径按照相互重叠的原则设计，即其间隔要使其影响区相互交叠：

$$D = 2R\cos 30°$$

式中：D 为三角形布局的井间距离，m；R 为抽气井的影响半径，m。

影响半径与填埋垃圾的类型、压实程度、填埋深度和覆盖层类型等因素有关，应该通过现场实验来确定。在缺少实验数据的情况下，影响半径可以采用 45m。对于深度大并有人工薄膜的混合覆盖层的填埋场，常用的井距为 45~60m；对于使用黏土和天然土壤作为覆盖层材料的填埋场，可以采用较小的井间距，如 30m，来防止空气抽进填埋场系统。

水平集气系统主要适用于新建的和正在运行的垃圾填埋场，其特点是填埋垃圾的同时还收集沼气。适用于垃圾中的有机物以易降解成分为主的填埋场。水平集气系统的集气速率是竖井的 5~35 倍，由于采用边填埋边集气的方式，因而水平集气系统的收集效率较竖井的高。但垃圾腐熟造成的不均匀沉降对集气系统影响较大。美国洛杉矶卫生局在 20 世纪 80 年代初率先采用水平集气系统，PuenteHill 填埋场就是其中的典型代表见图 6-13，相

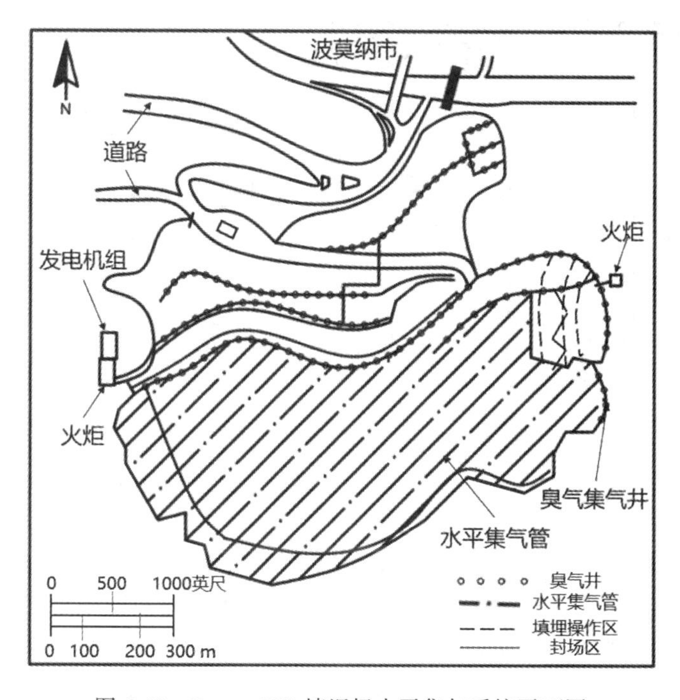

图 6-13 Puente Hill 填埋场水平集气系统平面图

应的填埋场集气系统断面图见图6-14。在填埋2层垃圾后开始安装水平集气管，各个集气支管之间在垂直方向相距24.4m，在水平方向相距61.0m。

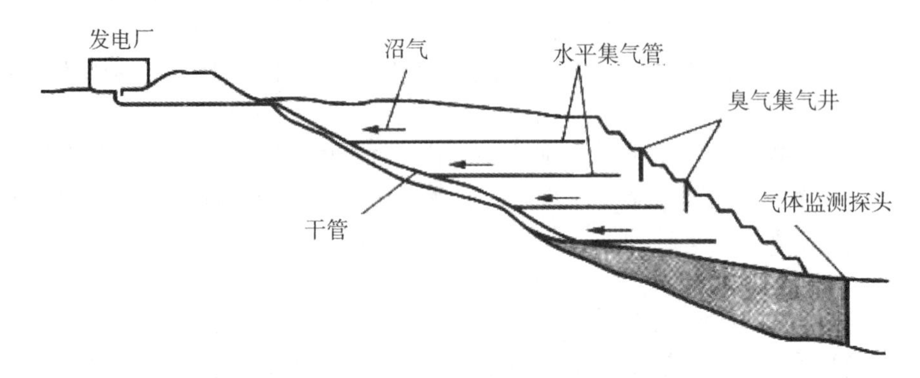

图6-14　Puente Hills填埋场水平集气系统断面图

水平管网采用分层设置，集气管设置在盲沟中，可使其得到有效保护。水平集气管有两种：一种是穿孔管，另一种是套管。后者由于采用不同管径PVC管互相嵌套，对垃圾的不均匀沉降适应能力较强且不易脱落，因此应用较多。水平集气管施工示意图参见图6-15。

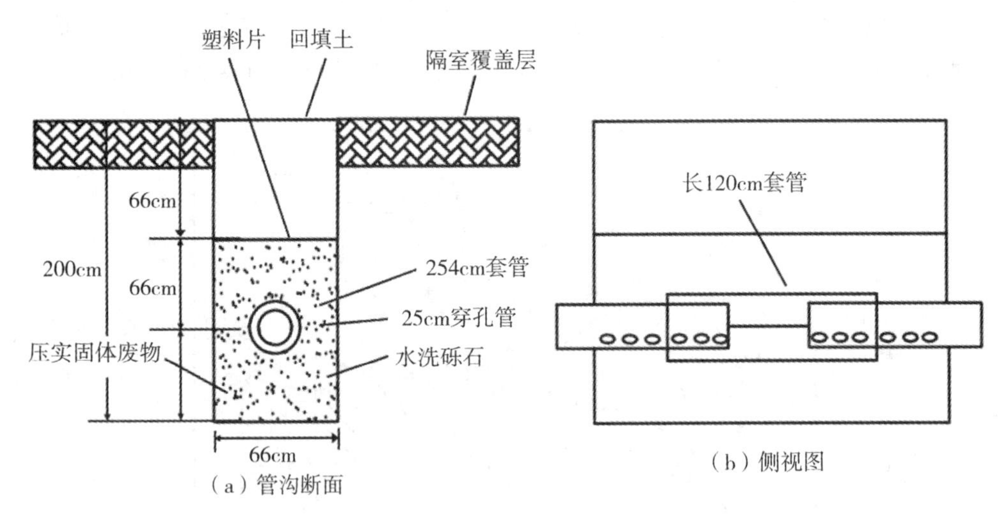

图6-15　水平集气管的施工示意图

2. 输送系统

为了使填埋气收集系统达到稳定运行状态，管道布置通常采用干路和支路的形式，干路互相联系或形成一个“闭合回路”，从而可以得到一个比较均匀的真空分布，使系统运行更加容易、灵活。通常用50~200mm的PVC管(或PE管)，将抽气井与引风机连接起来。管道的铺设应有沉降，在填埋场的沉降比应该大于1∶40，以适应不同的沉降变化。

应控制管道大小以保证填埋气流动速度小于 6m/s。这样可防止冷凝水被带走，允许冷凝水沿管道回流，返回井里。此外还可减少管内摩擦损失，降低对风机功率的要求，以节约能源。

由于垃圾填埋场内部的填埋气的温度通常在 16℃～52℃变化，集气管道内的填埋气温度接近周围的环境温度。在输送过程中，填埋气会逐渐变凉而冷凝。因此冷凝液的收集和排放是填埋气输送系统设计时考虑的重点。为了排出冷凝液，集气管的安装应该保持一定的坡度(一般大于 5%)，并在集气管道的最低处安装冷凝液收集排放装置。典型的冷凝液收集排放装置见图 6-16。冷凝液可以返回填埋场[图 6-16(a)]，也可以先用贮槽来贮存[图 6-16(b)]，再排入排水系统。

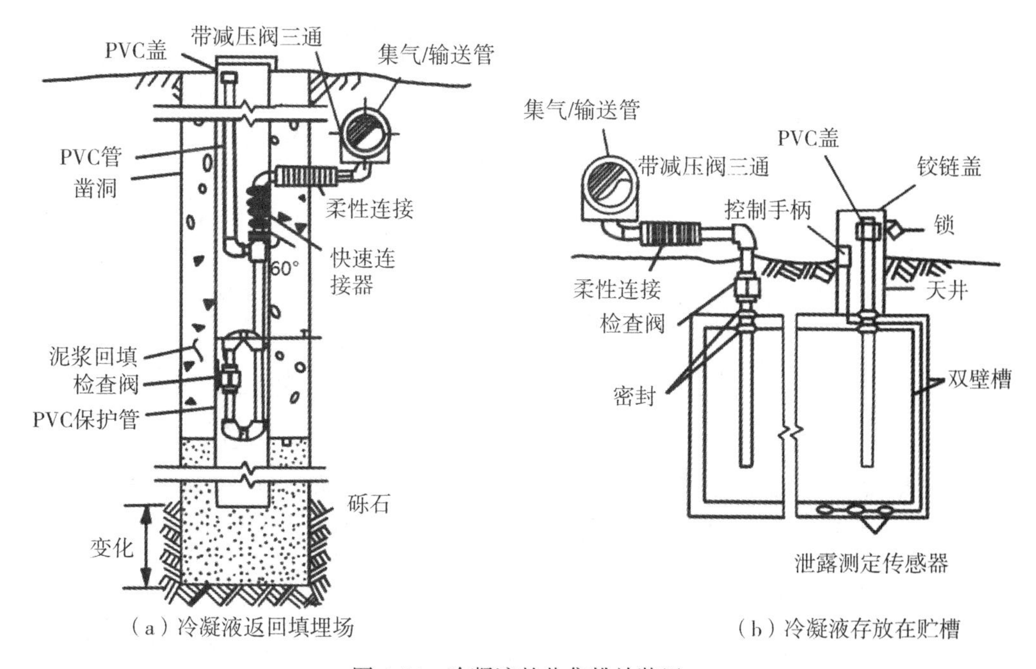

(a)冷凝液返回填埋场　　(b)冷凝液存放在贮槽

图 6-16　冷凝液的收集排放装置

输送管道的末端需要安装风机来保证集气系统和输送系统压力的相对稳定和填埋气流量的相对恒定。在选择风机时，首先要根据预期的最坏的操作条件 来确定系统需要的总压力差。风机功率大小需要根据总的负压头和填埋气体积 来设计。目前填埋场中最常采用离心式引风机。在运行过程中，要求风机具有良好的密封性能，尤其是风机的轴，如果密封类型不适当或者效果不佳，填埋气会泄漏到空气中从而引起异味，并产生安全隐患。

6.6.3　填埋气净化技术

自由排放的填埋气会对环境和人类健康造成危害，若能加以收集则可以作为能源来利用。填埋气的热值与城市煤气的热值接近，每 $1m^3$ 填埋气的能量相当于 0.45L 柴油或

0.6L 汽油的能量，热值为 18828~23012 kJ/m^3。然而填埋场所收集的填埋气组分复杂，在利用之前需要进行净化预处理。填埋气中主要含有 CH_4、N_2、CO_2、O_2、NH_3、CO 等组分。在对填埋气利用之前应尽可能提高 CH_4的含量，增加气体的热值，并降低微量气体比例以防止危害。近年来气体分离技术发展很快，尤其是吸收、吸附和膜分离技术得到越来越广泛的应用。气体分离技术的发展见图 6-17。

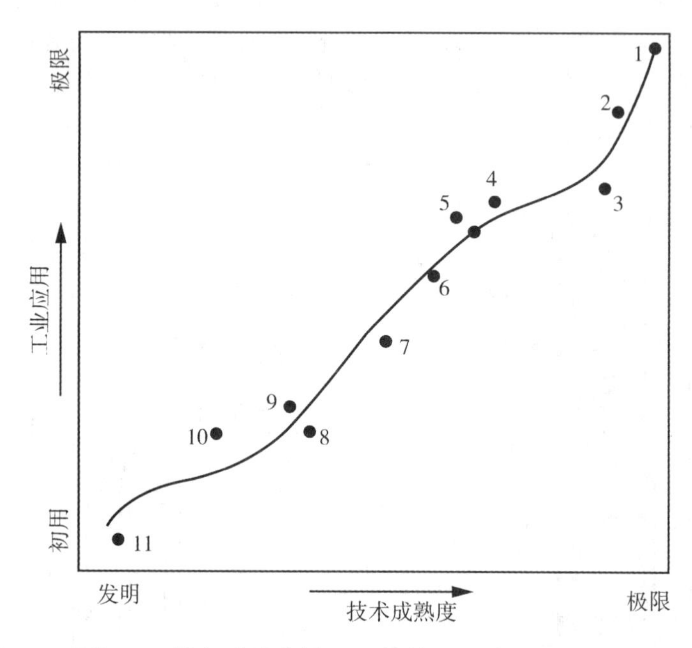

1—蒸储；2—吸收；3—萃取/共沸蒸儒；4—结晶；5—离子交换；6—吸附(气相)；
7—吸附(液相)；8—膜(液体)；9—膜(气体)；10—超临界萃取；11—亲和分离

图 6-17　气体分离技术发展现状

就实际的填埋气而言，由于填埋场中的填埋气温度较高，水蒸气接近饱和，压力略高于大气压。因此，当气体被抽吸到收集站后，在填埋气输送和利用前必须进行脱水处理。一般采用冷凝器、沉降器、旋风分离器或过滤器等物理单元来除掉气体中的水分和颗粒物。也可以通过分子筛吸附、低温冷冻、脱水剂二甘醇等进行脱水，使填埋气中水分含量在后续操作条件的露点以下。在实际脱水过程中，低温冷冻比较常用。脱水后的填埋气的热值可提高 10%左右。填埋气还含有少量的 H_2S，容易引起工程设备腐蚀，因此需要去除填埋气中的 H_2S。尤其当垃圾中含有石膏板之类的建筑材料和硫酸盐污泥时，填埋气体中的 H_2S 会大量增加。脱硫技术主要有湿式吸收工艺和吸附工艺两大类，包括催化吸收法，链烷醇胺选择吸收法，碱液吸收法，活性炭吸附和海绵铁吸附法，其中活性炭吸附法最常用。

CH_4、CO_2、N_2和 O_2是填埋气体中四种最主要的组分，其中 CH_4和 CO_2共占了填埋气体体积分数的 90%以上，因此填埋气体的提纯是 CH_4、CO_2、N_2和 O_2的混合气体的分离过程，而关键则是 CH_4和 CO_2的气体分离。目前分离 CO_2的主要方法有：吸收分离、吸附分离和膜分离。

1. 吸收分离

CH_4、CO_2、N_2和 O_2四种主要组分中，CO_2是弱酸性气体，采用碱性溶液为吸收剂的吸收分离可以去除填埋气体中的大部分 CO_2，但是 N_2和 O_2在溶液中的溶解度很小。甲烷与二氧化碳吸收分离净化中采用甲乙醇胺(MEA)或 N-甲基二乙醇胺(MDEA)溶液作 CO_2的吸收剂，产品气中 CO_2含量小于 5%，CH 含量增高到 80%以上，当气液比为 1∶3 时，其工艺 CO_2去除率超过 95%，甲烷回收率为 90%~95%，产品气中 CH 含量超过 80%，在发酵沼气及天然气净化中该工艺已经被成功应用。

2. 吸附分离

根据吸附后吸附剂再生方法的不同，吸附分离可以分为变温吸附(temperature swing absorption，TSA)和变压吸附(presure swing absorption，PSA)。在变温吸附中，吸附剂通过加热实现再生，而变压吸附是通过降低压力来实现吸附剂的再生。由于变温吸附需要加热，因此能耗较多，而且完成一个循环的时间较长，一般用于小规模的工业应用。变压吸附则因具有循环时间短、产量大等优点 而在空分制氮、天然气净化等方面得到了广泛的应用。

利用 PSA 对填埋气进行 CO_2/CH_4分离操作过程见图 6-18。填埋气加压至 0.8MPa 后进入 PSA 系统，填埋气自下而上通过以碳分子筛为主要吸附剂组成的吸附床，水分被下层活性氧化铝吸附，CO_2被分子筛吸附，CH_4在压力下被输出至储气罐。当吸附剂达到一定饱和度时，进气阀门关闭，解吸阀打开，吸附塔进入排空再生阶段。然后关闭解吸阀，打开吹洗阀，一部分产品气返回抽空的吸附塔进行均压。两个塔分别处于不同的阶段，当 A 塔产气时，B 塔排空充压。如此交替反复，连续产生富集 CH_4气体。PSA 工艺相对简捷，在填埋场自身条件变化的情况下，可以维持预处理后的填埋气体、CH_4浓度相对稳定。在保证甲烷回收率为 98%时，产品气的 CH_4浓度可达到 85%以上。

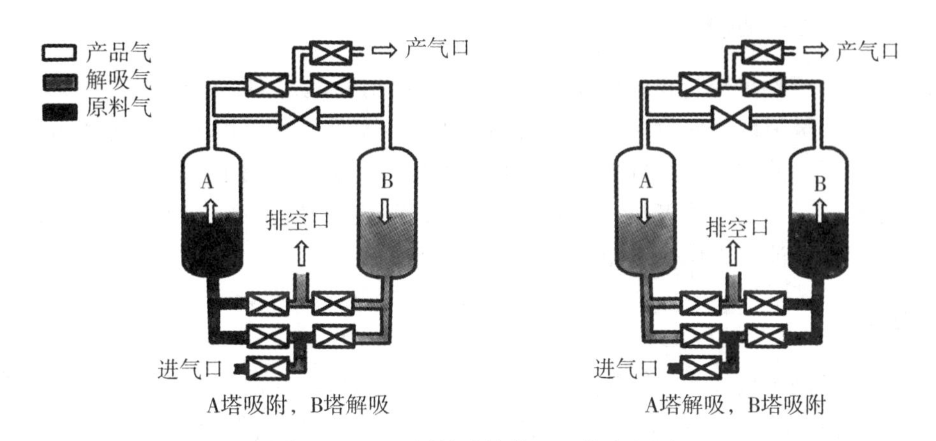

图 6-18 PSA 甲烷浓缩装置工艺流程图

3. 膜分离

气体膜分离是利用特殊制造的膜与原料气接触，在膜的两侧压力差驱动下，气体分子透过膜的现象。由于不同的气体分子透过膜的速率不同，渗透速率快的气体在渗透侧富集，而渗透速率慢的气体则在原料侧富集。气体膜分离正是利用分子的渗透速率差使不同气体在膜两侧富集而实现分离。

膜分离的主要特点是能耗低，装置规模可以根据处理量要求调整大小，设备简单，操作方便，运行可靠。膜组件可以分为中空纤维膜、卷式膜、平板膜。从材料来看，醋酸纤维素膜、聚酰亚胺膜用于 CO_2/CH_4的分离比较多。Envirogenics 公司利用醋酸纤维素卷式膜对沼气中的 CO_2进行了分离，气体的相对渗透速率 见表 6-6。可见 CH_4和 CO_2的渗透速率相差 30 倍，可以利用 CO_2和 CH_4在膜中的不同渗透性来实现 CO_2与 CH_4高效快速分离。然而由于 CH_4和 N_2的渗透速率很接近，因此这种膜难以对填埋气中的 N_2和 CH_4进行分离。

表 6-6　**各气体组分透过膜的相对渗透速率**

组分	相对渗透速率	组分	相对渗透速率
H_2O	100	O_2	1
NH_3	15	CO	0. 3
H_2	12	CH_4	0. 2
H_2S	10	N_2	0. 18
CO_2	6	C_2H_6	0. 1

此外，日本 UBE 公司的聚酰亚胺膜也广泛用于 CO_2的分离。美国在洛杉矶的 Puente Hill 填埋场采用了 UBE 公司的分离膜，产品气中 CH_4含量可达 96% 以上，CH_4回收率为 70%~95%。

6. 6. 4　填埋气的利用

对填埋气进行收集控制和资源化利用，已成为城市垃圾填埋处置的重要部 分。1977 年世界第一个垃圾填埋气回收系统在美国加利福尼亚南部建立，填埋气作为燃料用于锅炉燃烧。目前填埋气的主要利用方式包括：直接燃烧产生蒸汽，用于生活或工业供热；通过内燃机燃烧发电；作为运输工具(如汽车)的动力燃料；经脱水净化处理后用作城市民用管道燃气；燃料电池；用作 CO_2和甲醇工业的原料。

1. 发电

填埋气发电是比较成熟的能源回收方式，所发电力可以并入当地电网，不受当地用户条件的限制。由于填埋气中 CH_4含量一般在 50%以上，属中等热值燃气，只需经过脱水、脱硫等预处理便可送至锅炉或内燃机燃烧进行发电和供热。一般来说，垃圾填埋量在 100

$\times10^4$t 以上、占地面积 1000m^2以上、填埋高度 10m 以上的填埋场利用填埋气发电具有较好的投资回报率。

我国杭州天子岭、广州大田山和南京水阁垃圾填埋场已经建成了填埋气发电示范工程。杭州天子岭垃圾填埋场占地 16×10^4m，设计填埋能力为 $600\times10^4 m^3$。该工程由加拿大设计，利用燃气轮机来发电，装机总容量为 1520kW，采取 24 小时连续运行方式，运行时间占全年时间的 95%，年发电量可达 1270×10^4kW · h。杭州天子岭的填埋气预处理技术单元主要是冷凝过滤，系统工艺图如图 6-19 所示。

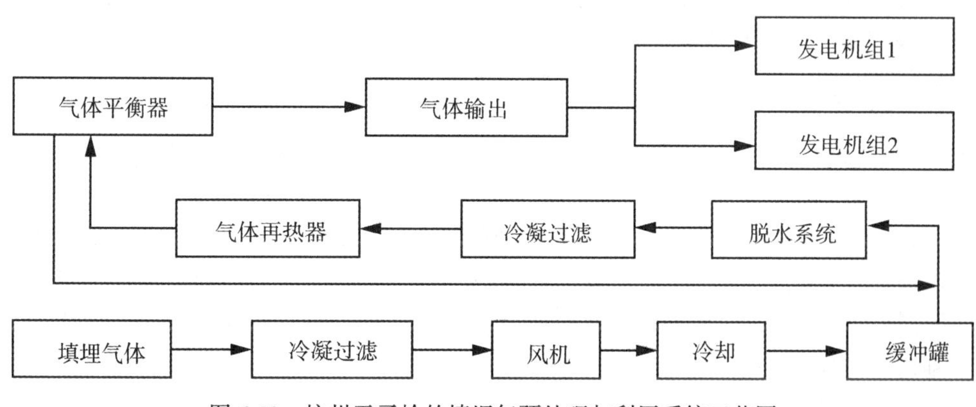

图 6-19　杭州天子岭的填埋气预处理与利用系统工艺图

在填埋气发电系统中，核心设备是燃气轮机。由于填埋气中的 CH_4 含量比天然气低，燃烧速率低，这会使发动机的动力性和燃料经济性降低，排气温度升高，引起气门过度磨损，降低发动机的可靠性和使用寿命。因此，如何提高燃烧速率就成了在垃圾填埋气发动机使用过程中需解决的重要问题。此外多数发动机耐受 H_2S 的极限为 200mg/L，需要防止 H_2S 引起的机件腐蚀。此外，还需要保证电力输出的稳定性以便入网。

2. 作为汽车燃料

填埋气与天然气的微量组分含量相近，只是填埋气中含有大量的 CO_2，从填埋气净化技术的角度来看，通过对填埋气进行预处理后，可以保证填埋气组分达到天然气的品质。当处理后的填埋气达到《车用压缩天然气》GB 18047—2000 标准（见表 6-7）后，就可以作为双燃料汽车的气体燃料。由于其生产成本低，相对于市场销售的燃油和 CNG 具有明显的竞争优势。此外，在国内已经推广车用 CNG 的城市，其加气系统的主流正在向子母站系统发展，这一点也为填埋气产品进入汽车燃料市场创造了条件。

表 6-7　**汽车用压缩天然气技术要求**

项　目	指　标	实验方法
高位发热量（MJ/m^3）	>31.4	GB/T 11062
H_2S 含量（mg/m^3）	<20	GB/T 11060.1/2

续表

项　目	指　标	实验方法
总硫(以 S 计)含量(mg/m^3)	<270	GB/T 11061
CO_2含量(体积分数)(%)	<3.0	SY/T 7506
水露点(℃)	低于最高操作压力下 最低环境温度 5℃	SY/T7507(计算确定)

注：1. 为确保压缩天然气的使用安全，压缩天然气应有特殊气味，必要时加入适量加臭剂，以保证天然气的浓度在空气中达到爆炸下限的 20%前能被察觉。

2. 气体体积为 101.325kPa，20r 状态下的体积。

国内外资料表明，采用填埋气的汽车使用成本低廉，具有较强的市场竞争力。作为汽车燃料时，要求将填埋气除湿、脱除硫化物和微量物质后，再分离 CO_2，将 CH_4的浓度提高到 85%以上，然后加压至 5MPa，装入贮罐作为汽车燃料。美国洛杉矶卫生局筹建的填埋气制取汽车清洁燃料示范工程于 1993 年建成，该工程规模约为 $1000m^3/d$。填埋气经二级压缩冷凝后再利用活性炭吸附处理，最后利用膜分离后得到汽车燃料气，其填埋气的预处理和利用工艺流程图见图 6-20。

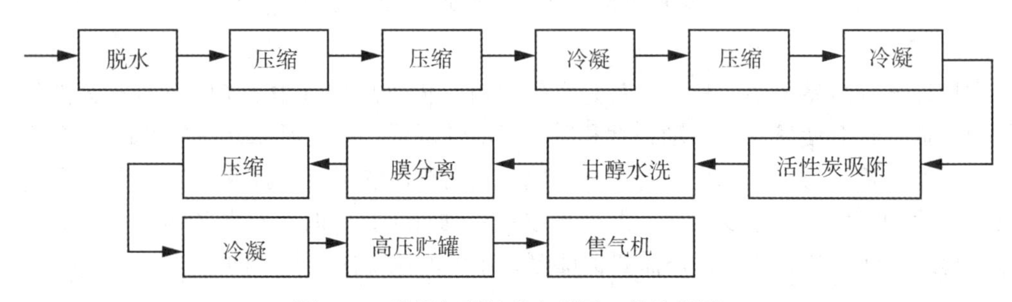

图 6-20　填埋气预处理和利用工艺流程图

3. 作为城市民用燃气

城市燃气是由若干种气体组成的混合气体，其中主要组分是一些可燃气体，如 CH_4等烃类、CO，另外也含一些不可燃的气体组分，如 CO_2，N_2和 O_2等。城市燃气按气源可分为：天然气、人工煤气、液化石油气和生物气等。其中天然气作为民用燃气的技术要求见表 6-8。

填埋气作为民用燃气已有应用，例如，美国伊利诺斯州填埋场的填埋气经过除湿、除 H_2S 并分离出 CO_2后，并入民用燃气系统，其热值为 $37.2MJ \cdot Nm^{-3}$。然而，填埋场沼气毕竟是从垃圾中产生的，可能会存在一些尚未被人们认识到的有毒有害物质。特别是没有经过分类、分拣的垃圾，有毒有害物质进入填埋场后，易于混入填埋气，对人具有潜在危害。此外，填埋气需要净化至民用天然气质量，意味着 CH_4含量要从 50%提纯至 98%以上，相应的处理成本较高。因此，我国对于填埋气作为城市民用燃气比较慎重，目前暂不主张直接作为民用燃气使用。

表 6-8　　天然气用作民用燃气的技术要求

项目	一类	二类	三类
高位发热量(MJ/m^3)	>31.4		
总硫(以 S 计)含量(mg/m^3)	≤100	≤200	≤460
H_2S 含量(mg/m^3)	≤6	≤20	≤460
CO(体积分数)(%)	≤3.0		—
水露点(℃)	在天然气交接点的压力和温度条件下，天然气的水露点应比最低环境温度低 5℃		

4. 作为燃料电池的燃料

燃料电池是一种将化学能直接转换为电能的发电装置，它所用的“燃料”并不燃烧，而是通过氧化还原反应直接产生电能。其优点主要是能量转换效率高、污染小、噪声低。燃料电池既可以独立单元发电，也可以串联或并联组成大型发电站，可以根据需要安装在指定地点。1991 年美国国际燃料电池公司(IFC)在美国国家环保局的支持下进行填埋气燃料电池的应用研究。在 1995 年首次开发了型号为 PC25 的商业化填埋气燃料电池。该燃料电池的最大供电能力为 200kW。美国根据天然气转换计划还进行了 1000kW 级磷酸型燃料电池(PAFC)的试验，而日本也在引进美国的技术后开展了 100kW 级 PAFC 的磷酸燃料电池发展较快，由于电解质是酸，所以电解质不会因 CO_2气体引起变质，因而可以直接用天然气等矿物燃料改性得到炔，不需要经过提纯工序除去 CO_2。

在填埋气资源化利用方式中，我国填埋气发电已经有了一定的商业化应用基础，而其他填埋气利用技术的研究则处于起步阶段。美国则将填埋气用作汽车及燃料电池的燃料作为今后应用的重点。

习题与思考题

1. 填埋场选址总的原则是什么？选址时主要考虑哪些因素？
2. 现代填埋场的建造及运行包括哪些具体步骤？
3. 简述填埋场的类型与基本构造。
4. 简述填埋场水平防渗系统的类型及其特点。
5. 简述填埋场终场防渗系统结构的组成及各层的作用。
6. 渗滤液水质特征主要受哪些因素影响？
7. 控制渗滤液产生的工程措施有哪些？其作用如何？
8. 处理渗滤液的基本方法有哪些？各自的特点是什么？
9. 试述卫生填埋法在我国城市垃圾处理处置中的应用前景。

10. 试述填埋场渗滤液收集系统的主要功能及其控制因素。

11. 试述固体废物管理“三化”原则对城市生活垃圾处置技术发展的影响

12. 一个 100000 人口的城市，平均每人每天生产垃圾 0.9kg，若采用卫生填埋法处置，覆土与垃圾之比取 1∶5，填埋后垃圾压实密度取 700kg/m^3，试求：

①填埋体的体积；

②填埋场总容量(假定填埋场运营 30 年)；

③填埋场总容量一定(填埋面积及高度不变)，要扩大垃圾的填埋量，可采取哪些措施？

第7章　固体废物资源化利用

随着世界工业化进程的加快，地球上的资源正在以惊人的速度被开发和消耗，有些资源已濒临枯竭。相对于自然资源而言，固体废物属于二次资源。尽管其一般不再具有原来的使用价值，但经过回收、处理等途径，往往又可作为其他产品的原料，成为新的可用资源。目前，固体废物资源化利用已成为包括我国在内的世界上很多国家控制固体废物污染、缓解自然资源紧张的重要国策之一。

1. 主要途径

当前固体废物资源化利用的途径主要集中在以下几个方面。

①固体废物农用。用于生产农肥和土壤改良等，许多固体废物含有较高的硅、钙以及各种微量元素，有些还含磷和其他有用组分，因此改性后，可作为农肥使用，但应取得肥料生产许可证和登记证，确保使用安全。

②固体废物建材化利用。其优点是：耗渣量大，投资少，见效快，产品质量高，市场前景好；能耗低，节省原材料，不产生二次污染；可生产的产品种类多、性能好，如用作水泥原料与配料、掺和料、缓凝剂、墙体材料、混凝土的混合料与骨料、加气混凝土、砂浆、砌块、装饰材料、保温材料、矿渣棉、轻质骨料、铸石、微晶玻璃等，也可用于筑路、筑坝与回填，回填后覆盖土地，还可开辟为耕地、林地或进行住宅建设。

③固体废物资源回用。回收或利用其中的有用组分，开发新产品，取代某些工业原料如煤矸石沸腾炉发电，洗矸泥炼焦作工业或民用燃料，钢渣作冶炼熔剂，硫铁矿烧渣炼铁，赤泥塑料，开发新型聚合物基、陶瓷基与金属基的废物复合材料，从烟尘和赤泥中提取镓、钪等。

2. 固体废物分类

固体废物按其来源可分为工业固体废物、农业固体废物、矿业固体废物、城市生活垃圾等：

(1)工业固体废物

工业固体废物是指在工业生产活动中产生的固体废物。目前，我国工业固体废弃物的年产生量已经达到20亿吨左右，累计堆存量超过200亿吨。年产量最大的是矿山开采和以矿石为原料的冶炼工业产生的固体废物，超过工业固体废弃物产生量的80%。产生量大的几种工业固体废弃物包括尾矿、废石、煤矸石、粉煤灰、炉渣、冶炼废渣等。

虽然我国工业结构淘汰了一些能耗高、品质低、污染重的落后(低效)产品，关闭了一些生产能力低、运行费用高、效益差的企业，高新技术的采用和管理水平的提高将逐步减少单位产值工业固体废物的产生量，但由于我国仍处于经济高速发展的阶段，经济增长率仍将保持在 8%左右，工业固体废物的年产生量仍将不断增长。

(2)农业固体废物

农业固体废物是指农业生产和农村生活所产生的固体废弃物总和，包括农业生产中施用的化肥、农药和农膜以及畜禽粪便、尾菜、秸秆、生活垃圾等。农业生产废弃物与农村生活垃圾作为其主要的组成部分，具有分散性、复杂性、多样性等特点，收集、处理和资源化利用难度大，严重威胁着我国农村地区生态环境质量。

(3)矿业固体废物

矿业固体废物是指存在于黑色金属矿山、有色金属矿山等，在采矿、选矿、冶炼和矿物加工过程中，产生的数量庞大的固体状或泥状废物，主要包括选矿尾矿、采矿废石、赤泥、冶炼渣、粉煤灰、炉渣、浸出渣、浮渣、电炉渣、尘泥等。

矿业废物种类多、产量大、伴生成分多、毒性小，大多数废物可作为二次资源加以利用。如综合回收其中的有价物质；作为一种复合的矿物材料，用于制取建筑材料、土壤改良剂、微量元素肥料；作为工程填料回填矿井采空区或塌陷区等。

(4)城市生活垃圾

城市生活垃圾是指在日常生活中或者为日常生活提供服务的活动中产生的固体废物，以及法律、行政法规规定视为生活垃圾的固体废物。据统计，我国每年产生的城市生活垃圾约 1.5 亿吨，并还在以每年 4%以上的速度增加。这些垃圾绝大部分被直接倾倒或简易填埋，无害化处置水平很低。目前我国的城市生活垃圾中有机成分占总量的 60%，无机物约占 40%，其中废纸和塑料、玻璃、金属、织物等可回收物约占总量的 20%。我国的城市生活垃圾呈现两个比较突出的特点：一是由于城市燃气化率不断提高，生活垃圾中的灰分大大减少，有机物含量及垃圾的热值增加，有利于垃圾堆肥和垃圾焚烧发电，但垃圾中厨余垃圾比重还较大，致使垃圾中水分含量过高，影响了垃圾的热值，也不利于垃圾的分类回收处置；二是我国城市生活垃圾中包装废物的数量增长快速，废纸、金属、玻璃、塑料等绝大部分是使用后废弃的包装物。随着经济的发展，商品包装形式越来越繁多，包装物的种类和数量增加很快，采用复合材料包装以及进行过度包装和豪华包装的产品比比皆是，这在大城市尤为突出。目前我国包装品废弃物约占城市家庭生活垃圾的 10%以上，而其体积要构成家庭垃圾的 30%以上。

7.1　固体废物农用

农用资源化在是未来处理固体废物的最好的方式之一，具有重大的推广意义。一方面，固体废弃物农用资源化可以有效地对固体废弃物进行处理，减少固体废物的其他处理方式如填埋、焚烧等的处理量，既可以对固体废物进行减容、无害化处理，也可以减少固体废物对土地的占有量，最重要的是减少对土壤、水源和大气的污染，保障人民的身体健康，降低因固体废物处理而引起的群众事件的发生率，促进社会和谐与稳定。

另一方面，固体废物农用资源化，关键是在农业方面资源化，而实际上许多固体废物经过简单的处理就可以应用在农业上，而且具有明显的效果。以污泥作为例子来说，污泥不仅含较高量有机质，还含大量的氮、磷养分，且含量远高于普通农家肥猪牛粪，是一种和优质农家肥鸡粪相当的良好农用肥料，此外，张雪英等人研究表明，污泥中氮、磷绝大部分是有机氮有机磷，并且主要以易矿化形态存在。这些易矿化有机氮有机磷是土壤中速效氮速效磷的直接有机来源，而难矿化有机氮有机磷是土壤中氮磷元素的有机贮存库，可作为作物的长效肥。污泥这种组成特征，使污泥比一般有机肥肥效更快，同时又具有较好的培肥效果。

大量的研究和田间试验表明，污泥中的有机质可增加土壤的孔隙度和水含量，减少土壤的容重，从而对土壤性质进行改良。而施用污泥可明显提高土壤微生物的活性，使土壤中微生物总量及放线菌所占比例增加，使土壤的代谢强度提高。施用污泥后土壤理化性质的改善为微生物的活动提供了条件，微生物活动的增强又可进一步促进土壤肥力的提高。另外，污泥中含有丰富的作物所需的各种养分，适量施用对农作物的生长有较好的促进作用，能明显提高作物的品质。

综上所述，固体废物农用资源化既可解决固体废物对环境的污染问题，又可充分利用固体废物中的营养物质促进农业生产、改善土壤质量。因此，固体废弃物农用是其处置的最佳途径。但是，固体废物农用应首先对其进行无害化处理，降低其中可能含有的重金属以及有毒有害的有机污染物、病原菌的含量，以提高固体废物农用资源化的安全性。以下以农业固体废物为例具体说明。

7.1.1 秸秆

农作物秸秆自身具有极高的利用价值。首先，农作物秸秆热值高，大约相当于标准煤的1/2。其次，农作物秸秆中除了绝大部分碳之外，还含有氮、磷、钾、钙、镁、硅等矿质元素，有机成分有纤维素、半纤维素、木质素、蛋白质、脂肪、灰分等，因此农作物秸秆是可作为资源加以利用的。

秸秆还田和秸秆饲料化是秸秆资源化的两个主要途径。本书仅介绍秸秆还田。

秸秆还田是利用秸秆粉碎机将摘穗后的农作物秸秆当场粉碎，并均匀地抛撒在地表，然后深耕土地将其掩埋土下，使其腐烂分解成为有机肥料的一项农机化适用技术。秸秆还田能够增加土壤有机质和速效养分含量，节省土地化肥投入，培肥地力，缓解氮、磷、钾肥比例失调的矛盾；调节土壤物理性能，改造中低产田；形成有机质覆盖，抗旱保墒；降低病虫害的发生率；增加农作物产量，优化农田生态环境；避免了因焚烧秸秆造成的大气污染或引起的火灾，保护了生态环境；因此秸秆还田与土壤肥力、环境保护、农田生态环境平衡等密切相关，成为持续农业和生态农业的重要内容。

秸秆还田一般有直接还田和间接还田两种形式。

直接还田是以机械的方式将田间的农作物秸秆直接粉碎并抛撒于地表，随即耕翻入土，使之腐烂分解成为有机肥。直接还田是秸秆资源利用中最原始的技术，因其简单易被广大农民掌握，故得到了大量应用。直接还田又可分为机械粉碎还田、覆盖还田及整秆还田。

间接还田就是将秸秆高温堆沤、过腹、沼渣等几种方式处理后再撒入地表，是一种无环境污染和肥效高且稳定的综合效益较高的秸秆利用生产技术模式，间接还田包括堆沤还田、过腹还田、沼渣还田、菇渣还田及生化腐熟快速还田。秸秆堆沤还田利用夏季高温季节将秸秆堆积，采用厌氧发酵沤制，成本低廉，但是时间长、受环境影响大，劳动强度高；过腹还田、沼渣还田及菇渣还田是一种效益很高的秸秆利用方式，可提高秸秆的经济价值，但由于种种原因所能消纳的秸秆量仍然很有限；生化腐熟快速还田是利用生物技术，把秸秆快速转化为有机肥，但需要先收集秸秆，费工费时，且优良微生物复合菌种和化学制剂筛选困难，操作条件需严格控制，秸秆需严格预处理，设备成本和运行费用较高。

秸秆还田具有很多优点。

①增加土壤保水能力，改善热量状况。提高土壤含水率，有利于农作物抗旱。土壤矿物颗粒的吸水量最高为50%~60%，腐殖质的吸水量为400%~600%。因此，施用农作秸秆可使土壤持水量提高，且随秸秆还田量的增加，土壤保水性增强，使土壤保水能力增加，比热较大，导热性好，颜色加深较易吸热，调温性好，明显改善土壤热量状况。秸秆还田可产生优化农田生态环境的效果，其中以覆盖还田效果最为显著。连续多年秸秆还田的耕地，不仅能提高磷肥利用率和补充土壤钾素的不足，地力也可提高0.5~1.0个等级。秸秆还田后，平均增产幅度在10%以上。

②改善土壤性状，增强土壤通透性。秸秆还田后经腐烂分解形成的腐殖质，是土壤结构的胶粘剂，有利于土壤团粒结构的形成，提高土壤团聚体和微团聚体的含量，使土壤疏松、通透性好。施用农作物秸秆能够提高耕种层土壤孔隙度，改善土壤通气状况，降低土壤密度。土壤物理性状的改善使土壤的通透性增强，提高了土壤蓄水保肥能力，有利于提高土壤温度，促进土壤中微生物的活动和养分的分解利用，有利于农作物根系的生长发育，促进了根系的吸收活动。

③增加土壤有机质含量。农作物秸秆还田可提供植物生长必需的N、P、K等大量元素及各种微量元素，使土壤养分显著增加。一方面秸秆本身含有的元素必然增加土壤养分；另一方面，农作物秸秆在转化中可释放一些小分子有机酸，可分解土壤中的矿物质，使土壤中养分的有效性增加。对于耕种土壤来说，培肥的中心环节就是保持和提高土壤有机质的含量。实践证明，增加土壤有机质含量最有效的措施是秸秆还田和增施有机肥。秸秆还田和单施有机肥均能增加土壤有机质的含量，秸秆还田更有助于土壤有机质的增加。

④对土壤N、P、K等元素的影响。长期施用无机肥，可以提高土壤中养分的含量，但施入的无机肥很少能在土壤有机质中积累，只有同时增加有机肥(施用有机肥或秸秆还田等)时，才能提高土壤中养分的含量，并提高其矿化作用，促进农作物对N、P、K等的吸收利用。在中性和碱性土壤中，农作物秸秆在分解过程中产生的二氧化碳，特别是在渍水条件下产生的有机酸，可提高土壤素的有效性。

⑤秸秆还田的生物学效应、土壤酶活性的提高可以促进土壤有机质的转化和养分的有效化。秸秆还田能促进真菌和细菌的大量繁殖，提高土壤中微生物的数量，同时给土壤酶提供了大量作用底物，因而提高了土壤酶活性。秸秆还田使土壤的淀粉酶、蛋白酶、转化酶、蔗糖酶、磷酸酶等的活性得到了不同程度的提高。

7.1.2 禽畜粪便

禽畜粪便用于农田大多采用堆肥肥料化的方法，堆肥化是处理有机废弃物的有效方法之一。畜禽粪便是一种有价值的资源，它包含农作物所必需的N、P、K、有机物和蛋白质等多种营养成分。经过处理后可作为肥料和饲料，具有很大的经济价值。

粪便用作肥料。首先对粪便要及时清除，尽量做到使干粪与冲洗水分离，对含固体粪便的污水要进行固液分离。干粪和通过固液分离出的畜禽粪便不能直接用作肥料还田，需进行无害化和资源化处理，通常有堆肥发酵、制作生物复合肥和蚯蚓资源化处理法。

堆肥发酵畜禽粪便通过堆肥发酵的方式直接还田作肥料是一种传统的、经济有效的粪污处置方式，可以在不外排污染的情况下，充分循环利用粪污中有用的营养物质，改善土壤中营养元素含量，提高土壤的肥力，增加农作物的产量。堆肥发酵的好处有以下几点。

①畜禽粪便在堆肥过程中，产生60~80℃的温度，可以有效地消灭畜禽粪便中各种病原体和寄生虫卵的存活。

②经过堆肥发酵后，粪便中可以产生一些有利于植物生长的物质，从而防止农作物生育障碍。

③堆肥发酵过程中所产生的热量，可以杀灭畜禽粪便中杂草的种子，避免施用以后杂草的滋生。

④经过合理有效的堆肥处理，还可以减轻粪便的恶臭对空气的污染，并且便于长途运输和贮存。

⑤堆肥后粪便中的有机质极易分解，因此可以降低施用后对地下水所造成的污染。堆肥过程要符合《畜禽粪便还田技术规范》(GB/T 25246—2010)中规定的堆肥发酵的卫生要求。

堆肥发酵的方法主要有以下两种。

①自然堆沤发酵法：建造较大的堆粪发酵棚，中温堆放20天以上，无害化后归田。此法适用于畜禽场地较大，周围居民少，农田较多，就近可解决畜禽粪出路的情况。

②自然堆沤喷洒生物菌法：通过喷洒生物菌群，加快堆沤速度，去除粪便恶臭，袋装贮存或外运进入农田、菜园或鱼塘。此法适用于畜禽场地较小，周围居民多，需外运解决畜禽粪出路的情况。

7.2 固体废物建材化利用

固体废物建材化利用是指将固体废物作为制作建筑材料的部分原料的处置方式，应用于砖、水泥、陶粒、活性炭、熔融轻质材料以及生化纤维板的制作，在日本已经有许多工程实例。从经济角度来看，固体废物建材化利用不但具有实用价值还具有经济效益。至于固体废物中的重金属等有毒有害物质，固体废物制成建材后，一部分会随灰渣进入建材而被固化其中，使重金属失去游离性。因此，一般不会随浸出液渗透到环境中，不会对环境造成较大的危害。

可生产的建筑材料主要包括以下几种。

①生产碎石：矿业固体废物、自然冷却结晶的冶炼渣，其强度和硬度类似天然岩石，是生产碎石的良好材料，可作为混凝土骨料、道路材料、铁路道砟等。

利用固体废物生产碎石可大大减少天然砂石的开采，有利于保护自然景观、保持水土和农林业生产。因此从合理利用资源，保护环境的角度，应大力提倡固体废物生产碎石。

②生产水泥：许多固体废物的化学成分与水泥相似，具有水硬性。如粉煤灰、经水淬的高炉渣和钢渣、赤泥等，可作为硅酸盐水泥的混合材料。一些氧化钙含量较高的工业废渣，如钢渣、高炉渣等还可以用来生产无熟料水泥。此外，煤矸石、粉煤灰等还可以代替黏土作为生产水泥的原料。

③生产硅酸盐建筑制品：利用固体废物可生产硅酸盐制品。如在粉煤灰中掺入适量炉渣、矿渣等骨料，再加石灰、石膏和水拌合，可制成蒸汽养护砖、砌块、大型墙体材料等。也可以用尾矿、电石渣、赤泥、锌渣等制成砖瓦。煤矸石的成分与黏土相近，并含有一定的可燃成分，用以烧制砖瓦，不仅可以代替黏土，而且可以节约能源。

④生产铸石和微晶玻璃：铸石有耐磨、耐酸和碱腐蚀的特性，是钢材和某些有色金属的良好代用材料。某些固体废物的化学成分能够满足铸石生产的工艺要求，可以不重新加热而直接浇铸铸石制品，因此比用天然岩石生产铸石节省能源。

微晶玻璃是国外近年来发展起来的新型材料，具有耐磨、耐酸和碱腐蚀的特性，而且其密度比铝小，在工业和建筑中具有广泛的用途。许多固体废物的组成适合作为微晶玻璃的生产原料，如矿业固体废物、高炉矿渣或铁合金渣等。

⑤生产矿渣棉和轻质骨料：生产矿渣棉和轻骨料也是固体废物的利用途径之一。如用高炉矿渣或煤矸石生产矿棉，用粉煤灰或煤矸石生产陶粒，用高炉渣生产膨珠或膨胀矿等。这些轻质骨料和矿渣棉在工业和民用建筑中具有越来越广泛的用途。

固体废物还可以用来生产陶瓷、玻璃、耐火材料等。

下面以矿业固体废物、工业固体废物为例具体说明。

7.2.1 矿业固体废物

矿业固体废物中最常用的是尾矿，而生产建筑材料是尾矿利用量最大、最容易利用、环境保护效益最显著的利用途径。许多尾矿中含多种非金属矿物，如硅石或石英、长石及各类黏土或高岭土、白云石或石灰石、蛇纹石等，这些都是较有价值的非金属矿物资源，可代替天然原料作为生产建筑材料的原料。

1. 生产微晶玻璃

微晶玻璃具有一系列优良的性能，它除具有一般陶瓷材料的高强度、高耐磨性以及良好抗化学腐蚀性外，还具有透明、膨胀系数可调、可以切削以及良好的电学性能等。因此，在航天、电子、装饰以及光学精密仪器等领域得到广泛的应用。

微晶玻璃生产原料一般由普通玻璃原料和成核剂两部分组成。玻璃的化学成分主要是SiO_2，其次是Na_2O、K_2O、CaO、MgO和Al_2O_3等，许多尾矿含有这些成分，经过适当配料完全可满足玻璃生产的要求。比较理想的成核剂有Ti_2O、Cr_2O_3、P_2O_5、ZrO_2等。微晶玻璃生产工艺包括烧结工艺和熔融工艺。

①烧结工艺。采用陶瓷烧结法生产大块微晶玻璃，是将配合料高温熔融制成玻璃液，经过水淬后形成容易破碎的细小玻璃颗粒(0.5~1mm)，再装入模具中，在一定温度下烧结、核化、晶化而形成微晶玻璃的工艺。

烧结法微晶玻璃是以 $CaO-Al_2O_3-SiO_2$ 玻璃生产系统为基础，不用加入晶核剂，利用微粒间表面积大、界面能低的特点，在其晶面诱发晶体，并由表及里形成针状或柱状晶体，从而达到整体析晶。$CaO-Al_2O_3-SiO_2$ 微晶玻璃的主晶相为洋硅灰石，其表面具有与天然大理石、花岗石十分相似的花纹。图 7-1 所示为峨眉钾长石尾矿烧结法生产微晶玻璃工艺流程。

尾矿 → 粉碎 → 熔融 → 水淬 → 晶化 → 磨光 → 切割 → 微晶玻璃

图 7-1 钾长石尾矿烧结法生产微晶玻璃工艺流程

生产微晶玻璃，合适的配料组成极为重要。如果玻璃的基本组成限定为：$SiO_2$45%~60%、CaO12%~30%、$Al_2O_3$5%~12%。则表 7-1 所示的钾长石尾矿组成基本能满足要求。

表 7-1 **钾长石尾矿的组成**

组成	SiO_2	Al_2O_3	CaO	MgO	Fe_2O_3	FeO	K_2O	Na_2O	TiO_2
含量(%)	65.70	18.56	0.60	0.12	0.66	0.27	9.02	3.52	0.55

钾长石尾矿的主要成分是 SiO_2 和 Al_2O_3，两者之和达 84.26%。因此利用钾长石生产的微晶玻璃属 $CaO-Al_2O_3-SiO_2$ 系统。钾长石尾矿中还含有 K_2O、Na_2O 等是制造硅酸盐玻璃的必需元素，只要引入一些其他氧化物(如 CaO 等)就可形成规定组成的玻璃。

钾长石尾矿经破碎，与配料混合均匀后，装入由高铝耐火材料制成的增烟中熔融。加料温度为 1250℃左右，熔制温度 1500℃，熔融 1.5 小时后。取出坩埚，将玻璃熔体水淬获得易碎的玻璃团粒，该玻璃团粒略经挤压就获得所需粒度(1~7mm)的玻璃颗粒。将制得的玻璃颗粒烘干进行晶化处理。玻璃为非晶体，欲制备微晶玻璃，必须使玻璃体中均匀地产生一些晶核，进而使这些晶核生长发育成一些大小为几纳米至几微米的微晶体，随着配料组成、成核方式、晶核剂种类及浓度的不同，微晶玻璃中晶体所占的比例一般为 40%~95%。将已制得的玻璃粒装入瓷盘，置于电炉中，在温度 650℃核化，再在温度 1145~1165℃晶化。晶化完毕，冷却出炉、打磨、抛光，可获得规格为 80mm×80mm、110mm×110mm 的微晶玻璃装饰板。

②熔融工艺。配合料在高温下熔融成玻璃液后直接成型，用压延、压制、吹制、拉制、浇注等方法制得所需的形状，经过退火再在一定温度下进行核化和晶化的工艺。图 7-2 所示为利用钨尾矿生产微晶玻璃工艺流程。

目前，国内已成功地用铜尾矿、铁尾矿、石棉尾矿、高岭土尾矿、钾长石尾矿、等生产出了质量合乎要求的微晶玻璃。

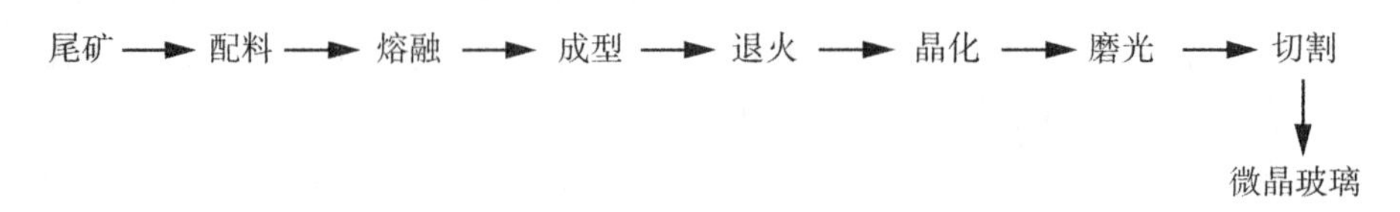

图 7-2　钨尾矿生产微晶玻璃工艺流程

2. 生产硅酸盐水泥

尾矿生产水泥有两种方法：一是利用尾矿含铁量高的特点用尾矿代替通常水泥配方使用的铁粉；二是用尾矿代替水泥原料的主要成分。前者用量少，一般配用量<5%，消耗尾矿的量不大。后者用量大，但一般尾矿成分不会完全符合水泥配方要求，往往需要另外配入一些成分才能符合水泥的要求。

利用尾矿可以烧制成井下胶结充填用的低标号水泥和硅酸盐水泥，图 7-3 所示为尾矿烧制水泥工艺流程。

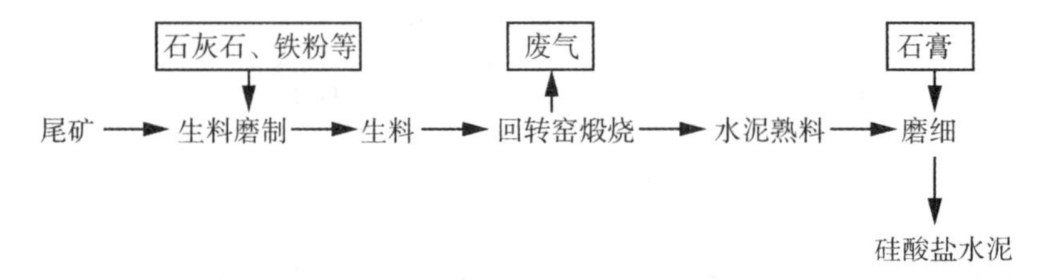

图 7-3　尾矿烧制水泥工艺流程

①井下胶结充填用低标号水泥尾矿的矿物组分应以石英、方解石为主，主要化学组成 CaO/SiO_2>0.5%~0.7%，其中 CaO>18%~25%、Al_2O_3>5%、MgO<3%、S<1.5%~3%。当尾矿中的 CaO 含量低于 18%，而 CaO/Mg 小于 0.5 时，可采取外配石灰或加石灰石的方案，以调节尾矿生料中 CaO 含量，满足上述要求。

②硅酸盐水泥利用含适宜组分的尾矿作为硅酸盐水泥原料代替黏土，配入适当校正原料可烧制尾矿硅酸盐水泥。所谓尾矿硅酸盐水泥是指适宜成分的尾矿与适量的石灰石等混磨后，在回转窑中煅烧至部分熔融，得到以硅酸钙为主要成分的熟料，再加入适量石膏磨成细粉而制成的水硬性胶结材料。

3. 生产免烧砖

免烧砖是一种新型建筑材料，是由胶凝材料与含硅、铝原料按一定颗粒级配比均匀掺合，压制成型，并进行蒸压或蒸养而成的一种以水化硅酸钙、水化铝酸钙、水化硅铝酸钙等多种水化产物为一体的建筑制品。胶凝材料采用生石灰或电石渣，有时采用少量水泥。含硅、铝原料种类很多，尾矿是取之不尽的含硅、铝原料。免烧砖在某些技术性能上超过普通黏土砖。

4. 生产黏土砖

以尾矿为原料，用塑性成型或半干压成型生产黏土砖。赣南地区利用尾矿生产黏土砖便是将稀土尾矿磨细筛分后，以同样磨细筛分后的钨尾矿作为配料，混匀后磨料筛分，再进行混炼然后压坯成型，压坯成型后的初品砖烘干煅烧即成黏土砖。

用65%~70%的稀土尾矿，30%~35%的钨重选尾矿配料，烧成温度控制在1100~1130℃，烧成率在90%以上。砖的质量优于传统方法烧制的砖，其强度可达125~150号。坯体产品表面平滑，具有较强的玻璃光泽，颜色为暗红色，声音清脆。

5. 生产加气混凝土

加气混凝土是一种轻质多孔建筑材料，具有容重轻、保温效能高、吸音好和可加工等优点。图7-4所示为鞍山矿渣砖厂利用大孤山铁矿尾矿生产蒸压加气混凝土工艺流程，包括原料加工制备、浇筑、切割、蒸压养护、拆模等工序。

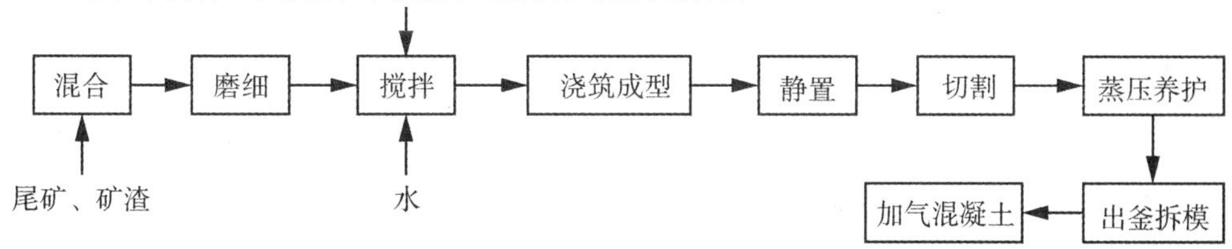

图7-4 利用铁矿尾矿生产蒸压加气混凝土工艺流程

加气混凝土主要原料为尾矿、矿渣和水泥。铝粉为发气剂，可溶油为气泡稳定剂，碱液(碳酸钠)、菱苦土、水玻璃为调节剂，废料浆(石油沥青、苯酚、甲醛等)、碱液、水泥为钢筋防腐涂料。

利用铁矿尾矿生产的蒸压加气混凝土砌块与板材，经测定：产品出釜强度25~30kg/cm^2，绝对干容重为550~650kg/m^3，干燥状态的热导率为0.1kcal/(m·h·℃)，抗冻性合格。加气混凝土制品质量小，可大大减轻建筑物自重，显著降低工程造价。

6. 生产耐火材料

耐火材料主要用于热工设备中抵抗高温作用，用作高温容器或部件的无机非金属固体材料。利用尾矿可制造硅砖(含SiO_2 93%以上的耐火材料)和半硅砖(含Al_2O_3+TiO_2低于30%而含SiO_2高于65%耐火材料)。

耐火材料的生产主要可以将尾矿、焦宝石和黏土充分混合并加水搅拌，然后放入模具中成型烘干，再进行焙烧以形成耐火材料。

所用尾矿最大粒度0.5mm，以65孔筛(0.25mm)过筛，筛上量37%，筛下量63%。尾矿耐火1696~1710℃，软化温度1469℃，体积缩小20%。尾矿所含主要化学成分为$SiO_2$69%~71%、$Al_2O_3$9%~21%、$Fe_2O_3$1.5%~2%。尾矿用量15%~30%。原料按比例混合，并加水 6%~10%搅拌，再在夹板打砖机中成型，并利用烟道余热烘干。然后装入倒焰窑在温度 1370~1380℃焙烧 4 小时，取出合格者即为耐火材料成品。

7. 生产陶粒

尾矿可用于生产陶粒，沈阳有关单位利用铁尾矿生产陶粒便是将泥质矸石加干尾矿磨碎并充分混合，然后进行造粒，造粒过程中通过喷洒液体(水)使粉料粘聚成球，再进行干燥、焙烧和冷却，即可得到焙烧陶粒。

尾矿粉粒度 0.075mm 占 98.95%、含 SiO_2 76.83%，与磨细至 0.25mm 的煤矸石按尾矿：煤矸石=(4~6)：(6~4)质量比配料混合，再加水成球，使料球粒径为 15~20mm。料球在温度 200~400℃干燥 20~40min，再在温度 1050~1250℃焙烧 8~12min 自然冷却后可得到容重 640~1000kg/cm^3，松散容重为 420~700kg/cm^{3}的陶粒。陶粒外壳坚硬，内部孔洞均匀细小呈互不连通的蜂窝状，可用做配制轻集料混凝土。

用珍珠岩尾矿和其他尾矿生产陶粒也有成功的经验。

7.2.2　工业固体废物

1. 煤矸石

目前，煤矸石主要用于生产建筑材料和筑路回填等。煤矸石建材主要包括煤矸石砖、煤矸石骨料、煤矸石水泥、煤矸石砌块等。

(1)煤矸石制砖

利用煤矸石制砖包括用煤矸石生产烧结砖和做烧砖内燃料。泥质和碳质煤矸石，质软、易粉碎，是生产煤矸石砖的理想原料。用作矸石砖的煤矸石，要求发热量在 2100~4200kJ/kg 范围。当发热量过低时需加煤以免砖欠烧，发热量过高时易造成砖过火。还要求含 $SiO_2$50%~70%，含氧化铝 15%~20%，含氧化铁 3%~8%。

煤矸石砖以煤矸石为主要原料，一般占坯料质量的 80%以上，有的全部以煤矸石为原料，有的外掺少量黏土。图 7-5 所示为煤矸石烧结砖生产工艺流程。

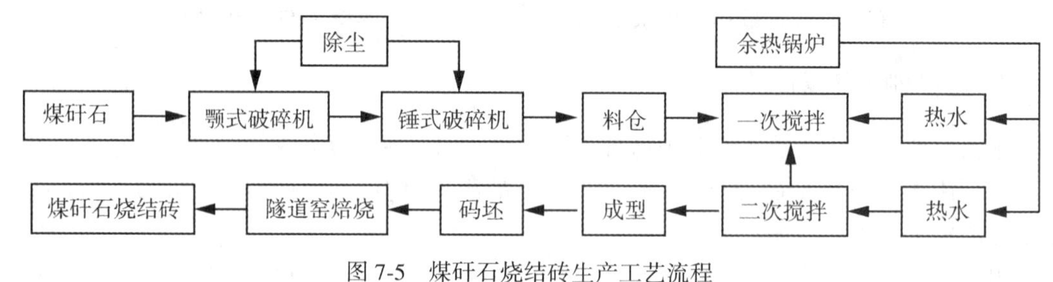

图 7-5　煤矸石烧结砖生产工艺流程

煤矸石制砖工艺与黏土制砖工艺相似，主要包括原料的破碎、成型、砖坯干燥和焙烧等工序。焙烧时基本不要再外加燃料。

①破碎。煤矸石的破碎通常采用颚式破碎机、反击式破碎机、风选锤式破碎机、风选

球磨机等。破碎一般采用二段或三段破碎工艺。当采用二段破碎工艺时，第一段破碎(粗破碎)可选用颚式破碎机，第二段破碎(细破碎)可选用锤式风选式破碎机。当采用三段破碎工艺时，可在第一级与第二级破碎之间增加一台反击式破碎机作中破碎。当煤矸石中含有一定量石灰石、黄铁矿或其中泥料的塑性较差时，为了保证产品的质量和成型工艺对泥料塑性的要求，细破碎可选用球磨或球磨与锤碎相结合的工艺，将锤碎与球磨加工的物料掺合使用。一般，经破碎后的煤矸石粒度应控制在大于 3mm 的颗粒不超过 5%，1mm 以下的细粉在 65%以上的范围。

②成型。由于煤矸石粉料的浸水性差，一般均采用二次搅拌或蒸汽搅拌使成型水分在泥料中均匀分布，以改善泥料塑性，成型水分一般要求 15%～20%。成型方法有湿塑法和半干压法两种，湿塑法采用各种型号的螺旋机挤出砖坯，半干压法可采用夹板锤成型或压砖坯成型。煤矸石砖的成型一般采用塑性挤出成型，使无定形的松散泥料压成紧密的且具有一定断面形状的泥条，再经切坯机将泥条切成一定尺寸的砖坯。

③干燥。塑性挤出成型的砖坯，由于含水率较高，因此砖坯必须经过干燥后才能入窑焙烧。目前除个别厂仍采用自然干燥外，一般均利用余热进行人工干燥。由于煤矸石坯料中含有一定数量的颗粒料，加上砖坯含水量比黏土砖坯低，因此干燥周期短。干燥收缩一般在 2%～3%范围内。

④焙烧。焙烧是煤矸石烧结砖生产中的一个既复杂而又关键的工序。焙烧过程与黏土砖基本相同，只是煤矸石砖内的可燃物多，发热量高，要相应延长恒温时间。煤矸石的烧结温度范围一般为 900～1100℃。焙烧窑用轮窑、隧道窑比较适宜。由于煤矸石含 10%左右的炭及部分挥发物，故焙烧过程不需加热。

煤矸石砖质量较好，颜色均匀，抗压强度一般为 9.8～14.7MPa，抗折强度为 2.5～5MPa，抗冻、耐火、耐酸、耐碱等性能均较好，其强度和耐磨蚀性均优于黏土砖，成本较低。因此，是一种极有发展前途的墙体材料。

(2)煤矸石制备轻骨料

适宜烧制轻骨料的煤矸石主要是碳质页岩和选煤厂排出的洗矸，煤矸石中碳含量不能过高，以低于 13%为宜。用煤矸石烧制轻骨料有成球与非成球两种方法。

①成球法。将煤矸石破碎和粉磨后制成球状颗粒，然后送入窑炉中焙烧。

图 7-6 所示，为国内回转窑法生产煤矸石陶粒工艺流程。

煤矸石陶粒所用原料为煤矸石和绿页岩。绿页岩是露天矿剥离排出的废石，磨细后塑性较大，煤矸石陶粒主要用它作为成球胶结料。其原料配比是绿页岩：煤矸石＝2：1，或者绿页岩：沸腾炉渣＝(1～2)：1。生料球在回转窑内焙烧，焙烧温度为 1200～1300℃。

煤矸石能否制成轻骨料，取决于它在 1150～1320℃高温塑性阶段能否膨胀。这首先取决于在适当温度下，煤矸石中是否有足够的矿物分解或氧化还原而产生 CO、CO_2、SO_2、SO_3等气体。其次取决于在此温度下能否同时产生适当黏度的玻璃相，以形成适当的孔隙结构。煤矸石中的有机物和铁氧化物之间的氧化还原是导致“膨胀”的主要原因。有学者认为煤矸石的岩石组成和矿物组成是决定能否生产轻骨料的条件，含泥板岩和黏土质物质多的煤矸石比较适合生产轻骨料，而含砂岩、含碳杂质多的煤矸石就不适合生产轻骨料。

煤矸石陶粒是大有发展前途的轻骨料，它不仅为处理煤炭工业废料，减少环境污染，

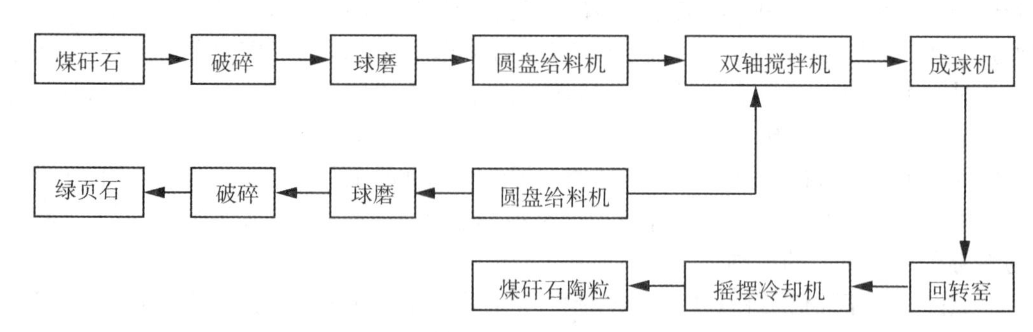

图 7-6　煤矸石陶粒生产工艺流程

找到了新途径，还为发展优质、轻质建筑材料提供了新资源，是煤矸石综合利用的一条重要途径。

②非成球法。把煤矸石破碎到一定粒度直接焙烧的方法。将煤矸石破碎到由皮带机输送到料仓，并铺设在炉箅子烧结机上，烧结机向前移动。当煤矸石点燃后，火由料层表面向内部燃烧，料层中部温度约 1200℃，底层温度小于 350℃，未燃烧的矸石经筛分分离，再返回下料端重新烧结，烧结好的轻骨料经喷水冷却、破碎、筛分分级出厂。

除烧制法外，有些地方直接将经过自燃的煤矸石破碎，筛分生产煤矸石轻骨料，这种烧制法生产工艺简单，成本低，阜新等地区已按此法生产多年。

(3)生产水泥

煤矸石与黏土的化学成分相近，可代替黏土配料烧制水泥。此外，根据煤矸石能释放一定热量的特点，还可代替部分优质燃料，节约生产用能。生产工艺过程与生产普通水泥基本相同，将原料按一定比例配合，磨细成生料，烧至部分熔融，得到以硅酸钙为主要成分的熟料，再加入适量的石膏和混合材料，磨成细粉而制成水泥。

(4)作水泥混合材料

煤矸石经自然或人工煅烧后具有一定活性，可掺入水泥中作活性混合材料，与熟料和石膏按比例配合后加入水泥磨细即可。煤矸石的掺入量取决于水泥的品质标号，在水泥熟料中掺入 15%的煤矸石，可制得 325～425 号普通硅酸盐水泥；掺量超过 20%时，为火山灰硅酸盐水泥。

用煤矸石作混合材料时，应控制烧失量 W5%、$SO_3<3\%$，火山灰性试验必须合格，水泥胶砂 28d 抗压强度比 N62%。

(5)作筑路材料

煤矸石是很好的筑路材料，具有很好的抗风雨侵蚀性能，并可降低筑路成本。煤矸石作为塌陷区复地的填充材料，已经取得了很好的经济和社会效应，这种途径消耗渣量大，是解决煤矸石占地问题的有效途径。

2. 高炉矿渣

根据高炉矿渣的化学组成和矿物组成可知，高炉矿渣属硅酸盐材料的范畴，适于加工制作水泥、碎石、骨料等建筑材料。

（1）水淬矿渣作建筑材料

利用水淬矿渣作水泥混合材是国内外普遍采用的技术。我国75%的水泥中掺有高炉水淬渣。在水泥生产中，高炉渣已成为改进性能、扩大品种、调节标号、增加产量和保证水泥安定性的重要原材料。目前使用最多的主要有以下几种。

①矿渣硅酸盐水泥，简称矿渣水泥，是我国产量最大的水泥品种。它是用硅酸盐水泥熟料和粒化高炉渣加3%~5%的石膏磨细制成的水硬性胶凝材料，水淬矿渣加入量一般为0%~70%。

与普通硅酸盐水泥相比，矿渣水泥的主要优点是：具有较强的抗溶出性及抗硫酸盐侵蚀的性能，故可适用于海上工程及地下工程等；水化热较低，可用于浇筑大体积混凝土工程；耐热性好，用于高温车间及容易受热的地方时，效果比普通水泥好。但在干湿、冷热变动较为频繁的场合，其性能不如普通硅酸盐水泥，故不宜用于水位经常变动的水工混凝土建筑中。

②石膏矿渣水泥。由80%左右的高炉渣，加15%左右的石膏和少量硅酸盐水泥熟料或石灰，混合磨细后得到的水硬性胶凝材料。石膏矿渣水泥成本较低，有较好的抗硫酸盐侵蚀和抗渗透性能。但周期强度低，易风化起沙，一般适用于水工建筑混凝土和各种预制砌块。

③矿渣混凝土。以矿渣为原料，加入激发剂（水泥熟料、石灰、石膏等），加水碾磨后与骨料拌和。

④矿渣砖。向水淬矿渣中加入适量水泥等胶凝材料，经过搅拌、轮碾、成型、蒸汽养护等工序而成。一般配比为水淬矿渣质量分数85%~90%，磨细生石灰10%~15%。矿渣砖的抗压强度一般可达10MPa以上，适用于上下水或水中建筑。

（2）矿渣碎石用作基建材料

未经水淬的矿渣碎石，其物理性能与天然岩石相近，其稳定性、坚固性、耐磨性及韧性等均满足基建工程的要求，在我国一般用于公路、机场、地基工程、铁路道砟、混凝土骨料和沥青路面等。

①配制矿渣碎石混凝土。矿渣混凝土是指用矿渣碎石作为骨料配制的混凝土，不仅具有与普通碎石混凝土相似的物理力学性能，而且还具有较好的保温、隔热、耐热、抗渗和耐久性能，现已广泛应用于500号以下的混凝土、钢筋混凝土及预应力混凝土工程中。

②用于地基工程。矿渣碎石的极限抗压强度一般都超过了50MPa，因此完全满足地基处理的要求，一般可用高炉渣作为软弱地基的处理材料。

③修筑道路。矿渣碎石具有较为缓慢的水硬性，对光线的漫射性能好，摩擦系数大，适宜用作各种道路的基层和面层。实践表明，利用矿渣铺路，在路面强度、材料耐久性及耐磨性方面都有较好的效果。且矿渣碎石摩擦系数大，用其铺筑的矿渣沥青路面具有良好的防滑效果，可缩短车辆的制动距离。

④用作铁路道砟。高炉矿渣具有良好的坚固性、抗冲击性、抗冻性，且具有一定的减振和吸收噪声的功能。承受循环载荷的能力较强。目前各大钢铁公司几乎都在使用高炉矿渣作为专用铁路的道砟。

（3）膨珠作轻骨料

膨珠具有质轻、面光、自然级配好、吸音隔热性能强的特点。用作混凝土骨料可节省20%左右的水泥，一般用来制作内墙板、楼板等。

用膨珠配制的轻质混凝土，容重为1400~2000kg/m^3，抗压强度为9.8~29.4MPa，导热系数为0.407~0.582W/(m·K)，具有良好的抗冻性、抗渗性和耐久性。

3. 钢渣

(1)生产钢渣水泥

高碱度钢渣含有大量的C_3S和C_2S等活性矿物，水硬性好，因此可成为生产无熟料及少熟料水泥的原料，也可作为水泥掺和料。钢渣水泥具有水化热低，后期强度高，抗腐蚀、耐磨性好等特点，是理想的道路水泥和大坝水泥，且具有投资省、成本低、设备少、节省能源和生产简便等优点。缺点是早期强度低、性能不够稳定。

(2)作筑路及回填材料

钢渣碎石具有密度大、抗压强度高、稳定性好、表面粗糙、与沥青结合牢固等特点，因而广泛应用于铁路、公路及工程回填。因钢渣具有活性，易板结成大块，因此特别适宜于在沼泽、海滩筑路造地。钢渣用作公路碎石，能够耐磨防滑，且具有良好的渗水及排水性能。

但钢渣具有体积膨胀的特点，故必须陈化后才能使用，一般要洒水堆放半年，且粉化率不得超过5%。要有合理级配，最大块直径不能超过300mm。最好与适量粉煤灰、炉渣或黏土混合使用，同时严禁将钢渣碎石用作混凝土骨料。

(3)生产建材制品

把具有活性的钢渣与粉煤灰或炉渣按一定比例混合、磨细、成型、养护，即可生产出不同规格的砖、瓦、砌块等建筑材料，生产出的钢渣砖与黏土制成的红砖的强度和质量差不多。

但生产建材制品的钢渣一定要控制好CaO的含量和碱度。

4. 粉煤灰

粉煤灰用作建筑材料，是我国粉煤灰的主要利用途径之一，包括配制水泥、混凝土、烧结砖、蒸养砖、砌块及陶粒等。

(1)粉煤灰水泥

粉煤灰水泥是向硅酸盐水泥和粉煤灰加入适量的石膏磨细而成的水硬性胶凝材料。粉煤灰中含有大量的活性Al_2O_3、SiO_2及CaO等，当掺入少量生石灰或石膏时，可生产无熟料水泥，也可掺入不同比例熟料生产各种规格的水泥。粉煤灰水泥水化热低，抗渗和抗裂性能好。该水泥早期强度低，但后期强度高，能广泛应用于一般民用、工业建筑工程及水利工程和地下工程。

(2)粉煤灰混凝土

粉煤灰混凝土是以硅酸盐水泥为胶结料，砂、石子等为骨料，并以粉煤灰取代部分水泥，加水拌和而成。实践表明，粉煤灰能减少水化热、改善和易性、提高强度、减少干缩率，有效改善混凝土的性能。

(3)粉煤灰制砖

粉煤灰的成分与黏土相似，可以替代黏土制砖，粉煤灰的加入量可达30%~80%。粉煤灰蒸养砖是以粉煤灰为主要原料，掺入适量骨料、生石灰及少量石膏，经碾磨、成型、蒸汽养护而成。粉煤灰的掺入量在65%左右，制成品一般可达100~150号，但抗折性能较差。

(4)粉煤灰陶粒

粉煤灰陶粒是用粉煤灰作主要原料，掺入少量黏结剂和固体燃料，经混合、成球、高温焙烧而制得的一种轻质骨料。粉煤灰陶粒的主要特点是质量轻、强度高、热导率低、化学稳定性好等，比天然石料具有更为优良的物理力学性能。粉煤灰陶粒可用于配制各种用途的高强度混凝土，可用于工业与民用建筑、桥梁等许多方面。

7.3 固体废物资源回用

把有价值的各种组分提取出来是固体废物资源化的重要途径。如有色金属冶炼渣中往往含有可提取的金、银、钴、锑、硒、碲、铊、钯、铂等金属，有的含量甚至达到或超过工业矿床的品位，有些矿渣回收的稀有贵重金属的价值甚至超过主金属的价值；一些化工渣中也含有多种金属，如硫铁矿渣，除含有大量的铁外，还含有许多稀有贵重金属；粉煤灰和煤矸石中含有铁、钼、钪、锗、钒、铀、铝等金属，也有回收的价值。因此，为避免资源的浪费，提取固体废物中的各种有价组分是固体废物资源化的优先考虑途径。

下面以矿业固体废物和工业固体废物为例具体说明。

7.3.1 矿业固体废物

①回收有价金属。共生、伴生矿产多，矿物嵌布粒度细，以采选回收率计，铁矿、有色金属矿、非金属矿分别为60%~67%、30%~40%、25%~40%，尾矿中往往含有铜、铅、锌、铁、硫、钨、锡等，以及钪、镓、钼等稀有元素及金、银等贵金属。尽管这些金属的含量甚微，提取难度大、成本高，但由于废物产量大，从总体上看这些有价金属的数量相当可观。

②铁矿尾矿。铁矿选厂主要采用高梯度磁选机，从弱磁选、重选和浮选尾矿中回收细粒赤铁矿。除从尾矿中回收铁精矿外，还可回收其他有用成分。如用浮选法从磁铁矿中回收铜；从含铁石英岩中回收金；从尾矿中回收钒、钛、钴、钪等多种有色金属和稀有金属。

③有色金属矿山尾矿。有色金属尾矿经过进一步富集、选别可以回收金属精矿。如对部分硫化矿尾矿进行浮选回收银试验，可获得含银精矿，采用三氯化铁盐酸溶液浸出，最终获得海绵铋和富银渣。

④金矿尾矿。黄金价值高，但在地壳中含量很低，所以从金矿尾矿中回收金就显得更为重要。对尾矿经过再富集，可进一步回收金及其他金属。

7.3.2　工业固体废物

1. 煤矸石

煤矸石中含有一定数量的固定炭和挥发分，可以用来代替燃料。目前，采用煤矸石作燃料回收其中能源的工业主要有化铁、烧锅炉、烧石灰和回收煤炭。

①化铁。铸造生产中一般都是采用焦炭化铁。

②烧锅炉。使用沸腾锅炉燃烧，是近年来发展的新的燃烧技术之一。沸腾锅炉的工作原理，是将破碎到一定粒度的煤末，用风吹起，在炉膛的一定高度上呈沸腾状燃烧。

煤矸石应用于沸腾锅炉，为煤矸石的利用找到了一条新途径，可大大地节约燃料和降低成本。但由于沸腾锅炉要求将煤矸石破碎至8mm以下，故燃料的破碎量大，此外煤灰渣量大，沸腾层埋管磨损较严重，耗电量亦较大。

③烧石灰。通常，烧石灰都是利用煤炭作为燃料，大约每产1t石灰需煤370kg。同时，煤炭还需破碎至25~40mm，因此，生产成本比较高。

国内一些厂用煤矸石作为燃料烧石灰获得成功。用煤矸石烧石灰时，除特别大块的煤矸石需要破碎外，100mm以下的一般不需破碎，大约生产1t石灰需煤矸石600~700kg。虽然煤矸石用量较高，但用煤矸石代替煤炭，可保持炉窑的生产操作正常稳定，且可提高炉窑的生产能力。所得石灰质量较好，生产成本亦有了显著降低。

④回收煤炭。煤矸石中混有一定数量的煤炭，可利用现有的选煤技术回收，同时这也是综合利用煤矸石时必须进行的预处理工作。

2. 硫铁矿渣

硫铁矿渣是硫铁矿在沸腾炉中经高温焙烧产生的废物。硫铁矿渣的化学成分主要是Fe_2O_3和SiO_2，还有S、Mn、Cu、Ca、Al、Pb等元素。

根据不同角度，可以将硫铁矿渣进行不同的分类。根据产出地不同，分为尘和渣。每生产1t硫酸约排出0.5t酸渣，从炉气净化收集的粉尘0.3~0.4t，大部分酸厂已将尘与渣混在一起。按颜色分为红渣、棕渣、黑渣。当渣中以Fe_2O_3(即赤铁矿)为主时为红渣；当渣中以Fe_3O_4(即磁铁矿)为主时为黑渣；棕渣介于红渣和黑渣之间。渣的颜色变化反映了磁铁矿的含量，可以按磁性率(T_{Fe}/FeO)将渣分类。磁性率高，说明渣的氧化程度高，磁铁矿含量少。按有用组分含量，可分为贫渣、铁渣、有色-铁渣。贫渣铁品位较低，无综合利用价值；铁渣中铁含量较高，有色金属及其他有价金属含量低；有色-铁渣中综合回收的成分较多，如铁、铜、金、银、钴等均具有回收价。

目前，除少量硫铁矿渣被用作水泥助熔剂外，绝大部分露天堆放，占用大面积土地，污染土壤、大气和水源。硫铁矿渣中含有大量铁及少量铝、铜等金属，有的还含有金、银、铂等贵金属，用硫铁矿渣可制取铁精矿、铁粉、海绵铁等，还可回收其他金属；对于含铁量较低或含硫量较高的硫铁矿渣难以直接用来炼铁，可用于生产化工产品，如作净水剂、颜料、磁性的原料。

硫铁矿渣的资源化利用大多是炼铁及回收有色金属。

①直接掺烧。硫铁矿渣在炼铁厂烧结机中以10%的比例直接掺烧后炼铁，对烧结块的质量和产量均无不利影响，且能降低烧结成本，但处理矿渣量有限。

②经选矿后炼铁。通过控制硫铁矿中含铁量大于等于35%，粒度小于3~5mm，及排气口 SO_2 浓度为13.3%~13.5%，渣色为棕黑色，使炉子排出的矿渣以磁性铁为主，这样得到的渣不经还原焙烧就可以进行磁选，产出的尾砂可作为水泥厂的原料，此法对于铁含量偏低(小于40%)或硫含量偏高(大于1%)的矿渣，可在磁选前于球磨机矿石入口掺入一定量的低品位的自然矿(含铁23%左右)混合磁选，以提高铁精矿的品位和降低硫含量。成品铁精矿可进一步加工成氧化球团矿。

③回收有色金属。氯化焙烧回收有色金属，分为高温、中温两种。高温氯化焙烧是将含有色金属的矿渣与氯化剂(氯化钙)等均匀混合，造球、干燥并在回转窑或立窑内经1150℃焙烧，使有色金属以氯化物挥发后经过分离处理回收。同时获得优质球团供高炉炼铁。中温氯化焙烧是将硫铁矿渣、硫铁矿与食盐混合，使混合料含硫6%~7%，含食盐4%左右，然后投入沸腾炉内在600~650℃温度下进行氯化、硫酸化焙烧，使矿渣中的有色金属由不溶物转为可溶的氯化物或硫酸盐。浸出物可回收有色金属和芒硝。此法对硫铁矿中钴的回收率较高，可专门处理钴硫精矿经焙烧硫后产出的硫铁矿渣，且工艺简单，燃料消耗低，无须特殊设备。缺点是工艺流程长，设备庞大，对于粉状的浸出渣还需要烧结后才能入高炉炼铁。

习题与思考题

1. 高炉矿渣的碱度是如何分类的？其主要化学成分有哪些？
2. 钢渣是如何分类的？其主要化学性质是什么？简述钢渣的主要处理工艺。
3. 钢渣主要有哪些用途？使用过程中存在的主要问题是什么？
4. 请说明高炉矿渣的加工处理方法主要有哪些？其特点是什么？
5. 粉煤灰的主要用途有哪些？
6. 化学工业废渣是如何分类的？其主要特点是什么？
7. 铬渣的危害是什么？利用前为何要进行解毒处理？
8. 矿业固体废物是如何分类的？尾矿的主要用途有哪些？
9. 煤矸石的主要化学成分是什么？其热值对煤矸石的应用有哪些影响？
10. 建筑垃圾综合利用有哪些途径？
11. 废塑料有哪些类型和分选方法？
12. 废橡胶有哪些类型？有哪些再生利用方法？
13. 废纸再生利用需经过哪些步骤？
14. 废纤维织物综合利用途径有哪些？
15. 农业固体废物一般包含哪些成分？
16. 秸秆综合利用有什么困难？怎样才能实现经济有效的利用？
17. 如何从源头减少城市污水处理厂产生的污泥？其资源化有哪些途径？

第8章　危险废物科学管理

8.1　危险废物的定义与范围

8.1.1　危险废物的定义

危险废物是指列入《国家危险废物名录》或者根据国家规定的方法认定的具有危险特性的固体废物。《国家危险废物名录》对于列入名录的危险废物有一个明确的定义：具有腐蚀性、毒性、易燃性、反应性或感染性等一种或几种危险特性的；不排除具有危险特性，可能对生态环境或人体健康造成影响的，或在不适当的运输、贮存、处理和处置过程中对生态环境或者人体健康造成间接危害影响的固体废物，属于危险废物。危险废物包括固态(如残渣)、半固态(如油状物质)、液态及具有外包装的气态物质等。

8.1.2　危险废物的范围

2020年11月27日生态环境部公布《国家危险废物名录》，自2021年1月1日起施行。根据《中华人民共和国固体废物污染环境防治法》的有关规定，制定本名录。具有下列情形之一的固体废物(包括液态废物)，列入本名录：

①具有毒性、腐蚀性、易燃性、反应性或者感染性一种或者几种危险特性的；

②不排除具有危险特性，可能对生态环境或者人体健康造成有害影响，需要按照危险废物进行管理的；

③列入本名录附录《危险废物豁免管理清单》中的危险废物，在所列的豁免环节，且满足相应的豁免条件时，可以按照豁免内容的规定实行豁免管理；

④危险废物与其他物质混合后的固体废物，以及危险废物利用处置后的固体废物的属性判定，按照国家规定的危险废物鉴别标准执行；

⑤对不明确是否具有危险特性的固体废物，应当按照国家规定的危险废物鉴别标准和鉴别方法予以认定。

经鉴别具有危险特性的，属于危险废物，应当根据其主要有害成分和危险特性确定所属废物类别，并按代码“900-000-××”(××为危险废物类别代码)进行归类管理。

经鉴别不具有危险特性的，不属于危险废物。

8.2 危险废物管理

8.2.1 危险废物管理的法律法规体系

我国固体废物管理的法律法规体系是以《宪法》为支撑包括法律法规及规章制度等多融合的管理体系，以下分别介绍。

1. 宪法

《宪法》第二十六条将环境保护作为国家的一项基本职责，纳入根本法，足以表明国家对环境问题的重视。

宪法中关于生态环境保护的条款，是制定各种环境法律法规及规章制度的依据，也是整个生态环境立法体系的基础。对固体废物实施监管，防止有害废物转移境内污染生态环境，是由国家宪法作为法律支撑的。

2. 法律

《中华人民共和国固体废物污染环境防治法》(以下简称《固废法》)是固体废物管理的基本法，1995年《固废法》颁布后，相对完善、有效的固体废物管理体系基本形成，根据形势发展的需要，《固废法》经历了两次修订三次修正后于2020年颁布实施，进一步促进了我国固体废物管理体系的健康发展。相对于前两版《固废法》，2020年修订版在贯彻落实习近平生态文明思想和党中央关于生态文明建设决策部署的重大任务，是依法推动打好污染防治攻坚战的迫切需要，是健全最严格最严密生态环境保护法律制度和强化公共卫生法治保障的重要举措。其主要内容包括：①明确固体废物污染环境防治坚持减量化、资源化和无害化原则。②强化政府及其有关部门监督管理责任。明确目标责任制、信用记录、联防联控、全过程监控和信息化追溯等制度，明确国家逐步实现固体废物零进口。③完善工业固体废物污染环境防治制度。强化产生者责任，增加排污许可、管理台账、资源综合利用评价等制度。④完善生活垃圾污染环境防治制度。明确国家推行生活垃圾分类制度，确立生活垃圾分类的原则，统筹城乡，加强农村生活垃圾污染环境防治。规定地方可以结合实际制定生活垃圾具体管理办法。⑤完善建筑垃圾、农业固体废物等污染环境防治制度。建立建筑垃圾分类处理、全过程管理制度。健全秸秆、废弃农用薄膜、畜禽粪污等农业固体废物污染环境防治制度。明确国家建立电器电子、铅蓄电池、车用动力电池等产品的生产者责任延伸制度。加强过度包装、塑料污染治理力度。明确污泥处理、实验室固体废物管理等基本要求。⑥完善危险废物污染环境防治制度。规定危险废物分级分类管理、信息化监管体系、区域性集中处置设施场所建设等内容。加强危险废物跨省转移管理，通过信息化手段管理、共享转移数据和信息，规定电子转移联单，明确危险废物转移管理应当全程管控、提高效率。⑦健全保障机制。增加保障措施一章，从用地、设施场所建设、经济技术政策和措施、从业人员培训和指导、产业专业化和规模化发展、污染防治技术进步、政府资金安排、环境污染责任保险、社会力量参与、税收优惠等方面全方位保障固体废物污染环境防治工作。⑧严格法律责任。对违法行为实行严惩重罚，提高罚款额度，增加处罚种类，强化处罚到人，同时补充规定一些违法行为的法律责任。比如有未经批准擅自转移危险废物等违法行为的，对法定代表人、主要负责人、直接负责的主管人员和其他责任人员依法给予罚款、行政拘留处罚。

3. 行政法规

行政法规主要由国务院制定，针对危险废物管理的迫切需要，出台了数部与危险废物管理相关的行政法规，包括：《建设项目环境保护管理条例》《医疗废物管理条例》《危险废物经营许可证管理办法》《废弃电器电子产品回收处理管理条例》《污染场地土壤环境管理暂行办法》。其中，除了《建设项目环境保护管理条例》与固体废物管理无关外，其他几部行政法规都与固体废物管理直接有关。

4. 部门规章

部门规章主要由国务院组成部门负责制定，到目前为止，仅由生态环境部负责制定的环境保护规章就已超过百部，另外，住房和城乡建设部、国家发展改革委等部门也有一些与环境保护相关的部门规章出台，其中部分与危险废物管理有关的规章包括：《废弃危险化学品污染环境防治办法》《危险废物转移联单管理办法》《畜禽养殖污染防治管理办法》《电子废物污染环境防治管理办法》《危险废物出口核准管理办法》等。

经过 40 多年的发展，中国危险废物管理相关的法律法规不断健全和完善，目前基本形成以 1 部公约(《控制危险废物越境转移及其处置巴塞尔公约》，简称《巴塞尔公约》)、两部法律(《刑法》《中华人民共和国固体废物污染环境防治法》(2020 年修订))的相关条款为根本，以四部部门规章{《国家危险废物名录》(生态环境部令〔2016〕第 39 号)、《危险废物出口核准管理办法》(国务院令，〔2016〕第 408 号)《危险废物出口核准管理办法》(生态环境部令〔2019〕第 7 号)和《危险废物转移联单管理办法》(原环保总局令〔1999〕第 5 号)}、多项部门规定《化学品首次进口及有毒化学品进出口环境管理规定》《废物进口环境保护管理暂行规定》《关于废物进口环境保护管理暂行规定的补充规定》等，以及国务院和有关部门的数十份规范性文件为主体的危险废物管理法律法规体系。

8.2.2　危险废物管理制度

根据我国国情和固体废物的特点，《固废法》对我国固体废物的管理规定了一系列有效的制度。这些管理制度包括以下内容。

1. 将循环经济理念融入相关政府责任

如前所述，《固废法》规定“国家推行绿色发展方式，促进清洁生产和循环经济发展”(第三条)。在政府责任方面，法律规定“国务院有关部门、县级以上地方人民政府及其有关部门在编制国土空间规划和相关专项规划时，应当统筹生活垃圾、建筑垃圾、危险废物等固体废物转运、集中处置等设施建设需求，保障转运、集中处置等设施用地”(第七章第九十二条)，“国家奖励单位和个人购买、使用综合利用产品和可重复利用产品”(第一百条）。此外，针对报废产品、包装回收等，《固废法》还规定了生产者的责任。

2. 危险废物申报登记制度

《固废法》对危险废物的申报登记进行了规定，第四十五条规定“产生危险废物的单位，必须按照国家有关规定申报登记”。申报登记制度是国家带有强制性的规定，通过申报登记制度的实施，可使环境保护主管部门掌握危险废物的种类、产生量、流向以及对环境的影响等情况，有助于防止危险废物对环境的污染。

3. 固废物污染防治设施的“三同时”制度

《中华人民共和国环境保护法》第四十一条规定，“建设项目中防治污染的设施，应当与主体工程同时设计、同时施工、同时投产使用。防治污染的设施应当符合经批准的环境影响评价文件的要求，不得擅自拆除或者闲置。”因此，建设项目的防治污染设施必须与主体工程同时设计、同时施工和同时投产使用，也即“三同时”制度。为此，《固废法》也明确规定。“建设项目的环境影响评价文件确定需要配套建设的固体废物污染环境防治设施，应当与主体工程同时设计、同时施工、同时投入使用。建设项目的初步设计，应当按照环境保护设计规范的要求，将固体废物污染环境防治内容纳入环境影响评价文件，落实防治固体废物污染环境和破坏生态的措施以及固体废物污染环境防治设施投资概算。

建设单位应当依照有关法律法规的规定，对配套建设的固体废物污染环境防治设施进行验收，编制验收报告，并向社会公开。”

4. 危险废物行政代执行制度

《固废法》第一百零一、一百一十三条规定，“发现违法行为或者接到对违法行为的举报后未予查处的，由本级人民政府或者上级人民政府有关部门责令改正，对直接负责的主管人员和其他直接责任人员依法给予处分”，“违反本法规定，危险废物产生者未按照规定处置其产生的危险废物被责令改正后拒不改正的，由生态环境主管部门组织代为处置，处置费用由危险废物产生者承担；拒不承担代为处置费用的，处代为处置费用一倍以上三倍以下的罚款”。本规定中所指的“行政代执行制度”是一种行政强制执行措施，以确保危险废物能得到妥善和适当的处置，而处置所形成的费用则由危险废物产生者承担，也符合“谁污染谁治理”的基本原则。

5. 危险废物经营单位许可证制度

《固废法》第八十条规定：“从事收集、贮存、利用、处置危险废物经营活动的单位，应当按照国家有关规定申请取得许可证。许可证的具体管理办法由国务院制定。禁止无许可证或者未按照许可证规定从事危险废物收集、贮存、利用、处置的经营活动。禁止将危险废物提供或者委托给无许可证的单位或者其他生产经营者从事收集、贮存、利用、处置活动。”规定说明并非任何单位和个人都能从事危险废物的收集、贮件、处理、处置等经营活动。必须具备达到一定要求的设施、设备，又要有相应的专业技术能力等条件的单位，才能从事危险废物的收集、贮存、处理、处置活动。

6. 危险废物转移报告单制度

为保证危险废物的运输安全，防止危险废物的非法转移和非法处置，保证危险废物的安全监控，防止危险废物污染事故的发生，建立危险废物转移报告单制度尤为重要，为此，《固废法》第八十二条规定"转移危险废物的，应当按照国家有关规定填写、运行危险废物电子或者纸质转移联单"。

跨省、自治区、直辖市转移危险废物的则应当向危险废物移出地省、自治区、直辖市人民政府生态环境主管部门申请。移出地省、自治区、直辖市人民政府生态环境主管部门应当及时商经接受地省、自治区、直辖市人民政府生态环境主管部门同意后，在规定期限内批准转移该危险废物，并将批准信息通报相关省、自治区、直辖市人民政府生态环境主管部门和交通运输主管部门。未经批准的，不得转移。

7. 危险废物从业人员培训与考核制度

由于危险废物的有害特性，需要对从事危险废物处理处置的人员进行专业的培训和考核，以防产生难以预料的环境污染和人身健康危害，因此，《固废法》第九十三条规定："国家采取有利于固体废物污染环境防治的经济、技术政策和措施，鼓励、支持有关方面采取有利于固体废物污染环境防治的措施，加强对从事固体废物污染环境防治工作人员的培训和指导，促进固体废物污染环境防治产业专业化、规模化发展。"

8.2.3　危险废物管理系统

1. 行政管理系统

我国危险废物管理体系是以环境保护主管部门为主，结合有关的工业主管部门以及城市建设主管部门，共同对危险废物实行全过程管理，《固废法》对各个主管部门的分工有明确规定。

(1)地方各级人民政府

地方各级人民政府是指地方各级国家权力机关的执行机关，是地方各级国家行政机关。《固废法》第七条、第八条、第十三条和第七十六条的规定"地方各级人民政府对本行政区域固体废物污染环境防治负责。""各级人民政府应当加强对固体废物污染环境防治工作的领导，组织、协调、督促有关部门依法履行固体废物污染环境防治监督管理职责。""县级以上人民政府应当将固体废物污染环境防治工作纳入国民经济和社会发展规划、生态环境保护规划，并采取有效措施减少固体废物的产生量、促进固体废物的综合利用、降低固体废物的危害性，最大限度降低固体废物填埋量。""省、自治区、直辖市人民政府应当组织有关部门编制危险废物集中处置设施、场所的建设规划，科学评估危险废物处置需求，合理布局危险废物集中处置设施、场所，确保本行政区域的危险废物得到妥善处置。"其主要工作包括：对管辖范围内的有关单位的危险废物污染环境与防治工作进行监督管理；对造成危险废物严重污染环境的企事业单位进行限期治理，并应当立即采取有效措施消除或者减轻对环境的污染危害，及时通报可能受到污染危害的单位和居民，并向所在地生态环境主管部门和有关部门报告，接受调查处理；制定危险废物污染环境防治工作规划；组织建设危险废物贮存、处置设施等。

(2)地方各级人民政府环境保护主管部门

《固废法》第十条规定“地方人民政府生态环境主管部门对本行政区域固体废物污染环境防治工作实施统一监督管理”，其主要工作包括，制定有关危险废物管理的规定、规则和标准；建立危险废物污染环境的监测制度；审批产生危险废物的项目以及建设贮存、处置危险废物项目的环境影响评价；对与危险度物污染环境防治有关的单位进行现场检查；对危险废物的转移、处置进行审批、监督；制定防治危险废物污染环境的技术政策，组织推广先进的防治危险废物污染环境的生产工艺和设备；制定危险废物污染环境防治工作规划；组织危险废物的申报登记；对所产生的危险废物不处置或处置不符合国家有关规定的单位实行行政代执行审批、颁发危险废物经营许可证；对危险废物污染事故进行监督、调查和处理。

(3)地方各级人民政府卫生健康、生态环境等行政主管部门

《固废法》第九十条和第九十一条规定“医疗废物按照国家危险废物名录管理。县级以上地方人民政府应当加强医疗废物集中处置能力建设”，“重大传染病疫情等突发事件发生时，县级以上人民政府应当统筹协调医疗废物等危险废物收集、贮存、运输、处置等工作，保障所需的车辆、场地、处置设施和防护物资。卫生健康、生态环境、环境卫生、交通运输等主管部门应当协同配合，依法履行应急处置职责”。其主要工作内容包括：县级以上人民政府卫生健康、生态环境等主管部门应当在各自职责范围内加强对医疗废物收集、贮存、运输、处置的监督管理，防止危害公众健康、污染环境；医疗卫生机构应当依法分类收集本单位产生的医疗废物，交由医疗废物集中处置单位处置。医疗废物集中处置单位应当及时收集、运输和处置医疗废物；医疗卫生机构和医疗废物集中处置单位，应当采取有效措施，防止医疗废物流失、泄漏、渗漏、扩散。

2. 信息化管理系统

《固废法》第七十五条、第七十八条规定“国务院生态环境主管部门根据危险废物的危害特性和产生数量，科学评估其环境风险，实施分级分类管理，建立信息化监管体系，并通过信息化手段管理、共享危险废物转移数据和信息”，“产生危险废物的单位，应当按照国家有关规定制定危险废物管理计划；建立危险废物管理台账，如实记录有关信息，并通过国家危险废物信息管理系统向所在地生态环境主管部门申报危险废物的种类、产生量、流向、贮存、处置等有关资料。”

为加快危险废物信息化建设2011年生态环境部联合国家卫生健康委员会(原环境保护部和卫生部)发布《关于进一步加强危险废物和医疗废物监管工作的意见》的通知，要求：“加快国家和省级固体废物管理机构能力建设项目的建设进度，保障危险废物管理信息系统建设质量，尽快实现危险废物网上申报登记、转移管理和经营许可证审批，建立危险废物产生单位、利用、处置单位档案库，建设危险废物突发环境事件应急辅助决策系统，提高危险废物信息化管理能力和水平。”

而2020年发布的《关于推进危险废物环境管理信息化有关工作的通知》(环办固体函

〔2020〕733 号）进一步对危险废物管理信息系统做出要求："全面应用固体废物管理信息系统（包括生态环境部建设运行的全国固体废物管理信息系统和地方生态环境部门建设运行的固体废物管理信息系统）开展危险废物管理计划备案和产生情况申报、危险废物电子转移联单运行和跨省（自治区、直辖市）转移商请、持危险废物许可证单位年报报送、危险废物出口核准等工作，有序推进危险废物产生、收集、贮存、转移、利用、处置等全过程监控和信息化追溯。"

8.3　危险废物管理标准体系

我国的危险废物管理国家标准基本由生态环境部和住房和城乡建设部在各自的管理范围内制定。生态环境部制定有关污染控制、环境保护、分类、检测方面的标准。住建部主要制定有关垃圾清扫、运输处理处置的标准。概括而言我国所颁布与危险废物有关标准主要分为四类：危险废物分类标准、危险废物监测标准、危险废物污染控制标准、危险废物综合利用标准。

8.3.1　危险废物分类标准

这类标准主要包括国家环境保护部（现生态环境部）与国家发展和改革委员会 2008 年 8 月 1 日第 1 号令联合颁布修订后的《国家危险废物名录》（以下简称《名录》），国家环境保护部（现生态环境部）2007 年颁布修订后的《危险废物鉴别标准》（GB 5085.1-7—2007）。住房和城乡建设部颁布的《生活垃圾产生源分类及其排放》（CJ/T 368—2011）[本标准是对《城市垃圾产生源分类及垃圾排放》（CJ/T 3033—1996）的修订]中关于城市垃圾产生源分类及其产生源的部分也是此类标准。另外，《进口废物环境保护控制标准（试行）》（GB 16487.1-13—1996）也应归入这一类。

《名录》共涉及 46 类废物（参见表 8-1），其中编号为 HW01 ~ HW18、HW48、HW49 和 HW50 的废物名称具有行业来源特征，是以来源命名，亦即产生自《名录》中的这些类别来源的废物均为危险废物，纳入危险废物管理；编号为 HW19 ~ HW40 以及 HW45、HW46、HW47 的废物名称具有成分特征，是以危害成分命名、但在《名录》中未限定危害成分的含量。需要一定的鉴别标准鉴别其危害程度，编号 HW48"有色金属冶炼废物"和 HW49"其他废物"则是 2008 年修订后《名录》新增加的废物。该类废物的认定需要根据具体情况由国家权威机构组织专家进行确定。随着经济和科学技术的发展，《名录》已于 2020 年修订并还需要不定期修订。

表 8-1　**国家危险废物名录**

废物类别	行业来源	废物类别	行业来源
HW01 医疗废物	卫生	HW13 有机树脂类废物	合成材料制造、非特定行业

续表

废物类别	行业来源	废物类别	行业来源
HW02 医药废物	化学药品原料药制造，化学药品制剂制造，兽用药品制造，生物药品制造	HW14 新化学物质废物	非特定行业
HW03 废药物、药品	非特定行业	HW15 爆炸性废物	炸药、火工及焰火产品制造
HW04 农药废物	农药制造，非特定行业	HW16 感光材料废物	专用化学产品制造，印刷，电子元件及电子专用材料制造，影视节目制作，摄影扩印服务，非特定行业
HW05 木材防腐剂废物	木材加工，专用化学产品制造，非特定行业	HW17 表面处理废物	金属表面处理及热处理加工
HW06 废有机溶剂与含有机溶剂废物	非特定行业	HW18 焚烧处置残渣	环境治理业
HW07 热处理含氰废物	金属表面处理及热处理加工	HW19 含金属羰基化合物废物	非特定行业
HW08 废矿物油与含矿物油废物	石油开采，天然气开采，精炼石油产品制造，电子元件及专用材料制造，橡胶制品业，非特定行业	HW20 含铍废物	基础化学原料制造
HW09 油/水、烃/水混合物或乳化液	非特定行业	HW21 含铬废物	毛皮鞣制及制品加工，基础化学原料制造，铁合金冶炼，金属表面处理及热处理加工，电子元件及电子专用材料制造
HW10 多氯（溴）联苯类废物	非特定行业，精炼石油产品制造	HW22 含铜废物	玻璃制造，电子元件及电子专用材料制造
HW11 精（蒸）馏残渣	煤炭加工，燃气生产和供应业，基础化学原料制造，石墨及其他非金属矿物制品制造，环境治理业，非特定行业	HW23 含锌废物	金属表面处理及热处理加工，电池制造，炼钢，非特定行业
HW12 染料、涂料废物	涂料，油墨，颜料及类似产品制造，非特定行业	HW24 含砷废物	基础化学原料制造
HW25 含硒废物	基础化学原料制造	HW36 石棉废物	石棉及其他非金属矿采选，基础化学原料制造，石膏、水泥制品及类似制品制造，耐火材料制品制造，汽车零部件及配件制造，船舶及相关装置制造，非特定行业

续表

废物类别	行业来源	废物类别	行业来源
HW26 含镉废物	基础化学原料制造	HW37 有机磷化合物废物	基础化学原料制造，非特定行业
HW27 含锑废物	基础化学原料制造	HW38 有机氰化物废物	基础化学原料制造
HW28 含碲废物	基础化学原料制造	HW39 含酚废物	基础化学原料制造
HW29 含汞废物	天然气开采，常用有色金属矿采选，贵金属冶炼，印刷，基础化学原料制造，合成材料制造，常用有色金属冶炼，电池制造，照明器具制造，通用仪器仪表制造，非特定行业	HW40 含醚废物	基础化学原料制造
HW30 含铊废物	基础化学原料制造	HW45 含有机卤化物废物	基础化学原料制造
HW31 含铅废物	玻璃制造，电子元件及电子专用材料制造，电池制造，工艺美术及礼仪用品制造，非特定行业	HW46 含镍废物	基础化学原料制造，电池制造，非特定行业
HW32 无机氟化物废物	非特定行业	HW47 含钡废物	基础化学原料制造，金属表面处理及热处理加工
HW33 无机氰化物废物	贵金属矿采选，金属表面处理及热处理加工，非特定行业	HW48 有色金属采选和冶炼废物	常用有色金属冶炼，稀有稀土金属冶炼
HW34 废酸	精炼石油产品制造，涂料、油墨、颜料及类似产品制造，基础化学原料制造，钢压延加工，金属表面处理及热处理加工，非特定行业	HW49 其他废物	石墨及其他非金属矿物制品制造，环境治理，非特定行业
HW35 废碱	精炼石油产品制造，基础化学原料制造，毛皮鞣制及制品加工，纸浆制造，非特定行业	HW50 废催化剂	精炼石油产品制造，基础化学原料制造，农药制造，化学药品原料药制造，兽用药品制造，生物药品制品制造，环境治理，非特定行业

2007 年颁布的《危险废物鉴别标准》(GB 5085.1~7—2007)是对 1996 年颁布的《危险废物鉴别标准》(GB 508.1~3—1996)的修订，在腐蚀性鉴别、急性毒性初筛和浸出毒性鉴别的基础上又增加了易燃性鉴别和反应性鉴别两个标准，另外，第 6 个标准对毒性物

质含量鉴别进行了明确规定，第 7 个标准《通则》在 2019 年再次修订后则完善了危险废物的鉴别程序、修改了危险废物混合后判定规则及危险废物处理后判定规则、修改了针对具有毒性危险特性的危险废物利用过程的判定规则。具体可以参阅《危险废物鉴别标准》(GB 5085.7—2019)。

8.3.2　危险废物监测标准

这类标准包括已经制定颁布的《固体废物浸出毒性测定方法》(GB/T 1555.1～12—1995)、《城市污水处理厂污泥检验方法》(CJ/T 21—2005)、《危险废物鉴别标准》(GB 50851～7—2007)、《固体废物浸出毒性浸出方法》(HJ/T 299～300—2007)、《危险废物鉴别技术规范》(HJ/T 298—2007)等。

《固体废物浸出毒性测定方法》(GB/T 15555.1～12—1995)规定了固体废物浸出液中总汞、铜、锌、铅、镉、砷、六价铬、总铬、镍、氟化物以及浸出液腐蚀性的测定方法。《城市污水处理厂污泥检验方法》(C/T 221—2005)适用于城市污水处理厂污泥监测、市政排水设施及其他相关产业污泥等的监测。该标准制定了污泥的物理指标、化学指标及微生物指标的分析技术操作规范、共含 24 个检测项目、54 个检测分析方法。

1997 年国家环境保护局(现生态环境部)颁布的《固体废物毒性浸出试验》(GB 5086.1～2—1997)关于浸出液的制备规定了两种不同的方法：翻转法(GB 5086.1—1997)和水平振荡法(GB 5086.2—1997)。不同的方法在操作程序和使用范围上有巨大差异，翻转法主要适用于固体废物中无机污染物(氧化物、硫化物等不稳定污染物除外)的浸出毒性鉴别，水平振荡法适用于固体废物中有机污染物的浸出毒性鉴别与分类。2007 年国家环境保护局(现生态环境部)颁布了《固体废物浸出毒性浸出方法——硫酸硝酸法》(HJ/T299—2007)和《固体废物浸出毒性浸出方法——醋酸缓冲溶液法》(HJ/T 300—2007)，前者适用于固体废物及其再利用产物以及土壤样品中有机物和无机物的浸出毒性鉴别，后者适用于固体废物及其再利用产物中有机物和无机物的浸出毒性鉴别(但不适用于氯化物的浸出毒性鉴别)。对于非水溶性液体的样品，两标准都不适用。

《危险废物鉴别标准——急性毒性初筛》(GB 5085.2—2007)附录 A《危险废物急性毒性初筛试验方法》规定了危险废物急性毒性初筛的样品制备、试验方法。

8.3.3　危险废物污染控制标准

这类标准是危险废物管理标准中最重要的标准，是环境影响评价、三同时、限期治理、排污收费等一系列管理制度的基础。危险废物污染控制标准分为三大类，一类是废物处置控制标准，即对某种特定废物的处置标准、要求。目前，这类标准有《含氰废物污染控制标准》(GB 12502—1990)、《含多氯联苯废物污染控制标准》(GB 13015—1991)等。这一标准规定了不同水平的含多氯联苯废物的允许采用的处置方法。第二类标准是危险废物利用污染控制标准，这类标准主要有，《建筑材料用工业废物放射性物质限制标准》(GB 6763—1986)、《农用污泥中污染物控制标准》(GB 4284—1984)、《农用粉煤灰中污染物控制标准》(GB 8173—1987)等。《农用污泥污染物控制标准》(GB 4284—2018)提出了污泥中主要污染物(如镉、汞、铬、砷、铜、锌、镍、矿物油、苯并[a]芘、多环芳烃)

在农用中的控制标准。如镉的 A 级污泥产物，最高容许含量为 3mg/kg 干污泥；B 级污泥产物，其含量为 15mg/kg 干污泥，标准同时还强调了污泥每年用量不超过 7.5t/hm^2(以干污泥计)及施用年限，并配有监测方法。

第三类标准则是危险废物处理处置设施控制标准，目前已经颁布或正在制定的标准大多属这类标准，如：《危险废物填埋污染控制标准》(GB 18598—2019)、《危险废物焚烧污染控制标准》(GB 18484—2001)、《危险废物贮存污染控制标准》(GB 18597—2001)等。这些标准中都规定了各种处置设施的选址、设计与施工、入场、运行、封场的技术要求和释放物的排放标准以及监测要求。这些标准在制定完成并颁布后将成为危险废物管理的最基本的强制性标准。在这之后建成的处置设施如果达不到这些要求将不能运行，或被视为非法排放；在这之前建成的处置设施如果达不到这些要求将被要求限期整改，并收取排污费。

另外，针对医疗废物的收运和处置过程的污染控制标准有：《医疗废物转运车技术要求(试行)》(GB 19217—2003)、《医疗废物焚烧炉技术要求》(GB 19218—2003)、《医疗废物集中处置技术规范(试行)》(环发〔2003〕206 号)、《医疗废物专用包装物、容器标准和警示标识规定》(环发〔2003〕188 号)等。

8.3.4　危险废物综合利用标准

根据《固废法》中的“三化”原则，固体废物资源化利用非常重要。为大力推行固体废物综合利用技术并避免在综合利用中产生二次污染，于 2009 年 1 月出台，并在 2018 年修订了《中华人民共和国循环经济促进法》。随后生态环境部、发展和改革委员会等部委密集出台了一批关于危险废物综合利用的法规标准文件，主要包括：《废弃电器电子产品回收处理管理条例》《再生有色金属产业发展推进计划》《废弃电器电子产品处理基金征收使用管理办法》等。同时为解决危险废物、医疗废物利用和处置不当，在 2011 年由生态环境部和国家卫生健康计划委员会联合发布《关于进一步加强危险废物和医疗废物监管工作的意见》(环发〔2011〕19 号)就含重金属盐类危险废物、阴极射线管的含铅玻璃、生活垃圾焚烧飞灰、废氯化汞触媒和废弃含汞荧光灯等危险废物利用处置；水泥窑等工业窑炉共处置危险废物，以及危险废物污染场地评估与修复等技术的研发；研发铬渣、砷渣、镉渣和氰渣等危险废物的污染防治和利用处置技术；鼓励低汞触媒生产技术在聚氯乙烯行业，无钙焙烧工艺在铬盐生产行业的应用做出相应指导。

8.4　危险废物鉴别方法和规范

8.4.1　危险废物腐蚀性鉴别方法

1. 判定标准

任何生产、生活和其他活动中产生的固体废物符合下列条件之一的固体废物，属于危险废物。按照 GB/T 15555.12—1995 的规定制备的浸出液，pH≥12.5，或者 pH≤2.0；

在55℃条件下，对GB/T 699中规定的20号钢材的腐蚀速率≥6.35mm/s。

2. 鉴别方法

①采样点和采样方法按照HJ/T 298的规定进行。
②pH值测定按照GB/T 15555.12—1995的规定进行。
③腐蚀速率测定按照JB/T 7901的规定进行。
详见GB 5085.1—2007。

8.4.2 危险废物浸出毒性初筛鉴别方法

1. 判定标准

任何生产、生活和其他活动中产生的固体废物符合下列条件之一的固体废物，属于危险废物。经口摄取：固体 LD_{50}≤200mg/kg，液体 LD_{50}≤500mg/kg；经皮肤接触：LD_{50}≤1000mg/kg；蒸气、烟雾或粉尘吸入：LC_{50}≤10mg/L。

2. 鉴别方法

①采样点和采样方法按照HJ/T 298的规定进行。
②经口 LD_{50}、经皮肤 LD_{50} 和吸入 LC_{50} 的测定按照HJ/T 153中指定的方法进行。
详见GB 5085.2—2007。

8.4.3 危险废物浸出毒性鉴别方法

1. 判定标准

按照HJ/T 299制备的固体废物浸出液中任何一种危害成分含量超过表8-2中所列的浓度限值，则判定该固体废物是具有浸出毒性特征的危险废物。浸出毒性鉴别标准值见表8-2。

表8-2 **浸出毒性鉴别标准值**

序号	危害成分项目	浸出液中危害成分浓度限值(mg/L)	分析方法
无机元素及化合物			
1	铜(以总铜计)	100	附录A、B、C、D
2	锌(以总锌计)	100	附录A、B、C、D
3	镉(以总镉计)	1	附录A、B、C、D
4	铅(以总铅计)	5	附录A、B、C、D
5	总铬	15	附录A、B、C、D

续表

序号	危害成分项目	浸出液中危害成分浓度限值(mg/L)	分析方法
6	铬(六价)	5	附录 A、B、C、D
7	烷基汞	不得检出[1]	GB/T 15555. 4—1995
8	汞(以总汞计)	0. 1	GB/T 14204-93
9	铍(以总铍计)	0. 02	附录 B
10	钡(以总钡计)	100	附录 A、B、C、D
11	镍(以总镍计)	5	附录 A、B、C、D
12	总银	5	附录 A、B、C、D
13	砷(以总砷计)	5	附录 A、B、C、D
14	硒(以总硒计)	1	附录 B、C、E
15	无机氟化物(不包括氟化钙)	100	附录 F
16	氰化物(以 CN^- 计)	5	附录 G
有机农药类			
17	滴滴涕	0. 1	附录 H
18	六六六	0. 5	附录 H
19	乐果	8	附录 I
20	对硫磷	0. 3	附录 I
21	甲基对硫磷	0. 2	附录 I
22	马拉硫磷	5	附录 I
23	氯丹	2	附录 H
24	六氯苯	5	附录 H
25	毒杀芬	3	附录 H
26	灭蚁灵	0. 05	附录 H
非挥发性有机化合物			
27	硝基苯	20	附录 J
28	二硝基苯	20	附录 K
29	对硝基氯苯	5	附录 L
30	2，4-二硝基氯苯	5	附录 L
31	五氯酚及五氯酚钠(以五氯酚计)	50	附录 L
32	苯酚	3	附录 K
33	2，4-二氯苯酚	6	附录 K

续表

序号	危害成分项目	浸出液中危害成分浓度限值(mg/L)	分析方法
34	2，4，6-二氯苯酚	6	附录 K
35	苯并(a)芘	0.0003	附录 K、M
36	邻苯二甲酸二丁酯	2	附录 K
37	邻苯二甲酸二辛酯	3	附录 L
38	多氯联苯	0.002	附录 N
挥发性有机化合物			
39	苯	1	附录 O、P、Q
40	甲苯	1	附录 O、P、Q
41	乙苯	4	附录 P
42	二甲苯	4	附录 O、P
43	氯苯	2	附录 O、P
44	1，2-二氯苯	4	附录 K、O、P、R
45	1，4-二氯苯	4	附录 K、O、P、R
46	丙烯腈	20	附录 O
47	三氯甲烷	3	附录 Q
48	四氯化碳	0.3	附录 Q
49	三氯乙烯	3	附录 Q
50	四氯乙烯	1	附录 Q

注 1：“不得检出”指甲基汞<10ng/L，乙基汞<20ng/L。

2. 鉴别方法

①采样点和采样方法按照 HJ/T 298 进行。

②无机元素及其化合物的样品(除六价铬、无机氟化物、氰化物外)的前处理方法参照 GB 5085.3—2007 附录 S；六价铬及其化合物的样品的前处理方法参照 GB 5085.3—2007 附录 T。

③有机样品的前处理方法参照 GB 5085.3—2007 附录 U、V、W。

详见 GB 5085.3—2007。

8.4.4　危险废物易燃性鉴别方法

1. 判定标准

符合下列任何条件之一的固体废物，属于易燃性危险废物。液态易燃性危险废物：闪点温度低于 60℃(闭环试验)的液体、液体混合物或含有固体物质的液体。固态易燃性危险废物：在标准温度和压力(25℃，101.3kPa)下因摩擦或自发性燃烧而起火，经点燃后能剧烈而持续地燃烧并产生危害的固态废物。气态易燃性危险废物：在 20℃，101.3kPa 状态下，在与空气的混合物中体积分数≤13%时可点燃的气体，或者在该状态下，不论易燃下限如何，与空气混合，易燃范围的易燃上限与易燃下限之差大于或等于 12 个百分点的气体。

2. 鉴别方法

①采样点和采样方法按照 HJ/T 298 的规定进行。

②液态易燃性危险废物按照 GB/T 261 的规定进行。

③固态易燃性危险废物按照 GB 19521.1 的规定进行。

④气态易燃性危险废物按照 GB 19521.3 的规定进行。

详见 GB 5085.4—2007。

8.4.5　危险废物反应性鉴别方法

1. 判定标准

符合下列任何条件之一的固体废物，属于反应性危险废物。具有爆炸性质：常温常压下不稳定，在无引爆条件下，易发生剧烈变化；标准温度和压力下(25℃，101.3kPa)，易发生爆轰或爆炸性分解反应；受强起爆剂作用或在封闭条件下加热，能发生爆轰或爆炸反应。与水或酸接触产生易燃气体或有毒气体：与水混合发生剧烈化学反应，并放出大量易燃气体和热量；与水混合能产生足以危害人体健康或环境的有毒气体、蒸气或烟雾；在酸性条件下，每千克含氰化物废物分解产生≥250mg 氰化氢气体，或者每千克含硫化物废物分解产生≥500mg 硫化氢气体。废弃氧化剂或有机过氧化物：极易引起燃烧或爆炸的废弃氧化剂；对热、震动或摩擦极为敏感的含过氧基的废弃有机过氧化物。

2. 鉴别方法

①采样点和采样方法按照 HJ/T 298 规定进行。

②爆炸性危险废物的鉴别主要依据专业知识，在必要时可按照 GB 19455 中第 6.2 和 6.4 条规定进行。

③与水混合发生剧烈化学反应，并放出大量易燃气体和热量按照 GB 19521.4—2004 第 5.5.1 和 5.5.2 条规定进行试验和判定。

④与水混合能产生足以危害人体健康或环境的有毒气体、蒸气或烟雾主要依据专业知

识和经验来判断。

⑤在酸性条件下，每千克含氰化物废物分解产生≥250mg 氰化氢气体，或者每千克含硫化物废物分解产生≥500mg 硫化氢气体按照 GB 5085.5—2007 的附录 1 进行试验和判定。

⑥极易引起燃烧或爆炸的废弃氧化剂按照 GB 19452 规定进行试验和判定。

⑦对热、震动或摩擦极为敏感的含过氧基的废弃有机过氧化物按照 GB 19521.12 规定进行试验和判定。

详见 GB 5085.5—2007。

8.4.6 危险废物毒性物质含量鉴别方法

1. 判定标准

①符合下列条件之一的固体废物是危险废物。含有 GB 5085.6—2007 附录 A 中的一种或一种以上剧毒物质的总含量≥0.1%；含有 GB 5085.6—2007 附录 B 中的一种或一种以上有毒物质的总含量≥3%；含有 GB 5085.6—2007 附录 C 中的一种或一种以上致癌性物质的总含量≥0.1%；含有 GB 5085.6—2007 附录 D 中的一种或一种以上致突变性物质的总含量≥0.1%；含有 GB 5085.6—2007 附录 E 中的一种或一种以上生殖毒性物质的总含量≥0.5%；含有 GB 5085.6—2007 附录 A 至附录 E 中两种及以上不同毒性物质，如果符合下列等式，按照危险废物管理：

$$\sum\left[\left(\frac{P_{T+}}{L_{T+}}+\frac{P_T}{L_T}+\frac{P_{Carc}}{L_{Carc}}+\frac{P_{Muta}}{L_{Muta}}+\frac{P_{Tera}}{L_{Tera}}\right)\right]\geqslant 1$$

式中：P_{T+}为固体废物中剧毒物质的含量；

P_T 为固体废物中有毒物质的含量；

P_{Cera}为固体废物中致癌性物质的含量；

P_{Muta}为固体废物中致突变性物质的含量；

P_{Tera}为固体废物中生殖毒性物质的含量；

L_{T+}，L_T，L_{Carc}，L_{Muta}，L_{Tera}分别为各种毒性物质在本部分规定的标准值。

②含有 GB 5085.6—2007 附录 F 中的任何一种持久性有机污染物(除多氯二苯并对二吖恶英、多氯二苯并呋喃外)的含量≥50mg/kg；含有多氯二苯并对二吖恶英和多氯二苯并呋喃的含量≥15gTEQ/kg。

2. 鉴别方法

①采样点和采样方法按照 HJ/T 298 进行。

②无机元素及其化合物的样品(除六价铬、无机氟化物、氰化物外)的前处理方法见 GB 5085.3 附录 S；六价铬及其化合物的样品的前处理方法参照 GB 5085.3 附录 T。

③有机样品的前处理方法参照 GB 5085.3 附录 U、附录 V、附录 W 和 GB 5085.6 附录 G。

详见 GB 5085.6—2007。

8.4.7　危险废物鉴别标准通则

1. 鉴别程序

危险废物的鉴别应按照以下程序进行。

①依据法律规定和 GB 34330，判断待鉴别的物品、物质是否属于固体废物，不属于固体废物的，则不属于危险废物。

②经判断属于固体废物的，则首先依据《国家危险废物名录》鉴别。凡列入《国家危险废物名录》的固体废物，属于危险废物，不需要进行危险特性鉴别；未列入《国家危险废物名录》，但不排除具有腐蚀性、毒性、易燃性、反应性的固体废物，依据 GB 5085.1～GB 5085.6，以及 HJ 298 进行鉴别。凡具有腐蚀性、毒性、易燃性、反应性中一种或一种以上危险特性的固体废物，属于危险废物。

③对未列入《国家危险废物名录》且根据危险废物鉴别标准无法鉴别，但可能对人体健康或生态环境造成有害影响的固体废物，由国务院生态环境主管部门组织专家认定。

2. 危险废物混合后判定规则

①具有毒性(包括浸出毒性、急性毒性及其他毒性)和感染性等一种或一种以上危险特性的危险废物与其他固体废物混合，混合后的废物属于危险废物。

②仅具有腐蚀性、易燃性或反应性的危险废物与其他固体废物混合，混合后的废物经 GB 5085.1、GB 5085.4 和 GB 5085.5 鉴别不再具有危险特性的，不属于危险废物。

③危险废物与放射性废物混合，混合后的废物应按照放射性废物管理。

3. 危险废物处理后判定规则

①具有毒性(包括浸出毒性、急性毒性及其他毒性)和感染性等一种或一种以上危险特性的危险废物处理后的废物仍属于危险废物，国家有关法规、标准另有规定的除外。

②仅具有腐蚀性、易燃性或反应性的危险废物处理后，经 GB 5085.1、GB 5085.4 和 GB 5085.5 鉴别不再具有危险特性的，不属于危险废物。

详见 GB 5085.7—2019。

习题与思考题

1. 什么是危险废物？简述危险废物的制度方式方法。

2. 简述危险废物转移的办理过程。

3. 日常涉及危险废物的工作中应采取哪些个人防护措施？

4. 判断下列废物中哪些属于危险废物：医院临床废物、垃圾焚烧处理残渣、厨余垃圾、含锌废物、含醚类废物、日光灯管、废染料涂料、无机氰化物废物、建筑垃圾、废 Ni/Cd 电池、含钡废物、焚烧炉飞灰、庭院垃圾、废压力计。

参考文献

[1]宁平．固体废物处理与处置[M]．北京：高等教育出版社，2010.
[2]周立祥．固体废物处理处置与资源化[M]．北京：中国农业出版社，2007.
[3]何品晶．固体废物处理与资源化技术[M]．北京：高等教育出版社，2011.
[4]李灿华，黄贞益，朱书景．固体废物处理、处置及利用[M]．武汉：中国地质大学出版社，2019.
[5]何晶晶．固体废物管理[M]．北京：高等教育出版社，2004.
[6]汪群慧．固体废物处理与资源化[M]．北京：化学工业出版社，2004.
[7]任芝军．固体废物处理处置与资源化技术[M]．哈尔滨：哈尔滨工业大学出版社，2010.
[8]汪宝华．中华人民共和国固体废物污染环境防治法实施手册[M]．北京：中国环境保护出版社，2005.
[9]戴维斯，康韦尔．环境工程导论[M]．北京：清华大学出版社，2000.
[10]杨慧芬．固体废物处理技术及工程应用[M]．北京：机械工业出版社，2003.
[11]李金秀．固体废物工程[M]．北京：中国环境科学出版社，2003.
[12]张小平．固体废物污染控制工程[M]．北京：化学工业出版社，2004.
[13]聂永丰．三废处理工程技术手册(固体废物卷)[M]．北京：化学工业出版社，2000.
[14]赵由才，蒲敏，黄仁华．危险废物处理技术[M]．北京：化学工业出版社，2003.
[15]赵由才，朱青山．城市生活垃圾卫生填埋场技术与管理手册[M]．北京：化学工业出版社，1999.
[16]杨浩．污水处理固体废弃物的低碳处理和综合利用研究[D]．哈尔滨：哈尔滨工业大学，2015.
[17]万云．固体废弃物的热解技术研究[D]．重庆：重庆大学，2004.
[18]李倩．关于城市垃圾卫生填埋处理工艺的设计与应用研究[D]．大庆：东北石油大学，2016.
[19]姜启婷．利用水泥窑处理固体废弃物研究[D]．长春：长春理工大学，2016.
[20]顾旺．我国城市垃圾分类处理问题研究[D]．南京：南京理工大学，2015.
[21]邱言言．城市生活垃圾无害化处理的健康风险研究[D]．南京：南京大学，2020.
[22]廖虹云．加强城市废弃物循环和资源化利用的思路建议[J]．环境保护，2021，49(07)：57-61.
[23]Fu Lingmei et al. Three-stage model based evaluation of local residents' acceptance towards waste-to-energy incineration project under construction：A Chinese perspective[J]. Waste

Management, 2021, 121: 105-116.
[24]马占云，姜昱聪，任佳雪等．生活垃圾无害化处理大气污染物排放清单[J]．环境科学，2021，42(03)：1333-1342.
[25]Sustainability Research; Research Data from Shanghai University Update Understanding of Sustainability Research (Incentive Mechanism for Municipal Solid Waste Disposal PPP Projects in China) [J]. Ecology Environment & Conservation, 2020: 556.
[26]丛宏斌，沈玉君，孟海波等．农业固体废物分类及其污染风险识别和处理路径[J]．农业工程学报，2020，36(14)：28-36.
[27]A. Randazzo et al. Volatile organic compounds (VOCs) in solid waste landfill cover soil: Chemical and isotopic composition vs. degradation processes [J]. Science of the Total Environment, 2020, 726.
[28]王玉．我国经济建设与环境保护的协调发展研究——评《生态文明经济研究》[J]．生态经济，2020，36(07)：230-231.
[29]黄昌付，陈颖．关于危险固体废弃物环境影响评价研究[J]．环境与发展，2020，32(05)：10-11.
[30]王凯军，王婧瑶，左剑恶等．我国餐厨垃圾厌氧处理技术现状分析及建议[J]．环境工程学报，2020，14(07)：1735-1742.
[31]Chen Guanyi et al. Landfill leachate treatment by persulphate related advanced oxidation technologies[J]. Journal of Hazardous Materials, 2021, 418.
[32]赵永强，罗丽丽，周庆生等．中国生活源固体垃圾产生和处理及其 N_2O 排放[J]．环境科学学报，2021，41(06)：2487-2497.
[33]Lebron Yuri Abner Rocha et al. A survey on experiences in leachate treatment: Common practices, differences worldwide and future perspectives [J]. Journal of environmental management, 2021, 288: 112475-112475.
[34]Li Runwei et al. Limiting factors of heavy metals removal during anaerobic biological pretreatment of municipal solid waste landfill leachate[J]. Journal of Hazardous Materials, 2021, 416.
[35]Gautam Pratibha and Kumar Sunil. Characterisation of Hazardous Waste Landfill Leachate and its Reliance on Landfill Age and Seasonal Variation: A Statistical Approach[J]. Journal of Environmental Chemical Engineering, 2021, 9(4).
[36]白秀佳，张红玉，顾军等．填埋场陈腐垃圾理化特性与资源化利用研究[J]．环境工程，2021，39(02)：116-120+124.
[37]王坤，赵玉杰，庄涛．生活垃圾渗滤液中43种新兴有机污染物分布特征与环境风险[J]．环境污染与防治，2020，42(12)：1523-1530.
[38]GB 18598—2001. 危险废物填埋污染控制标准
[39]GB 18484—2001. 危险废物焚烧污染控制标准
[40]GB 18599—2001. 一般工业固体废物贮存、处置场污染控制标准
[41]GB 50869—2013. 生活垃圾卫生填埋处理技术规范

[42] HJ 564—2010. 生活垃圾填埋场渗滤液处理工程技术规范
[43] CJ/T 368—2011. 生活垃圾产生源分类及其排放
[44] CJJ/T 107—2005. 生活垃圾填埋场无害化评价标准
[45] CJJ 93—2011. 城市生活垃圾卫生填埋场运行维护技术规程